Organismus und Umwelt

Organismus und System
Schriftenreihe des Wiener Arbeitskreises für Systemische Theorie des Organismus

Herausgegeben von Karl Edlinger

Band 6

PETER LANG
Frankfurt am Main · Berlin · Bern · Bruxelles · New York · Oxford · Wien

Wolfgang Friedrich Gutmann/Karl Edlinger

Organismus und Umwelt

Entstehung des Lebens, Evolution und Erschließung der Lebensräume

PETER LANG
Europäischer Verlag der Wissenschaften

Die Deutsche Bibliothek - CIP-Einheitsaufnahme

Gutmann, Wolfang Friedrich:
Organismus und Umwelt : Entstehung des Lebens, Evolution und Erschließung der Lebensräume / Wolfgang Friedrich Gutmann ; Karl Edlinger. - Frankfurt am Main ; Berlin ; Bern ; Bruxelles ; New York ; Oxford ; Wien : Lang, 2002
(Organismus und System ; Bd. 6)
ISBN 3-631-36503-9

Gedruckt mit Förderung des Bundesministeriums für Bildung, Wissenschaft und Kultur in Wien.

Umschlaggestaltung mit Genehmigung des Naturhistorischen Museums Wien.

Umschlagzeichnung des Herausgebers unter Verwendung von Vorlagen des Senckenberg Instituts.

ISSN 1438-6909
ISBN 3-631-36503-9

www.peterlang.de

Inhalt

Vorwort des Herausgebers

Der vorliegende Band schließt an ein Buch an, das im selben Verlag und im selben Jahr unter dem Titel Organismus – Evolution Erkenntnis erschien und die Organismische Konstruktionslehre sowie ihre erkenntnistheoretischen Implikationen und Konsequenzen behandelte. Vor allem der Erkenntnistheoretische Adaptationismus wurde auf der theoretischen Grundlage dieser auch als „Frankfurter Theorie“ bekannten Organismuslehre einer fundamentalen Kritik unterzogen. Er eignete sich besonders gut als eine Art Probelauf für die Organismische Konstruktionslehre, weil sie auf der Basis einer neuen Sicht der Organismen als autonome, spontan agierende und nur im Einklang mit aus dem inneren Aufbau resultierenden Zwängen in der Stammesgeschichte veränderliche Energiewandler gerade die durch den Alt- und Neodarwinismus vertretene Anpassungssicht der Stammesgeschichte einer fundierten Kritik unterzieht und damit auch die auf ihr aufbauenden Kognitionstheorien mitkritisiert.

Es war nur konsequent, der umfangreichen Vorstellung dieser nichtadaptiven Organismustheorie, die bereits zu einer Fülle von Einzelableitungen tierischer Stämme durch verschiedene Autoren und Autorengruppen geführt hat, eine Art erster Zusammenschau der verschiedenen stammesgeschichtlichen Modelle folgen zu lassen und dabei vor allem auch den ökologischen Aspekt stärker in den Vordergrund zu stellen.

Da die Lebewesen und das Leben insgesamt eben von ihrer Autonomie her begriffen werden, scheint es nur selbstverständlich, auch alle Umweltbezüge aus einer organismuszentrierten Sicht neu zu definieren und der aktiven Veränderung der Außenwelt, durch die diese erst zur Umwelt von Organismen wird, breiten Raum zu geben.

Somit wird die Geschichte der Organismen und ihrer Teilgruppen gleichzeitig zu einer Geschichte der Biosphäre insgesamt, die den Planeten Erde gleichsam als dünne lebende Schicht überzieht und ihre eigenen Gesetzlichkeiten entwickelte und noch immer entwickelt.

Die vorwiegend zoologische Orientierung der Autoren und ihre speziellen fachlichen Vorlieben bedingen es, dass das Hauptgewicht der Darstellung, vor allem in den letzten Teilen, auf der Entwicklung des Tierreichs und bei diesem wieder der Entwicklung mariner Gruppen liegt, sodass nicht nur die Botanik insgesamt etwas zu kurz kommt, sondern auch die Evolution landbewohnender Gruppen. Vor allem die Entwicklung der Sprosspflanzen und die Eroberung des Landes sowohl durch Pflanzen als auch durch verschiedene Entwicklungslinien der Tiere harren noch der rekonstruierenden Darstellung. Es war aber von Beginn an auch gar keine vollständige Rekonstruktion geplant, sondern nur ein kurzer Blick auf die Hauptereignisse der Evolution der Biosphäre und ihrer Bestandteile.

Viele der diesem Buch zugrundeliegenden Ideen, die vor allem auch durch die nach wie vor existierende und in den letzten Jahren wieder äußerst aktive Arbeitsgruppe Phylogenetik am Frankfurter Senckenberginstitut vertreten werden, stehen im Widerspruch zum sogenannten „Mainstream“ der Phylogenetik, die nach wie vor durch den sog. „Neodarwinismus“ dominiert wird. Vor allem stellen sich die vorgetragenen konstruktiven Ableitungen als von mit anderen, vor allem molekularbiologischen Methoden erzielten

Resultaten unabhängig und ihnen in manchen Belangen auch widersprechend dar. Es bleibt natürlich unbestritten, dass nicht nur die Gesamtkonstruktionen der Lebewesen, sondern auch ihre genetische Substanz, sowohl die der Zellkerne als auch die von zu Organellen gewandelten symbiontischen Bakterien, wie der Mitochondrien, einem mit der Stammesgeschichte verbundenen Wandel unterliegt. Dieser stellt sich aber sehr oft je nach untersuchten DNS-Abschnitten unterschiedlich dar, so dass molekularbiologische Stammbäume bislang sicher nicht die mühevolle Arbeit der stammesgeschichtlichen Rekonstruktion ersetzen können. Nichtsdesto-weniger wurden zahlreiche Arbeiten auf diesen Gebieten in unser Literaturverzeichnis aufge-nommen.

Ebenso ist dies mit den auf bloßen morphologischen Vergleichen aufgebauten Stammbäumen, die vor allem daran kranken, dass sie theoretisch wenig unterfüttert sind und aus diesem Grund auch kaum naturwissenschaftlich begründbare Lesrichtungskriterien angeben können. Diese theoretische Schwäche führte oft zu äußerst polemischen Angriffen auf die Frankfurter Theorie, die teilweise sogar die Grenzen der Fairness und des Persönlichen überschritten.

Da der Zweck dieser Publikation aber vor allem in der Darstellung diskutierbarer weil theoretisch und auch durch Fakten begründeter Ansätze liegt, wird vor allem in der Darstellung der Einzelableitungen weitgehend auf den in diesem Zusammenhang wenig sinnvollen Bezug zur herkömmlichen Morphologie verzichtet. Diese ist in zahlreichen anderen Publikationen genügend abgehandelt.

Leider erlebte Wolfgang Friedrich Gutmann, mit dem ich zahlreiche Diskussionen um die Grundaussagen dieses Buches führte, schon das Erscheinen Vorläuferbandes nicht mehr. Ihm zum Gedenken sei nun auch dieser zweite Band vorgelegt.

1. Einleitung und Problemstellung

Neben der faszinierenden Frage der Kosmogonie ist die nach der Entstehung, Entwicklung und Entfaltung des Lebens das wohl größte Problem der modernen Naturwissenschaft. Zahlreiche aus verschiedenen Disziplinen heraus entwickelte Modelle lösten ältere meist mythische Erklärungsmuster ab und beanspruchten, das Problem auf eine wissenschaftliche, rational diskutierbare und vor allem auch der Überprüfung zugängliche Ebene gehoben zu haben. Dennoch bleiben Zweifel an der Validität der bisher entwickelten Vorstellungen. Die bislang entwickelten Modelle beziehen sich entweder nur auf Teilaspekte des Lebens und seiner Entwicklung oder sie bewegen sich überhaupt in einem Rahmen, der den Wissenschaften vom Leben fremd bleibt. Kritische Einwände, die vor allem die Rekonstruktion der Lebensentstehung und Evolution anhand von Laborsimulationen oder darwinistischen Züchteranalogien in Frage stellen, können, wie nachzuweisen sein wird, ebenfalls nicht entkräftet werden und verschiedene in letzter Zeit oft mit Emphase vorgestellte Modelle schließen einander oft aus. So scheint es nahezuliegen, nach einem Diskussions- und Theorienrahmen Ausschau zu halten, der es erlaubt, zu einer konsistenten, durchgehend stimmigen Sicht der Organismen, ihrer Entstehung und vor allem Entwicklung zu kommen und dabei die trotz aller Bedenken in Teilproblemen meist fruchtbaren herkömmlichen Ansätze als Teilerklärungen zu nutzen. In diesen neuen Rahmen muss auch das bislang erarbeitete Faktenwissen der Biologie und ihrer Nachbardisziplinen integrierbar sein.

Das Defizit, das die gegenwärtige Situation kennzeichnet, besteht nämlich, wie wir behaupten und noch begründen werden, darin, dass die Biologie seit langem den Organismus als eigentlichen Forschungsgegenstand aus den Augen verloren hat. Er spielt als Zentrum, auf das sich die angesprochene Debatte fokussieren müsste, keine Rolle. Die Biologie ist reduktionistisch ausgerichtet. Damit aber werden auch Teilbestimmungen wie Spontaneität, Aktivität, Operationalität und Prozessualität, um einige beliebte Schlagwörter zu nennen, zu Worthülsen, die es erst mit Inhalt und Leben zu füllen gilt. Denn ohne Erfüllung dieser Aufgabe müssen jene Befunde der empirischen Wissenschaften, die geeignet wären, die Verhältnisse der frühen Erde und damit auch die Entstehungsbedingungen des Lebens zu erhellen, zusammenhanglose Einzelinformationen und Stückwerk bleiben. Das Programm des Reduktionismus, das sich auf Einzelnen konzentriert und es hypostasiert, wird gerade wegen des Fehlens einer fundierten Organismustheorie zur Sackgasse. Organismen oder das Leben insgesamt von der Bestandteilen aus theoretisch hochzubauen, erweist sich nach den Erfahrungen, die uns die Literatur bietet, als sehr problematisches, zum Scheitern verurteiltes Unterfangen.

Ziel der vorliegenden Schrift ist es, Leben insgesamt als Prozess zu beschreiben und als Ablauf zu rekonstruieren, in dem sich lebende Organismen, als Konstruktionen verstanden, nach Maßgabe ihrer Organisation wandeln und die Bereiche der Erde erobern, so, wie es ihre konstruktive Ausstattung und die auf ihr begründete Leistungsfähigkeit erlauben. Neue Perspektiven für die Forschung sollen aufgezeigt, Begründungen für die Verteilung der Lebewesen in Raum und Zeit entworfen werden.

Für die Verwirklichung dieses Ziels erachten ist es notwendig, zu den bislang erarbeiteten Ansätzen auf Distanz zu gehen. Sie soll den Freiraum des Denkens schaffen, der eine Neuformierung und -anordnung der ungeheuren Menge verfügbarer Fakten und Teiltheorien, vor allem des Szenario der heutigen Theorienbildung in anderen Bereichen der Wissenschaft, erst möglich macht. Diese Distanz soll uns aber auch und vor allem helfen, vieles, was bisher erarbeitet wurde, in neuen Kontexten darzustellen und sie so, in verfremdeter Form, auf ihre Stärken und Schwächen, vor allem auf ihre Verwendbarkeit zu prüfen.

Dass ein solches Unterfangen eine deutliche Markierung des Kontrastes zu heute noch dominierenden Vorstellungen im Bereich von Biologie und Paläontologie voraussetzt, ist evident. Unser Verhältnis zur Naturgeschichte der lebenden Organisation und in unsere Auffassung der biologischen Evolution muss daher einem grundlegenden Wandel unterzogen werden. Wir wollen daher im Folgenden eine Kritik der bisherigen Ansätze zur Entstehung und Evolution des Lebens entwickeln und darauf aufbauend und, positive Elemente, wo immer sie sich anbieten akzeptierend, eine neuen Rahmen für die Diskussion des Problems und für Lösungsansätze vorstellen.

2. Probleme der „Mainstream“-Biologie und des Darwinismus

Die Darwin-Wallacesche Theorie als Leittheorie der Evolution und der Biologie schlechthin, sowie ihre neueren Varianten, die Evolution als Anpassung an die Umwelt begreifen und die Auslese als einen Umweltmechanismus verstehen, sind aus mehreren Gründen nicht haltbar (Edlinger, Gutmann & Weingarten 1991).

Als gravierendstes Defizit erweist sich das Fehlen einer klaren, diskutierbaren Vorstellung des lebenden Organismus, die man auch in Theorien verwerten könnte. Der Darwinismus reduzierte die Organismen auf Merkmale, die in unterschiedlichen Kombinationen arrangiert sein können und die der Selektion durch die Außenweltbedingungen ausgesetzt sein sollen. Evolution besteht so gesehen in Veränderungen von Merkmalsfrequenzen, die den Vorgängen bei der Tier- und Pflanzenzucht analog verlaufen. Evolution heißt also in Analogie zur (von Darwin im Unterschied zu Wallace als theoretische Vorlage stark gemachten) Zucht Anpassung an bestimmte, durch die Umweltbedingungen gegebene „Zuchtziele“.

Gerade der Anpassungsbegriff bereitet aber bei kritischem Durchdenken von vorne herein mehr Probleme als er löst. Auch wenn man Adaptation als evolutiven Antriebsmechanismus einmal akzeptieren würde, stellt sich immer die Frage, ob und wann vollkommene Anpassung erreicht werden kann. Wenn ja, dann wären aber nur Organismus-Umweltrelationen davon betroffen und es ergäbe sich das Problem der internen Effizienz und Friktionsfreiheit der Organismen mit voller Schärfe. Es müsste ja logischerweise gefordert werden, dass Erreichen der vollen Anpassung auch der Selektionsdruck und damit eigentlich evolutive Transformation überhaupt aufhört. Womöglich wäre das Leben dann bei sehr einfachen Entwicklungsstufen steckengeblieben. Dass Evolution immer wieder weitergeht, muss sich wohl internen Faktoren und einer weitgehenden Autonomie gegenüber der Außenwelt verdanken.

Weiters ist denkbar und sogar sehr wahrscheinlich, dass Umweltanpassungen bei den Organismen gerade so beschaffen sind, dass sie in letzter Konsequenz zu verminderter Vitalität und zu erblich fixierten Störungen des Binnenbetriebs führen. Die Haustiere und Nutzpflanzen, denen durch naturferne künstliche Haltungsbedingungen sowie durch rigorose Eingriffe in die Reproduktion „Anpassung“ im klassischen Sinne aufgezwungen wird, geben von diesen negativen Folgen ein beredtes Zeugnis. Die mit dem künstlichen, durch bestimmte züchterische Ziele motivierten extremen Selektionsdruck verbundenen Degenerationserscheinungen sind bekannt (Schleger & Stur 1990). Inzucht und Homozygotie wirken sich fast immer negativ auf die Vitalität von Pflanzen- und Tierpopulationen aus. In diesem Zusammenhang sind die zur Beweisführung herangezogenen Züchteranalogien geradezu kontraproduktiv für die darwinistische Sicht der Evolution. Dies kann letztlich auch dadurch nicht verschleiert werden, dass die Züchteranalogien mit ihren doch sehr konkreten Evidenzen durch vage formulierte Modelle von Versuch und Irrtum, oder durch Evolutionsspiele ersetzt werden, die keinen Bezug zur Biologie und zu Organismen mehr haben. Durch solche Spiele wie sie z.B. von Eigen vorgeführt, kann letztlich, bei Wahl geeigneter Regeln, alles begründet werden. Diese Beliebigkeit, die oft nicht einmal bemerkt wird, hat den totalen Verlust an Stringenz zur Folge.

Ebenso losgelöst von organismischen Internbedingungen und -bedürfnissen präsentieren sich in diesem Zusammenhang die Rechenbergschen Evolutions- oder Optimierungsmodelle (Rechenberg 1973, 1994). Sie sind technischen Versuchs- Irrtumsmethoden zur Optimierung z. B. von Flüssigkeitsleitungen oder Düsen nachempfunden, ja diese Methoden und die zugehörigen Versuchsanordnungen werden schon als Evolutions- bzw. evolutionsanaloge Prozesse vorgestellt. Dass in diesem Zusammenhang der Organismus als „Ganzheit" oder als friktionsfrei funktionierende Maschine mit ihren speziellen Bedürfnissen ignoriert wird, muss nicht eigens betont werden. Er wäre eigentlich durch die experimentellen Rahmenbedingungen repräsentiert, auf die und auf deren parallel zur Optimierung eines Teils verlaufende „evolutive Veränderung" nicht eingegangen wird.

Ebenso problematisch ist die Verwendung des Terminus „Darwinismus", wenn man den eigentlichen und tiefgreifenden stammesgeschichtlichen Wandel gar nicht im Visier hat und nur relativ kurze Entwicklungsprozesse erklären will, deren Resultate auch gar nicht über die Lebensspanne eine Individuums hinaus persistieren. Seit längerer Zeit werden nämlich angeblich „darwinistische" Denkmodelle auch auf ontogenetische Formierungsprozesse übertragen. Sie versuchen, ontogenetische Prozesse für sich zu reklamieren, bei denen angenommen werden kann, dass sie nicht starr festgelegt sind, sondern sich aus speziellen Bedingungen während der Individualentwicklung ergeben. Vor allem bei den Verdrahtungen von Neuronenfortsätzen und bei der Synapsenbildung wird zu Recht angenommen, dass die Entscheidung über Stabilisierung oder Abbau von Synapsen (Edelman 1993), ja über die Existenz oder Degene-ration von Neuronen (Singer 1992) durch den Gebrauch oder Nichtgebrauch bzw. durch reibungslose Funktion oder Dysfunktionalität gefällt wird. Bei Edlinger (1992) wurde eine ähnliche Idee im Rahmen einer organismische Theorie der neuronalen Organisation zur Untermauerung der durch organismische Konstruktionen ermöglichten Individuellen Variati-on vorgestellt. Dies allerdings als „Darwinismus" zu bezeichnen, ist schon deshalb verfehlt, weil sich solcherart entstehende Verdrahtungsmuster nicht in die nächste Generation reproduzieren lassen. Wenn dies möglich wäre, könnte man erst recht nicht von Darwinismus sprechen.

Züchteranalogien sind u. a. die Ursache dafür, dass die Organismen, dem Denken des Züchters mit seinen Wunschdenken konform, nicht mehr als kohärente Entitäten gesehen, sondern in eine Summe von Merkmalen aufgelöst werden, die als Arrangements den Organismus ersetzen.

Da Merkmale aber im Anschluss an die großen Erfolge der molekularen Genetik bestimmten DNS-Abschnitten, den Genen als Epiphänomene zugeordnet werden, werden Lebewesen zu einer Art Genarrangements (Edlinger 1995) reduziert.

Dawkins (1996) kann dann mit Emphase, aber ohne ausreichende theoretische Begründung verkünden, dass die speziellen Selektionsbedingungen der Erde immer wieder dafür sorgen würden, dass Elefanten durch die Steppen ziehen würden. Die Tatsache, dass es Elefanten gibt und dass diese Produkte der Evolution sind, soll hier nicht bestritten werden, doch darf das Feststellen von Fakten noch nicht mit ihrer konsistenten theoretischen Begründung verwechselt werden.

Die Notwendigkeit weiterer Begründungen wird aber gerade wegen der Leere des darwinistischen Organismusbegriffs gar nicht gesehen. Es genügt seinen Vertretern fast durchgehend, die Beziehungen zwischen „Genotyp" und „Phänotyp" als Kausalverhältnis darzustellen, wobei aber die konkreten Einzelschritte, die von dem im Genom angeblich festgelegten „Bauplan", von der genetischen Information bis zum Organismus führen sollen, nicht dargestellt werden. Zwischen Genotyp und Phänotyp befindet sich ein Leerfeld. Ebenso wird die Beziehung der Umwelt zum Phänotyp, über den dann indirekt auch wieder der Genotyp durch Selektion beeinflusst werden soll, nur vage dargestellt.

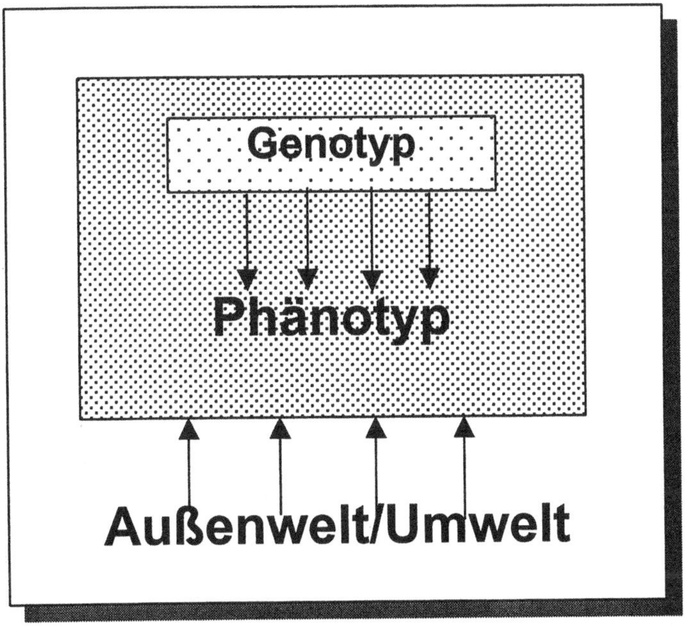

Abb. 2-1: Die darwinistische und neodarwinistische Sicht des Organismus als Knet der Umwelt. Der Genotyp bestimmt die Ausbildung des Phänotyps, unterliegt aber indirekt über den Phänotyp der Auslese durch die Umwelt. Damit werden sowohl Phänotyp als auch Genotyp zu Anpassungsprodukten. Dieses Organismusmodell ist allerdings leer.

Die darwinistische Auflösung des Organismus kann aber noch zusätzliche Erkenntnisfallen schaffen, wie Beispiele aus dem molekularbiologischen Reduktionismus zeigen. Der molekularbiologische Reduktionismus hatte vor allem in bezug auf die Genetik und die Interpretation schwerwiegende Folgen, die auf die Vorstellungen von der Präbiotik zurückwirkten. Eine vereinfachende Sicht der Organismen bzw. deren Eliminierung und Ersetzung durch genetische Information quasi als Essenz des Lebens führte dazu, dass das komplexe Netzwerk von Wechselwirkungen, welches die Expression von Genen bewirkt, auf rein genetische

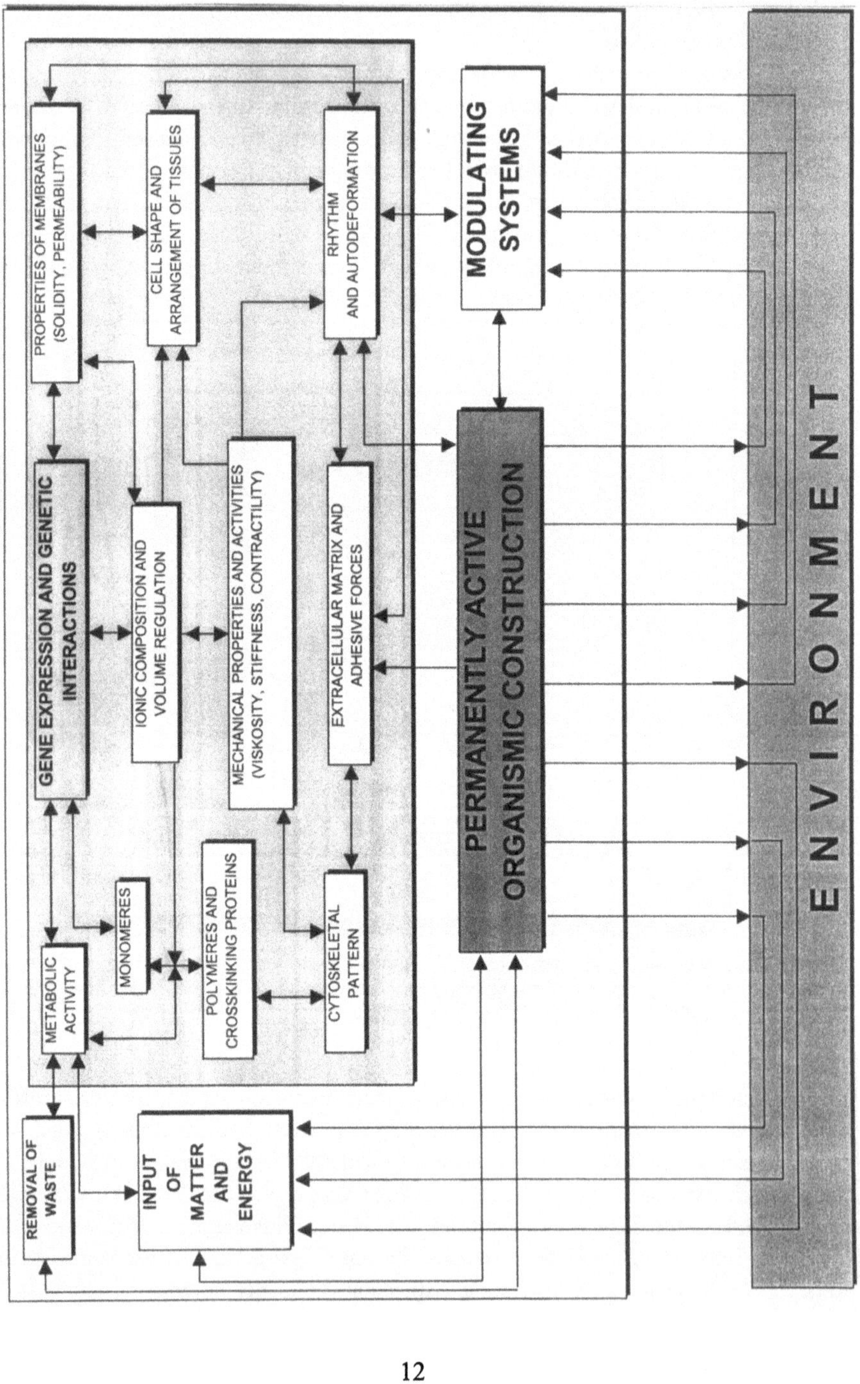
GENE EXPRESSION AND GENETIC INTERACTIONS
PROPERTIES OF MEMBRANES (SOLIDITY, PERMEABILITY)
CELL SHAPE AND ARRANGEMENT OF TISSUES
RHYTHM AND AUTODEFORMATION
IONIC COMPOSITION AND VOLUME REGULATION
MECHANICAL PROPERTIES AND ACTIVITIES (VISKOSITY, STIFFNESS, CONTRACTILITY)
EXTRACELLULAR MATRIX AND ADHESIVE FORCES
METABOLIC ACTIVITY
MONOMERES
POLYMERES AND CROSSKINKING PROTEINS
CYTOSKELETAL PATTERN
MODULATING SYSTEMS
PERMANENTLY ACTIVE ORGANISMIC CONSTRUCTION
REMOVAL OF WASTE
INPUT OF MATTER AND ENERGY
E N V I R O N M E N T

Abb. 2-2: Eine vereinfachte Abbildung der Interaktionen verschiedener Komponenten von Zelle, Organismen und Umwelt weist den genetischen Mechanismen eine prominente Rolle und Funktion zu, zeigt aber dennoch, dass sie nur einen von zahlreichen Aspekten von innerorganismischen Wechselwirkungen abdecken. Die Leerstelle zwischen Genotyp und Phänotyp, die der Darwinismus und der Neodarwinismus aufweisen, kann auf dem Boden tiefergehender Darstellung der Organismen vermieden werden.

Interaktion reduziert wird. Der Organismus fungiert nur mehr als eine Art Epiphänomen genetischer Information.

Die einseitige Genetikzentriertheit des Molekularbiologischen Reduktionismus wird, im Rahmen darwinistischer Evolutionsmodelle auch von R. Dawkins (1974, 1996) exemplarisch vorgeführt. Dawkins sieht in Organismen überhaupt nur mehr Vermehrungsvehikel für „selfish genes", für egoistische Gene, deren einziges Bestreben es wäre, sich selber möglichst oft und zahlreich zu reproduzieren. Angesichts netzartig organisierter Kausalverhältnisse in den Organismen, muss die genetische Substanz eben als „gleichberechtigte" Komponente, nicht als übergeordnete Instanz gesehen werden. Wenn man Dawkins' Ansatz konsequent weiterdenkt, mag man sich fragen, ob die Vorstellung nicht ebenso legitim wäre, dass sich andere Komponenten den übrigen zellulären und organismischen Apparat als „Vehikel" halten, dass etwa das Cytoskelett und die wässrige Füllung die Nukleinsären zu ihrer eigenen Reproduktion benutzen. Der Gedankenfaden kann ins Unendliche weitergesponnen werden, ohne ein fruchtbares Ergebnis zu zeitigen.

Aus diesem reduktionistischen Theorienrahmen brachen schließlich mehrere Schulen aus. Im Rahmen der Embryologie wurden Fakten erarbeitet, welche die übrigen organbismischen Strukturen wieder ins Zentrum der Untersuchung und Betrachtung rücken. Von Nüßlein-Vollhardt u. a. wird viel zu wenig betont, dass genetische Strukturen, quasi „nackte Gene" als solche nicht existieren können, ja dass sich auch „Gene" (sofern man den vereinfachenden Terminus noch verwenden will) als solche nur in Organismen und als ihr Bestandteil konstituieren lassen. Hier ist die Kontextabhängigkeit besonders deutlich. Dies wird durch viele Evidenzen untermauert, die durch Bereiter-Hahn (1991) nicht nur gesammelt, sondern zu einem beeindruckenden Modell von „genetisch-organismischer" Wechselwirkung, vor allem von mechanisch-chemischen Interaktionen im zellulären Bereich weiterentwickelt wurden.

Die Folgen reichen aber weiter. Zahlreiche Befunde belegen, dass sogar „Morphogene" durch besondere Leitstrukturen von Oozyten und frühen Embryonen an bestimmte Orte bzw. in bestimmte Regionen transportiert werden. Eine frühe Durchstrukturierung von Eizellen und Embryonen sorgt also von vorneherein dafür, dass „chemische Entwicklungsauslöser oder -signale" überhaupt als solche wirken können. Dazu kommt, dass sowohl diese Durchstrukturierung als auch ein Teil der molekularen Boten vom maternalen Organismus stammen. Was also von Generation zu Generation weitergegeben wird, ist nicht nur das Genom, sondern ein komplexes Wirknetz, ein Wirkungsgefüge, in dem Genetik eine wichtige, aber nicht die einzige Instanz darstellt. Der Kontext und die Rahmenbedingungen entscheiden auch hier über die Funktion chemischer Substanzen. Es kann nun nicht behauptet werden, dass Nüßlein-Vollhardt sich der Bedingungen, unter denen Morphogene ihre Wirksamkeit entfalten nicht bewusst wäre. Zu kritisieren ist die irreführende

Darstellungsart, die wichtige Gefügeteile ausblendet und so eine rein genzenrierte Sicht verbreitet. Ingber und seine Schule traten schließlich durch ihr „Tensegrity-Modell" (Ingber 1993a, ; Ingber & Folkman 1984, Ingber et al. 1994) mit zusätzlichen Postulaten an die Öffentlichkeit, die alle eine wechselseitige Abhängigkeit von Mechanik und Chemie im Organismus aufzeigen.

Eine philosophische Konsequenz aus solchen Evidenzen, die noch um genetische Rückwirkungen bei der Ontogenese von Nematoden ergänzt werden, zieht Kummer (1995). Er verarbeitet die beeindruckende Literatur der Molekularbiologischen Reduktionismus und vor allem auch die aus Untersuchungen der *Drosophila*-Ontogenesen und ihren mutativen Abweichungen gewonnen Evidenzen. Seine Konsequenz ist die Forderung nach einer neuen (alten), auf den aristotelischen Formprinzipien basierenden ganzheitlichen Sicht des Organismus. Leider zieht Kummer, dessen glänzend geschriebenes Werk hier nicht herabgemindert werden soll, zu wenig radikale Konsequenzen, um auch tatsächlich als Protagonist der hier vertretenen, ebenfalls als ganzheitlich zu betrachtenden Sicht gelten zu dürfen (er will das auch nicht). Ganzheitlichkeit aber, wie sie von der organismischen Konstruktionslehre vorgestellt wird, beruht auf naturwissenschaftlich stringenter Theorienbildung, die gerade weil sie von unanschaulichen, einfachen physikalischen Prämissen ausgeht, auf die eher mystisch anmutenden aristotelischen Formprinzipien verzichten kann.

Vor dem gezeichneten Hintergrund werden die Defekte im bisherigen Evolutionsverständnis erkennbar. Darwinistische Evolutionstheorie in all ihren Varianten bis zur synthetischen Theorie konnte bisher die Einheiten, die der Evolution unterlagen, nicht benennen, denn Organismen kamen nicht vor, es konnten die richtenden Einflüsse der lebenden Maschine auf das Evolutionsgeschehen nicht dargestellt und begründet werden. Indem alle dem Darwinismus verpflichteten Konzeptionen behaupteten, alles biologische Geschehen könne nur im evolutionären Rahmen begriffen werden, verschloss sie die Wege zur Einsicht in die invarianten Grundlagen lebender Organisation, deren Verständnis erst Evolution begründbar macht. Es sollte in Zukunft eine Rekonstruktionsmethodik evolutionärer Abläufe auch über die Biologie hinaus entwickelt werden, die vor Ermittlung der Varianzen und der Abwandlungen die alle Veränderung tragenden Grundprinzipien, die Invarianzen, klarlegt. Eine neue Evolutionstheorie, die den auf organismisch-konstruktiven Prämissen ruhenden Wandel hydraulischer Konstruktionen rekonstruiert, kann erst jetzt formuliert werden.

Evolutionäre Transformation von Konstruktionen ist nur im Rahmen des konstruktiv Möglichen und in der durch die konstruktiven Gefüge erzwungenen Folge möglich. Im Ablauf der konstruktiven Wandlungen kommt es nach Maßgabe der jeweils erreichten konstruktiven Organisation unter Nutzung ihrer Struktur und Organisation zur Aufspaltung in Arten, indem sich Populationen zerlegen und entweder wieder verschmelzen oder für immer durch irreversible Entwicklung von Barrieren getrennt bleiben. Alle diese Abläufe sind in den konstruktiven Rahmen und in die organisatorisch-konstruktiv determinierte Abfolge eingezwungen.

Ein Irrweg des Darwinismus bestand darin, dass man von den Aufspaltungen und dem Feinspiel der Evolution im Populations- und Artbereich aus das Grundgeschehen des evolutionären Organisationswandels überhaupt begründen wollte. Dieser Weg konnte und kann nicht zum Ziel führen, weil man die Prinzipien lebender Organisation, die den Wandel und die Abfolge bestimmen, nicht von den Differenzierungen und Aufspaltungen in Arten her erfassen kann.

3. Naturalismus, Anschauung und Klassifikation - Die Notwendigkeit neuer Erklärungen

Die Schwächen des Darwinismus liegen hauptsächlich in einem Verständnis der Naturgeschichte, das sich in vieler Hinsicht als Hindernis für die Theorienentwicklung erweist.

In den etablierten und institutionalisierten biologischen und paläontologischen Disziplinen, die bisher als klassische oder beschreibende bezeichnet wurden und die durch ihre Objekte sowie durch die Ordnung, in die diese eingebettet wurden, die Vorstellung von der Entwicklung des Lebens und der Verteilung der lebenden Formen in Raum und Zeit bestimmten, sucht man von sehr wenigen Ausnahmen abgesehen vergeblich nach einem neuen Verständnis der Naturgeschichte. Wie beispielsweise Schäfer (1964) aufzeigte, wurden die Organismen der Erde und ihre fossilen Reste durch die klassischen Disziplinen in mehreren Schüben der Bestandsaufnahme erfasst und in eine raum-zeitliche Ordnung gebracht. Diese Erfassung der Vielfalt ist noch nicht abgeschlossen. Sie kann es wohl auch nie sein. Erfassung und Kategorisierung bedeutet aber noch nicht Verständnis.

Die Kritik an der naturalistischen Erfassung des Materials als Anpassungsprodukt trifft auch und vor allem die Paläontologie. Fossilien stellen zwar Dokumente lebender Organisation dar und sind vielfach zuverlässige zeitliche Markierungen, sie sprechen aber nicht, wie meist angenommen wird, für sich selbst und verraten nichts über evolutionäre Abläufe. Der Evolutionsablauf zeigt sich an ihnen nicht von selbst. Evolution kann niemals rein empirisch ermittelt werden. Es ist auch solchen Gründen auch nicht möglich, aus einfachen Beobachtungen der Fossilbelege und ihrer zeitlichen Verteilung abzuleiten, wie die Ausbreitung des Lebens in die verschiedenen Lebensräume ablief.

Die Kritik an der naturalistischen Erfassung des Materials als Anpassungsprodukt trifft auch und vor allem die Paläontologie. Fossilien stellen zwar Dokumente lebender Organisation dar und sind vielfach zuverlässige zeitliche Markierungen, sie sprechen aber nicht, wie meist angenommen wird, für sich selbst und verraten nichts über evolutionäre Abläufe. Der Evolutionsablauf zeigt sich an ihnen nicht von selbst. Evolution kann niemals rein empirisch ermittelt werden. Es ist auch solchen Gründen auch nicht möglich, aus einfachen Beobachtungen der Fossilbelege und ihrer zeitlichen Verteilung abzuleiten, wie die Ausbreitung des Lebens in die verschiedenen Lebensräume ablief.

Mit den bisherigen Methoden der Morphologie, Paläontologie, Ökologie und Evolutionslehre sind konsistente stammesgeschichtliche Rekonstruktionen nicht möglich. Sie bieten für ein derartiges Unterfangen keine ausreichenden theoretischen Grundlagen an und verstellen gerade mit ihrer Art der Materialbehandlung die Möglichkeiten für sie.

Ein weiterer Grund des Versagens besteht darin, dass bei der Beobachtung der lebenden Organismen in ihren spezifischen Lebensbedingungen und bei Ermittlung der Ablagerungsbedingungen für geborgene Fossilien die „beobachteten" Relationen zwischen Organismen und Umweltbedingungen unkritisch als Anpassungen betrachtet werden. Diese „Anpassungen" sind quasi als Sachverhalte vorgegeben, die man erklären möchte. Doch bilden naturalistische Beobachtungen und Vorurteile unzulässige Präjudizien. Sie erschließen gerade die den Ablauf der Entwicklung bestimmenden Prinzipien nicht, denn der Prozess, der für die Genese der beobachtbaren Beziehung zwischen Organismus und Umwelt bestimmend war, ist in jedem Fall hinter dem Produkt der Entwicklung verborgen. Er kann gar nicht über direkte Beobachtungen erschlossen werden. Wenn man begründen will, warum Organismen unter bestimmten Umweltbedingungen existieren konnten oder können und wie es zur Entstehung dieser ökologischen Beziehungen kam, muss verständlich gemacht werden, wie die zeitlich vorangehenden Konstruktionen beschaffen waren, die kraft ihrer Organisation und Leistungsfähigkeit das Eindringen in den jeweils erfassten Lebensraum ermöglichten. Von den Vorbedingungen her muss begründet werden, was man überhaupt beobachten kann. Anpassungsbehauptungen begründen aber nichts. Lebewesen existieren unter bestimmtem Bedingungen nicht deswegen, weil sie sich an sie angepasst hätten, sondern weil vorher konstruktive Voraussetzungen erreicht worden waren, die das Eindringen in die Lebensräume ermöglicht hatten (Edlinger, Gutmann und Weingarten 1991). Auch jede weitere Entwicklung in neu besiedelten Gebieten kann nur als sich fortgesetzter konstruktiver Wandel begriffen werden, in dem jeweils vorangehende Konstruktionseigenheiten die Entwicklungsmöglichkeiten der folgenden Stadien limitieren und bedingen. Zudem muss beachtet werden, dass ein Großteil der organisatorischen Transmutationen in Form von Optimierungen und Leistungssteigerungen erfolgt, die von den Außenbedingungen her überhaupt nicht verständlich gemacht werden können. Da nur die Genese die Erklärung liefert, darf nicht das Resultat vorgegeben werden. Erst der rekonstruierte Prozess kann die Begründung liefern.

Vom Befund her bleibt immer die Frage offen, ob die beobachteten Organismen nicht auch in anderen Bereichen leben konnten oder leben hätten können. Das Urteil über die Einsatzbreite einer lebenden Konstruktion kann nur über das Verständnis ihrer Funktionsweisen und Leistungsfähigkeit gefällt und abgesichert werden. Keineswegs ist dies über einfache Beobachtungen oder ökologische Bestandsaufnahmen möglich. Die Problemlage muss daher neu formuliert werden: Erklärbar ist nicht, wo Organismen leben, sondern es ist von der Konstruktion her zu begründen, welche externen Bereiche aus konstruktiven Gründen verschlossen waren oder sind.

An Fossilfunden können die Erzeugungsmechanismen der Biomasse, die energetischen Grundmechanismen der Biosphäre und das ökologische Zusammenspiel in den Lebensräumen höchstens in Bruchstücken ermittelt werden. Ökologische Wechselbeziehungen sind nur als Leistung von Organismen begründbar und müssen von den Wirkmechanismen der lebenden Organisation aus erklärt werden.

Die Kritik an der naturalistischen Erfassung des Materials als Anpassungsprodukt trifft vor allem die Paläontologie. Fossilien stellen zwar Dokumente lebender Organisation dar und sind vielfach zuverlässige zeitliche Markierungen, sie sprechen aber nicht, wie meist angenommen wird, für sich selbst und verraten nichts über evolutionäre Abläufe. Der Evolutionsablauf zeigt sich an ihnen nicht von selbst. Evolution kann niemals rein empirisch ermittelt werden. Es ist auch solchen Gründen auch nicht möglich, aus einfachen Beobachtungen der Fossilbelege und ihrer zeitlichen Verteilung abzuleiten, wie die Ausbreitung des Lebens in die verschiedenen Lebensräume ablief.

Fossilien, also fossilisierbare Teilstrukturen, sind zwar eindeutige Belege für einzelne Stadien der Lebensentwicklung, sie repräsentieren aber immer nur Teile von kraftschlüssigen Verbänden. Auch wenn die Reihen fossil erhaltungsfähiger Gebilde noch so dicht sind, bilden sich die Prinzipien der Organisation an Skelettstrukturen nicht ab, da sich solche Prinzipien nur in aktiven Komponenten manifestieren. Das kohärente Gefüge des Weichkörpers bestimmt den Aufbau und Skelettstrukturen stellen gleichsam ein negatives Komplement des muskulär-bindegewebigen Verbandes dar (Vogel & Gutmann 1981 – 1990). Da jede skelettale Struktur eine Differenzierung im vorher gegeben gewesenen kohärenten Verband darstellt, kann ihre Erklärung nur aus der Einsicht in die spezifische Organisationsform des Weichkörpers gewonnen werden. Jede Interpretation fossil erhaltener Teile, besonders von Skelettresten, setzt eine begründete biomechanisch-konstruktionsmorphologische Rekonstruktion von Lebewesen als kraftschlüssigen kohärenten Gefügen voraus. Das Verständnis der Wirkungsweise ist Vorbedingungen für die Ermittlung der ökologischen Potenzen. Durch Beschreibung und Vergleich, also Methoden der herkömmlichen Morphologie, ist dies möglich.

Die Fossilbelege repräsentieren außerdem nicht jene Formen, die in der Biomasse dominieren, nämlich die Prokaryonten und Algen, die für die Energiegewinnung der Biosphäre und die Produktion des organischen Materials vorrangig verantwortlich sind und den Triebmechanismus für das gesamte Lebensgeschehen bereitstellen. Damit aber stellt sich schon die Eingangsstufe von Materie und Energie in die Biosphäre fossil gar nicht dar und die Stufen der organischen Produktion und die Aufzweigungen der grundlegenden Nahrungsketten bilden sich nicht ab. Erst für die nachgeschalteten Stufen der Energiewandlung im Meer, die größeren, in den Nahrungsketten nachgestaffelt stehenden Organismen, also fast durchweg Tiere, aber auch verschiedene wegen ihrer Konstitution erhaltbare Pflanzen, ist die teilweise Fossilisierung wahrscheinlicher. Der Materie- und Energiefluss in den Lebensräumen und die Organisation der dieses Geschehen primär bestimmenden Formen ist aber aus dem paläontologischen Fundgut nicht erkennbar. Das bedeutet keineswegs, dass man das nicht Dargestellte weglassen könnte. Ökologie und Paläontologie sind nur auf der Vorgabe der Grundmechanismen des ökologischen Geschehens im Rahmen der wirkenden Megamaschine Biosphäre sinnvoll. Diese Vorgabe bezieht sich zudem auf hochgradig invariante und zuverlässig begründbare Mechanismen.

Natürlich können Fossilreste immer gewissen Phasen der geologischen Entwicklung zugeordnet werden. Man kann verschiedene geologische Formationen an einzelnen oder ganzen Ensembles von erkennen, weil eine gleichsam historistische Charakterisierung der verschiedenen Erdzeitalter vorliegt. Viele Fossilien, nicht nur die Leitfossilien, sind charakteristisch für bestimmte Phasen der Erdentwicklung. Das bedeutet aber, dass die Geschichte am geologischen Geschehen und nicht in dem an Fossilresten erkennbar werdenden biologischen Entwicklungsgeschehen festgemacht wird. Die Stammesgeschichte eröffnet sich so nicht, weil der Fossilbefund nur die Epiphänomene der geologischen Entwicklung darstellt. Das Entscheidende an der biologischen Evolution, die Prägung der späteren Konstruktionen in den organisatorischen Eigenheiten ihrer Vorläufer, ist fossil nicht unmittelbar belegbar. Die

Geschichte des Lebens, welche die Paläontologie schreibt, behandelt nur einen Aspekt, der an Fossilien deutlich wird und der dem geologischen Geschehen, soweit es an Ablagerungen erkennbar ist, aufgeprägt erscheint. Lebensentwicklung wird dadurch zum Epiphänomen der eigentlichen Entwicklung, der geologischen. Die Evolution der Organismen wird auf dieser Grundlage mit ihren überkommenen Methoden unvermeidlich zu einem von der geologischen Wandlung mitgeschleppten Nebeneffekt. Zudem kann nie entschieden werden, ob eine auch noch so gut erhaltene, ja möglicherweise lückenlose Formenreihe tatsächlich phylogenetischen Wandel anzeigt oder nur die sukzessive Einwanderung einander relativ ähnlicher Formen in einen bestimmten Lebensraum. Eigenständige Prinzipien der organismischen Evolution können also von einer solchen Paläontologie nicht aufgezeigt werden.

Das Adaptationsdenken, das Evolution in der Tradition von Lyell als Anpassungsgeschehen begreift, geht von der Meinung aus, der stammesgeschichtliche Wandel sei durch die Umwelt kanalisiert und zum Teil sogar durch Veränderungen in der unbelebten Natur direkt erzeugt. Diese Vorgaben verhindern eher Einsichten als sie zu fördern, weil man aus der Kenntnis der geologischen, ozeanographischen und ökologischen Bedingungen keine Nutzung beim phylogenetischen Wandel rekonstruieren oder begründen kann. Die Nutzung von Umweltbedingungen durch die Organismen kann nur von der Erklärung der Organisation her, also auf der Grundlage konstruktionsmorphologischer Methoden, verständlich werden.

Das traditionelle Forschungsprogramm, das im deutschen Sprachraum bis heute dominiert (Boeckh & Pfannenstiel 1985) und dem Naturalismus sowie dem Historismus des 20. Jahrhunderts verpflichtet ist, muss als gescheitert gelten, sobald der bisher als Lehrgebäude weithin akzeptierte Darwinismus seine Überzeugungskraft verliert und auf ernst zu nehmenden Widerstand stößt. Es kommt hinzu, dass das Naturverständnis von der Physik, der Kosmologie, Geologie und anderen Fachdisziplinen so stark dynamisiert und prozesshaft-geschichtlich begründet wird, dass es gar nicht mehr nötig ist, naturalistisch den Gedanken der Evolution zu untermauern. In einem evolutiven Universum und auf einer sich geschichtlich entwickelnden Erde hat Leben nur noch als evoluierendes Geschehen einen möglichen Stellenwert.

Als Resüme kann also festgestellt werden: Aus systematischer Ordnung, aus Beschreibung und Vergleich lebender Formen, aus der Beobachtung der Lebewesen in ihrer Umwelt lassen sich die Natur der Organismen und die Prinzipien von Bau und Wirkung der Lebewesen, der komplexesten Gebilde dieser Erde, nicht ermitteln. Die bisher voll akzeptierten naturalistischen Verfahrensweisen der Morphologie und Systematik führen zu keinem Ergebnis, das Erklärungen für Organisation und ihre evolutive Wandlung bieten könnte. Durch Vergleich verschiedener Organismen erfahren wir nichts von den Prinzipien, die den Aufbau der verglichenen Einheiten, die Übereinstimmungen und die Differenzen bestimmen. Bestandsaufnahme und Registrierung der Vielfalt auch im Rahmen der Erdgeschichte bei Charakterisierung ihrer spezifischen Eigenarten in den verschiedenen geologischen Formationen lehrt uns nicht, wie lebende Organisation entstanden ist und bringt keine Erkenntnis hinsichtlich Wirkungsweise und Aufbau von Organismen. Das Wissen über die Verbreitung der Organismen im Raum lässt nicht erkennen, wie die Räume der Erde durch die Aktivität der sie besiedelnden Organismen zu Lebensräumen wurden.

Keine Beschreibung von Form und Architektur lehrt uns die Wirkungsweise eines Autos oder irgend einer anderen Maschine zu verstehen. Keine noch so ausdauernde Beobachtung von Fahrzeugen auf Straßen, Autobahnen, im Gelände, auf Schienen oder in abartigen Situationen bringt uns der Einsicht näher, wie sie wirken und mittels welcher Voraussetzungen sie in den beobachtbaren Nutzungsbedingungen brauchbar werden. Kein Vergleich von Maschinen, keine Deskription ihres räumlichen Aufbaus gibt uns Einsicht in ihre Natur und eröffnet uns Einsichten in die Wirkungsweise oder die Bereiche, in denen sie wirken können. Die Wirk- und Funktionsmechanismen von Lebewesen müssen wie alle wissenschaftlich triftigen Aussagen abstrakt und damit unanschaulich sein. Sie verschließen sich der „Betrachtung“ und „Anschauung“.

4. Selbstorganisation und organismische Biologie

Wer in seinem Naturverständnis über den überkommenen Naturalismus hinauskommen will oder in einer naturwissenschaftlichen Fachdisziplin einen Zugang zur Dynamik des Naturgeschehens sucht, kommt sehr schnell mit Selbstorganisationstheorien in Berührung (Prigogine; Prigogine & Stengers; Glansdorff; Ebeling; Haken). Sie begreifen die Natur prozessual. In der Natur soll alles Geschehen energetisch von innen betrieben sein. Die Natur wird als dynamisches Geschehen begriffen, der Prozess hat den Vorrang vor den statischen Beziehungen, wie sie die traditionellen Naturgesetze beschreiben. Dynamik und Prozessualität scheinen dabei nur bei permanenter Nichtgleichgewichtssituation zu sein. Weit ab vom thermodynamischen Gleichgewicht, bei gesicherter Materie- und Energiezufuhr also, scheint die Natur von innen heraus Ordnung zu produzieren und die geordneten Strukturen in regelhafter Form zu transformieren. Hierin erblickt man das neue Paradigma eines prozessual-evolutionären Naturverständnisses. Das Schlüsselwort für ein neues Naturverständnis ist „Selbstorganisation". Über die Thermodynamik offener Systeme beginnt die neue Sichtweise, die in der Natursicht des berühmten englischen Mathematikers und Philosophen Alfred North Whitehead (1984, 1988) einen frühen Ausdruck fand, disziplinübergreifend in die übrigen Wissenschaftsbereiche hineinzuwirken. Die Thermodynamik offener Systeme, ein Zweig der Physik, glaubt sich im Besitz generell gültiger Theoreme und beanprucht den Rang einer Leitdisziplin.

Die neuen Vorstellungen wirken seit längerer Zeit stark in die Biologie hinein. Dissipative Strukturen, geordnete Muster, die weit ab vom thermodynamischen Gleichgewicht entstehen, werden in Beziehung zu organismischer Struktur gesetzt. Evolution wird dann generell als Wandel von Ordnung begriffen. In derzeit noch eher sporadischen Zitaten beginnt die neue Sichtweise auch in den Bereich der traditionellen biologischen Disziplinen hineinzuwirken, ohne aber bislang in der Forschung Fuß zu fassen. Dies liegt vor allem daran, dass sich Morphologie und Paläontologie als historische Wissenschaften schon dynamisch und prozessual verfasst glauben. Sie meinen, mit der Evolutionstheorie sei schon im 20. Jahrhundert die prozessuale und dynamische Neubegründung der Biologie gesichert und der Schritt zur Dynamik des Naturverständnisses sei damit in der Biologie längst vollzogen. Man hält Formenreihungen morphologischer Gestalten und Fossilien für einen Ausdruck evolutionären Geschehens und verwechselt damit Serien statischer Zuständen mit Prozesshaftigkeit. Die vollkommen statische Grundlage der gesamten Morphologie und Systematik wird konsequent übersehen.Die Gefahr für die klassischen Bereiche von Biologie und Paläontologie, die meist nicht einmal bemerkt wird, besteht nun darin, dass sich eine eigenständige Pseudobiologie und Pseudomorphologie entwickelt, die beliebige physikalistische Modelle an die Stelle von biologischen Strukturen setzt. In diesen oft völlig biologiefremden Konzeptionen des Lebens, wie etwa in der von der Sonne getriebenen Photonenmühle der Biosphäre (Ebeling, Ebeling & Feistel, Feistel & Ebeling), den morphogenetischen Feldvorstellungen (Gierer; Gierer & Meinhard, Sheldrake), der Synergetik (Haken) oder den dissipativen Strukturen (Prigogine, Prigogine & Stengers, Glansdorf) wer-

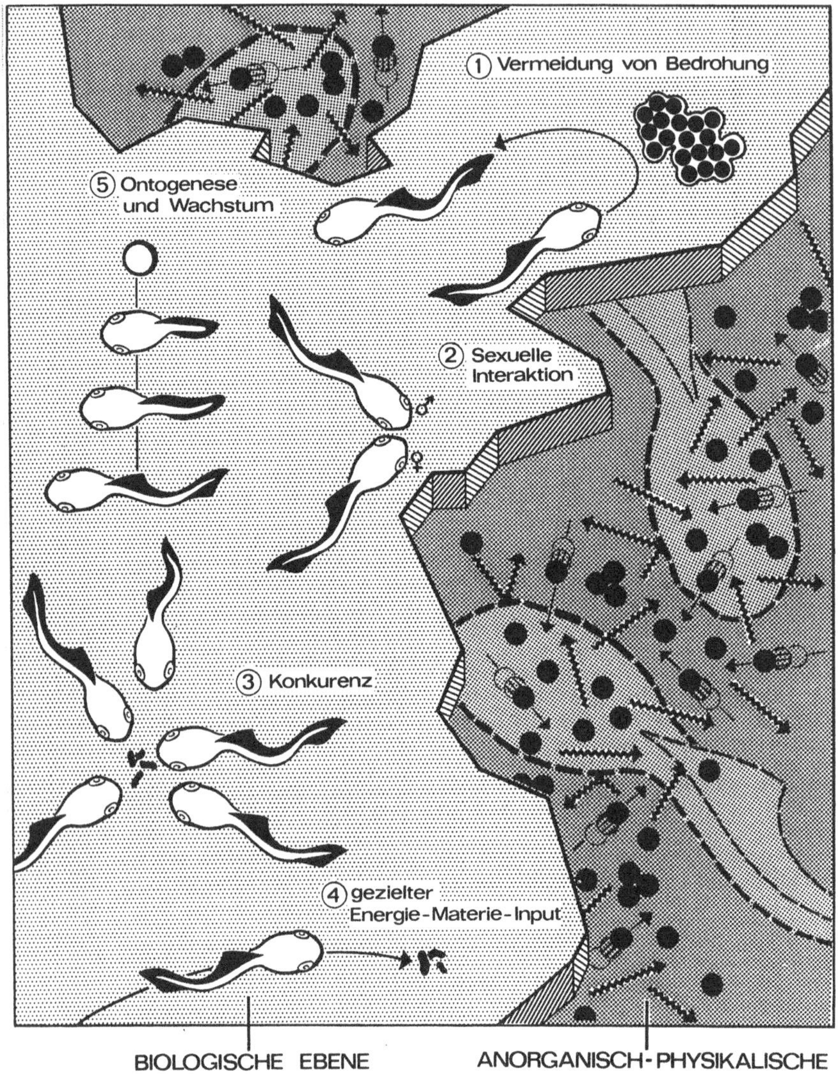

Abb. 4-1: Eine Gegenüberstellung von physikalischen Abstraktionen und wesentlichen Bestimmungen von Organismen (hell gepunktetes Feld) zeigt einerseits eine Sicht von „Lebewesen", die über den Status von Molekülwolgen kaum hinauskommt, andererseits aber brauchbare Modelle und auch weitgehend überprüfbare Grundbedingungen organismsichen Lebens, auf denen sowohl eine naturwissenschaftlich stringente Sicht des Lebens als auch diskutierbare stammesgeschichtliche Modelle aufgebaut werden können.

den ganz fremdartige technologische oder physikalistische Analogien als Biologieersatz angeboten. Andere Autoren nutzen für die morphologische Organisation lebender Konstruktionen nur Begriffskompositionen, wie 'autopoietische Maschine', ‚Selbstreferen-zialität' (Maturana 1985; Marurana & Varela 1987; Roth 1987a) oder 'Motorium' (v. Foerster 1985) etc.

Trotz zahlreicher Schwächen physikalistischer „Organismus"- und Selbstorganisationstheorien schuf das durch sie bestimmte Klima auch einen Freiraum für die organismische Konstruktionslehre und für die kritische Evolutionstheorie. Dieser wirkt auf sie zurück, wenn sie der konsequenten Kritik unterzogen werden. Gegen den Anspruch der Selbstorganisationstheorien führte Weingarten (1988) schlüssige Argumente ins Feld. Er zeigt auf, dass keine Spielart der Thermodynamik Organismen angemessen begründen und in ihrer Leistung beschreiben kann.

5. Allgemeine Voraussetzungen einer neuen Organismus- und Evolutionstheorie

Die Charakterisierung der Grundmechanismen, nach denen die Biosphäre arbeitet, kann nur in Modellrekonstruktionen geleistet werden, bei denen präbiotische und frühphylogenetische Bedingungen eine wichtige Rolle spielen. Genauso bedeutsam ist die Ermittlung der Energieflüsse und Energietransformationsprozesse, die in der Biosphäre heute beobachtet werden können. Im phylogenetischen Rückschluss muss dann ermittelt werden, welche der heute noch empirisch erfassbaren und theoretisch nutzbaren Mechanismen und Beziehungen für die erdgeschichtliche Vergangenheit ebenfalls als gegeben unterstellt werden können. Wieder zählt vor allem Rekonstruktion, die auf ihre Kompatibilität mit den verschiedenen geologischen Bedingungen und Entwicklungsphasen des erdgeschichtlichen Geschehens überprüft werden kann.

Nur wenn die organisatorisch-konstruktiven Mechanismen in die theoretischen Erwägungen einbezogen werden, lässt sich auch auf die erforderlichen Außenbedingungen und auf die von den Organismen geknüpften Umweltbeziehungen rückschließen. Nur von einem konstruktiven Verständnis der Organismen aus kann überhaupt angegeben werden, unter welchen Außen- und Umweltbedingungen Leben, Überleben und Nachkommenproduktion möglich sind. Auf dieser Grundlage lässt sich auch ermitteln, wie und über welche Organisations- und Leistungsveränderungen der Konstruktionen weitere Bereiche der Erde für das Leben erschlossen werden konnten, und welche weiteren Transformationen die lebenden Konstruktionen auf Grund ihrer organisatorisch bestimmten Aktion und Wirksamkeit auf den verschiedenen Stadien der Entwicklung erfahren können. Vom konstruktiven Wandel und der Ermittlung der Umwelterfordernisse aus ist dann die Abfolge der Etablierung ökologischer Zusammenhänge im Rahmen der Biosphäre in rationaler Weise rekonstruierbar.

Diese Überlegungen führen zu einer wichtigen und generell gültigen Einsicht: Die Umweltbedingungen für die Evolution der Organismen werden von der Organisation, der Leistungsfähigkeit und den Erfordernissen der Organismen abgeleitet. Dass und in welcher Form die geforderten Umweltbedingungen vorhanden waren, begründet sich aus den geologischen Grundmechanismen und den sie erklärenden Theorien für die Geschichte des Planeten Erde. Die Ansicht, die Erdgeschichte treibe die Evolution der Organismen durch das geologische Geschehen an und bestimme ihren Aufbau mit, wird hinfällig. Auch der Vorwurf, die organismisch-konstruktive Theorie besitze keine Umweltvorstellung und berücksichtige sie bei ihren phylogenetischen Rekonstruktionen nicht, ist damit widerlegt. In der organismischen Konstruktionslehre und der organismuszentrierten Theorie der Evolution wird die Bedeutung von Umwelt gar nicht bestritten. Nur die Umweltvorstellung des Darwinismus wird als irreal zurückgewiesen (Edlinger, Gutmann & Weingarten 1991). Was für Organismen Umweltbedingung sein kann und welche Faktoren der Außenwelt für sie Bedeutung gewinnen, kann nur von der Erklärung der Organisation und von der Bestimmung der Leistungsanforderungen der Lebewesen her ermittelt werden. Außen- oder Umwelt

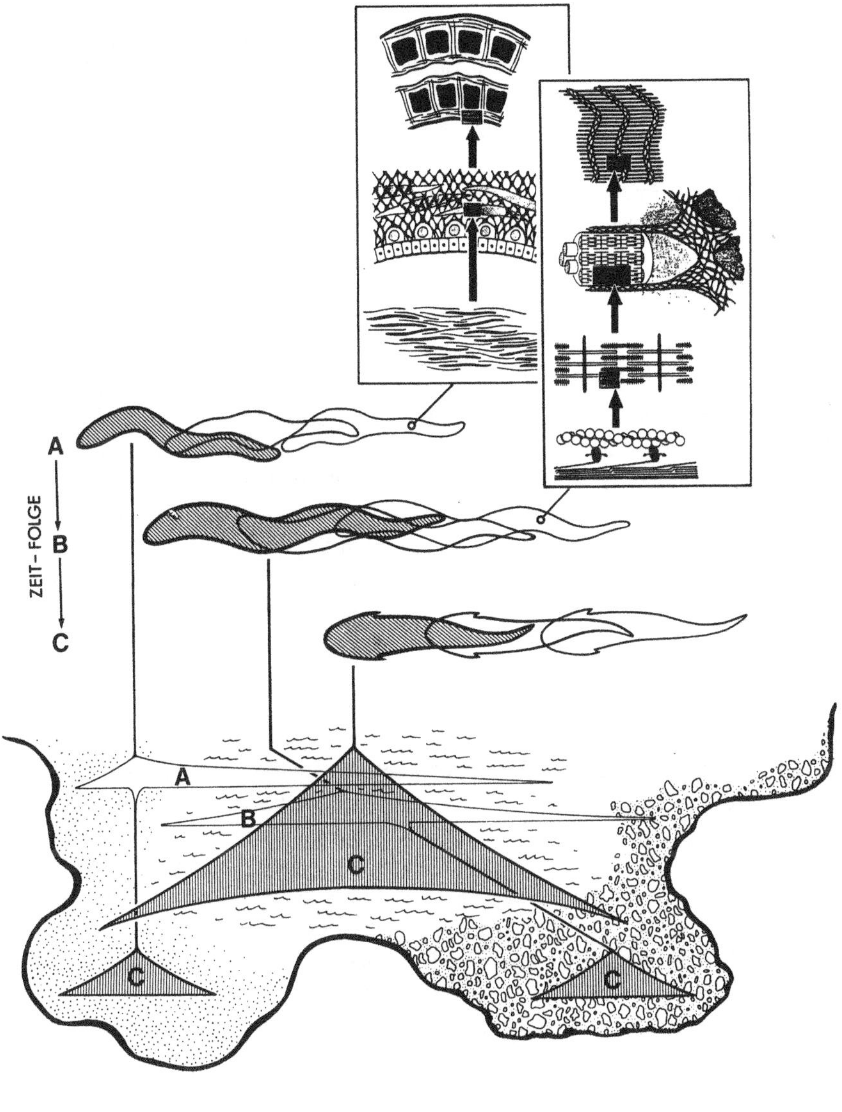

Abb. 5-1: Organismen stellen Umweltbeziehungen nach ihren eigenen, intern generierten Bedürfnissen her. Der stammesgeschichtliche Wandel erfolgt auf der grundlage der jeweils erreichten konstruktiven Beschaffenheit, die sich nicht mehr beliebig, sondern in durch die Vorläuferkonstruktion bestimmten Bahnen ändern kann. Der konstruktive Wandel entscheidet dann auch jeweils über die möglichen ökologischen Beziehungen und vor allem auch darüber, welche neuen Lebensräume und Nischen erschlossen werden können.

als Bereich möglicher Lebensaktion ist immer vorhanden. Organismen sind selbstverständlich immer von ihr abhängig. Sie sind zwar hochgradig autonom, aber nicht autark. Sie müssen die zu ihrer Organisation passende Energie und Materie finden können. Dabei treffen sie auf Widerständigkeiten der Außenwelt, die es ihnen gestatten, ihre Überlebensmaschine für motorische und autoformative Aktion, für Nahrungs- und Energiegewinnung, aber auch für Entsorgung und Reproduktion einzusetzen.

Andererseits beschreibt die Plattentektonik eine erstaunliche Dynamik, die sich bei der Umgestaltung der Erde Raum schafft. Wie kann sich auf dieser so instabilen Unterlage Leben eigenständig entwickeln? Die sich aufdrängende Frage, ob man denn das Lebensgeschehen wirklich als eigenständig auffassen dürfe, kann mit dem Hinweis beantwortet werden, dass das geologische Geschehen gemessen an den Generationenfolgen des Lebens sehr langsam verläuft.

Dies hat eine wichtige Konsequenz: Bei aller Veränderung sind die wichtigsten Großräume der Erde, die Ozeane, Meere mit flachen, tiefen, deltaartigen Bereichen, mit Buchten, Steilküsten und felsigen Stränden sowie allen weiteren geomorphologischen Ausprägungen im Ablauf der plattentektonischen Vorgänge immer vorhanden. Die Ausstattung der Hydrosphäre bleibt in ihren Grundzügen trotz der plattentektonischen Dynamik gleich. Dies auch dann, wenn sich die Proportionen, in denen die verschiedenen Lebensbereiche vorkommen, bei Transgressionen und Regressionen häufig wandeln. Trotz ständiger langsamer Veränderung ihrer Oberfläche und trotz sich ständig wandelnder paläogeographischer Konfiguration bietet die Erde dem Leben immer annähernd gleiche Grundbedingungen zur Nutzung an.

Wenn man die Abfolge des evolutiven Wandels und der mit ihm verbundenen Nutzung der Lebensräume und Energiequellen auf organisatorisch-konstruktiver Grundlage rekonstruiert, muss man den kontinuierlichen Wandel und die Irreversibilität der wichtigsten Evolutionsschritte im Auge behalten. Sie schlagen konsequent auf die Nutzung von Umweltbedingungen durch. Aber gleichzeitig läuft die plattentektonische Entwicklung ebenfalls irreversibel weiter. Mit ihr erneuert sich das Angebot von immer wieder gleichen Umweltbedingungen. Wenn man dann noch bedenkt, dass jede organisatorische Veränderung, die einigermaßen ins Gewicht fällt, in einem sich verzweigenden Bäumchen von Entwicklungslinien und nie einzeln auftritt und dass auch geographisch an vielen Stellen der gleiche Wandel abläuft, dann wird verständlich, dass die Außenweltbedingungen die Weiterführung mancher dieser Linien nicht zulassen. Es ist aber äußerst unwahrscheinlich, dass vitalitätssteigernde und Konkurrenzvorteile sichernde Entwicklungen, immer neue Anläufe oder „Versuche“ konstruktiven Wandels, auf Dauer durch die Umweltbedingungen verhindert werden sollten. Eine Unterbindung von Entwicklungen ist wesentlich wahrscheinlicher, wenn die Nutzung von Lebensbedingungen durch interne Disharmonien, durch fehlendes internes Zusammenspiel von organismischen Strukturen behindert oder unmöglich wird. Konstruktive Gefüge in den Organismen schaffen nicht nur auf vielen Stufen Radiationsmöglichkeiten, sondern sie legen immer Optionen für weiterführende konstruktive Wandlungen offen.

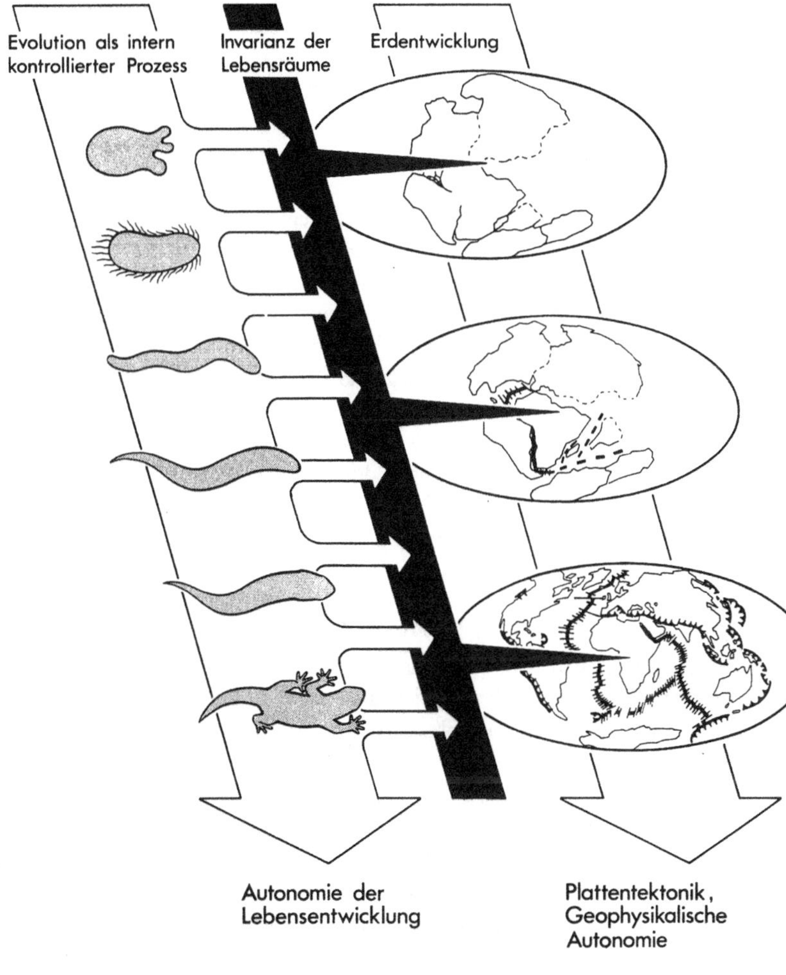

Abb. 5-2: Evolution und geologische Prozesse laufen weitgehend unabhängig voneinader ab, auch wenn organogene Sedimente oft wesendliche Bestandteile geologischer Formationen bilden. Die Lebensräume entstehen von ihren physikalischen Grundbedingungen immer wieder in sehr ähnlicher Form, sodass von einer Invarianz wenigstens im Phaerozoikum gesprochen werden kann. Die Organismen unterliegen während ihrer Phylognese einem tiefgreifenden konstruktiven Wandel und dringen ja nach ihren internen Bedrüfnissen und ihren Fähigkeiten in die verschiedenen Lebensräume vor.

Die biosphärische Megamaschinerie stellt selbst das Ergebnis eines Evolutionsprozesses dar, der durch die Entwicklung des Lebens, durch die volle Entfaltung der photosynthe-tischen Aktivität, der Sauerstofferzeugung durch Spaltung des Wassers bei der Entwicklung der Photosynthese der Cyanobakterien zustande kam und durch die Ausbildung aerober Abbaumechanismen des Stoffwechsels bei Bakterien komplettiert wurde. Die Biosphäre entspricht weitgehend dem Gaia-Modell, das Lovelock (1986), Margulis (1970 - 1990), Krumbein (1984) sowie Krumbein & Schnellhuber (1990) beschreiben und in ihrer Wirkung erklären. Viele ihrer Teilmechanismen wie die permanente Beseitigung von CO_2 aus der Atmosphäre, der Kühlungseffekt für die Hydro- und Atmosphäre, die biotischen Mechanismen der Füllung von Flachbecken mit biogenem Material werden hier nicht behandelt. Sie bilden den nicht angezweifelten Hintergrund und Rahmen der vorgelegten Rekonstruktion.

Es ist nötig, die traditionellen Aspekte der Naturgeschichte neu zu hinterfragen und zu nutzen. Dabei müssen theoretische Begründungen und abstrakte erklärende Prinzipien vorgelegt werden und für die Rekonstruktion der Organsiationsformen des Lebens und der in der Evolution durchlaufenen Stadien samt ihren Beziehungen zu den jeweiligen Verhältnissen auf der Erde verwendet werden (Gutmann & Edlinger 1991). Naturgeschichte kann so dynamisiert und erklärend auf eine abstrakte Begründungsstufe gehoben werden und dabei neue und tiefgreifende Einsichten eröffnen.

Leben gehorcht in allen seinen Ausprägungen durchwegs endogen wirkenden Prinzipien. Die Grundlagen der lebenden Organisation liegen als zwingende theoretische Konzeptionen im Hydraulikprinzip, der Kohärenzbestimmung und den verschiedenen Aspekten der Konstruktionsmorphologie vor, wie sie sich derzeit etabliert (Gutmann 1972, 1988; Gutmann & Bonik 1981; Bonik, Gutmann & Grasshoff 1977; Grasshoff 1978-1997; Grasshoff & Gudo 1997, 1998a,b; Schmidt-Kittler & Vogel 1991; Vogel 1989, 1991; Edlinger, Gutmann & Weingarten 1989, 1991). Leben ist an Organismen und damit an Einheiten gebunden, die durch innere Aktivität gekennzeichnet sind, sich aus innerer Aktivität reproduzieren, sich in der Reproduktion oder vermittels ihrer mobilen Fähigkeiten ausbreiten und in neue Bereiche vorstoßen, seien diese schon besiedelt oder noch lebensleer. Der Lebensprozess findet im kosmischen Rahmen, auf der Unterlage des Planeten Erde statt. Er nutzt vor allem den Zustrom von Energie aus der Sonne und das Angebot von Material auf der Erde, nimmt es aus Atmosphäre, Ozean, Meer und Boden auf. Leben powert durch Tätigkeit der organismischen Maschinen auf dem Wege der Selbstversorgung seine Aktionen, durch die alleine es seine Existenz zu sichern vermag (Feistel & Ebeling 1989; Ebeling 1989; Ebeling & Feistel 1982).

Die Modellbildungen in der Präbiotik schreiten voran, indem sie auf biochemischer, biophysikalischer und molekularbiologischer Grundlage immer neue Gesichtspunkte entwickeln und Punkt für Punkt zwingende Aspekte der Lebensentwicklung herausarbeiten. Die Geologie erfasst die geophysikalische Entwicklung der Erde und ermittelt die Ablaufmechanismen, die in der Kruste formativ wirksam werden und sich in den plattentektonischen Rekonstruktionen der Kontinentbildung niederschlagen.

Für die Bedeutung der Prokaryonten und die Wirkung ihrer Lebensaktivität liegen in wichtigen Aspekten überzeugende Erklärungsansätze vor. Diese Modelle und Ansätze behandeln aber in den meisten Fällen nur Teilaspekte der Lebensentwicklung.

Soll die Frage nach der Evolution der Lebewesen aber generell Sinn ergeben, so muss sie in ganz spezifischer Weise auf organismischer und konstruktionsmorphologischer Ebene gestellt werden:

Um zu wissen, wie Evolution verlaufen kann, ist es nötig, die Natur der Lebewesen, die Art, wie sie strukturiert sind und die Mechanismen, nach denen sie funktionieren, zu kennen: Welche Prinzipien und Eigenheiten kennzeichnen lebende Organisation?

Ein weiteres Problem besteht darin, die Mechanismen der Lebensentstehung auf der Erde klarzulegen und von ihnen aus bei Begründung auf die Wirkmechanismen der lebenden Organisation die Wege zu rekonstruieren, auf denen es den Lebewesen gelang, die verschiedenen Räume der Erde und die differenten Materie- und Energieressourcen, vor allem auch diejenigen, die das Leben selbst erzeugte, aufzuschließen.

Aus der Rekonstruktio verschiedener Entwicklungsbahnen, die über zahlreiche Stadien zu den heute lebenden Organismen führten, sollte es möglich sein, die Grundlagen der organisatorischen Vielfalt zu begründen. Auf der Basis einer Erklärung dieser Vielfalt kann die Nutzung der verschiedenen Teile der Erdoberfläche, der Hydrosphäre und Atmosphäre durch verschiedene Lebensformen nachvollzogen werden. Lebensräume werden in solchen Erklärungsschemata ebenso wie ökologische Nischen von den Organismen her konstituiert und verständlich.

Die hier vorgeschlagene Methode unterscheidet sich auch in den erkenntnistheoretischen Prämissen vom bisherigen, im Naturalismus verhafteten Evolutionsdenken. Dieses ging von der durch den menschlichen Erkenntnisapparat erfassbaren Vielfalt der Organismen aus, die von Morphologie und Systematik beschrieben, klassifikatorisch geordnet und verfügbar gehalten werden. Es war das große Verdienst von Zoologie, Botanik und Paläontologie, diese Ordnung vorgenommen und als eine Art Registratur aufgebaut zu haben (Schäfer 1964). Man wird der überkommenen Naturgeschichte auch nicht absprechen, so viele Belege für vergangenes Leben zusammengetragen und vorgeführt zu haben, dass die Vorstellung von Evolution und Veränderung in Äonen unvermeidlich wird (Erben 1990). Die Erkenntnisfalle der traditionellen Biologie bestand und besteht aber nach wie vor darin, dass man versucht und bestrebt bleibt, aus der Beschreibung und der Erfassung der Vielfalt die Prinzipien lebender Organisation zu gewinnen und gerade in der Vielfalt nach den Grundlagen und Wirkmechanismen ihrer Herausbildung zu suchen. Gegen jede Logik hofft man, aus der systematischen Ordnung der Vielfalt in räumlichen und zeitlichen Beziehungsgefügen zu den Prinzipien lebender Organisation und zur Einsicht in die evolutiven Abläufe vorzustoßen (A. Remane 1956; Osche 1965, 1973; J. Remane 1983; Ax 1976, 1984). Aus der Verteilung der Lebewesen auf die verschiedenen Räume der Erde so hofft man auch die Gründe ihrer geographischen Verbreitung und Verteilung zu finden.

Die traditionelle Biologie konzentriert sich auf die Vielfalt der Erscheinungen und versucht, durch Vergleich und systematische Ordnung theoretische Erkenntnis zu gewinnen.

Erscheinungsvielfalt zeichnet jedoch die gesamte Natur aus. Sie findet sich ebenso im astronomischen, physikalischen, geologischen, wie im geophysikalischen Bereich. Die Physik entstand nicht aus der Registrierung und Ordnung der Vielfalt, nicht aus einer den Gesetzen vorgeordneten Systematik, sondern durch Suche nach Prinzipien, wie an den Fallgesetzen von Galilei, den Theorien des Lichtes von Huygens, Newton und anderen deutlich wird (Koyré 1988; Cassirer1949). Jede Sparte der modernen Physik ist, sobald sie den Zustand ihrer Reife erreicht, theoretisch konstituiert. Die Begriffe dieser Theoriegefüge werden bis in ihre naturphilosophischen Grundlagen abgesichert und, kritisch theoretische Stringenz erzwingend, reflektiert. Die Astronomie ordnete stellare Körper nicht taxonomisch, sondern bestimmte sie physikalisch und wies ihnen im theoretischen Kontext kosmologischer Theorien Positionen zu. Die Geophysik sucht in jenen Prozessen, die im Erdgeschehen ablaufen und die Vielfalt in der Ausformung geophysikalischer Phänomene hervorbringen, nach Prinzipien. Die Plattentektonik, die revolutionäre Megatheorie der Geologie, weist Prinzipien vor und erklärt aus ihnen die Erscheinungsvielfalt der geologischen Phänomene. Nirgends wurde theoretische Begründung aus vorgeordneter Beschreibung und Klassifikation gewonnen. Dies geschah immer ausschließlich durch problembezogene Formulierung und Prüfung von einfachen Theorien, die in die unübersichtlichen Phänomenkomplexe der Natur projiziert werden. Ein Nachziehen der Biologie im Hinblick auf die theoretische Begründung scheint überfällig. Bei Verweigerung theoretischer Reflexion und Begründung droht ihr Relevanzverlust. Dieser kündigt sich schon darin an, dass sie das Feld der physikalistischen Theorienbildung zu unbiologischer Nutzung freigibt. Der von der Biologie belassene Freiraum wird durch Selbstorganisationstheorien, die sich auf physikalische Grundlagen berufen, ausgiebig genutzt. Um aber auf die Problematik einer dynamisch und prozessual begründeten Biologie und Paläontologie zurückzukommen, muss betont werden, dass die neue theoretische Ebene nicht aus der morphologisch und taxonomisch erfassten Vielfalt abgeleitet werden kann oder in einer banalen darwinistischen Theorie schon realisiert ist. Eine viel grundlegendere theoretische Bestimmung der Gegenstände der Biologie und Begründung ihrer Entwicklung sind nötig.

Bei der Erklärung lebender Organisation, vor allem des morphologischen Aufbaus, ist also, wie bereits betont, die Rückführung auf einfache erklärende Prinzipien notwendig. Auch im Hinblick auf lebende Organisation, Vielfalt und Verteilung der Organismen kann auf sie bei aller gebotenen Vorsicht nicht verzichtet werden. Nur sie können auch Grundlage möglicher Erklärung sein, die in Modellform vorgetragen werden muss, gleichzeitig aber der Untermauerung durch Evidenzen und der Bewährung an Fallbeispielen bedarf.

Organismen bedürfen der Nutzung und Umwandlung von Energie durch aktive Leistung. Ihren Aufbau begreifen wir auf energetischer Grundlage vor allem dann, wenn eine maschinenbezogene Modellierung vorgenommen und der organismische Aufbau als energetisch getriebenes Leistungsgefüge begründet wird. Von der Einsicht in die Wirkmechanismen muss sich ableiten lassen, wie Evolution funktioniert und in welcher Weise sich Organismen evolutiv transformiert haben können. Mit der Einsicht in die sich wandelnden Wirkmechanismen ergeben sich die Begründungsvoraussetzungen in die Nutzungsmöglichkeiten, die sich die Organismen in den Räumen der Erde samt ihren Energieressourcen sichern. Auf der Grundlage des Maschinenverständnisses wird auch verständlich, wie sich organisatorische Vielfalt etablieren und ausbreiten kann.

Organismische Maschinen können als Phänotypen und Ausdruck genetischer Information nicht angemessen beschrieben werden. Sie können nicht wie im Darwinismus durch externe Selektion bestimmt oder durch Anpassung an die Umwelt begründet werden. Organismen müssen als aktive, energetisch betriebene Einheiten begriffen werden, die nach Maßgabe organismusspezifischer Prinzipien und suchen aktiv Existenzräume für sich erschließen und sie durch ihre Tätigkeit zu Lebensräumen machen.

Der Rahmen, in dem die Entstehung, die Aktivität und die Evolution von Organismen ablaufen, bedarf ebenfalls einer spezifischen Konturierung. Die Biosphäre ist zu begreifen als energiegetriebene Megamaschine, in der die Organismen tätig sind, sich ausbreiten und entwickeln, wobei sie die Materie- und Energieströme anzapfen. Lebewesen wären als lebende Maschinen Binnenstrukturierungen oder -differenzierungen im Rahmen der Megamaschine `Biosphäre'.

Die folgenden Kapitel führen weitere wesentliche Argumente für die Eigenständigkeit der Biologie ins Feld (Gutmann 1972, 1988, 1991; Gutmann & Bonik 1981; Vogel 1991). Es ist aufzuzeigen, dass

1) lebende Organisation auf eigenen organisatorisch-konstruktiven Prinzipien beruht und lebende Organismen energiegetriebene, autoformative und automobile Systeme sind, die ihre Leistungen durch mechanische Arbeit erbringen;
2) die Entstehung der lebenden Organisation kein rein molekularbiologisches, sondern ganz wesentlich auch ein physikalisches Geschehen darstellt;
3) Evolution von organismischen Maschinen nach Maßgabe interner organisatorisch-konstruktiver Prinzipien verläuft;
4) molekulare und physiologische Mechanismen sich immer nur im Zusammenhang und nach Maßgabe der konstruktiven Prinzipien lebender Organisation etablieren können;
5) die Morphologie der Organismen auf einer neuen konstruktionsmorphologischen Ebene für die Evolution bestimmend wird;
6) die überkommenen Kenntnisse der traditionellen Biologie und die Fossilbelege nach Maßgabe der organisatorisch-konstruktiven Prinzipien als Evidenzen genutzt werden können.

Die hier behandelten Fragen und Zusammenhänge sind allerdings seit Jahrzehnten Gegenstand der Forschung und theoretischen Diskussion. Dabei muss betont werden, dass die vorgestellten Modelle oft auf älteren Kenntnissen aufbauen, die neu genutzt und in veränderter Weise erschlossen werden. „Wahrheit" soll gerade durch neue Anwendung nicht zertrümmert sondern bewahrt werden. Der Hinweis auf strenge Abgrenzung und den Anspruch der Neubegründung ist hier fällig, weil in kritischen Stellungnahmen oft darauf hingewiesen wird, dass im Hydraulikprinzip und in der darauf begründeten Evolutionistik samt ihren Phylogenesemodellen eine Nutzung von älteren Vorkenntnissen vorliege. Dies ist aber nur dann richtig, wenn man die sogenannten Vorkenntnisse unabhängig vom jeweiligen vom Interpretationsrahmen und -kontext betrachtet. Auch wenn Paradigmenwechsel noch so tiefgreifend und die theoretischen Neubestimmungen noch so radikal sind, fängt keine Wissenschaft jemals bei einem Punkt Null an. Jede Problematik ist aus den vorangegangenen Stadien der Wissenschaft und der Problementwicklung gewachsen. Dabei spielen immer ältere Kenntnisse und Einsichten eine große Rolle. In jedem Falle bleibt Wissenschaft in den jeweiligen kulturellen Zusammenhang eingebettet. Somit lassen sich jederzeit am Paradigmenwechsel auch Kontinuitäten ausmachen.

Gerade die Nutzung älterer Kenntnisse war und ist im hier gegebenen Rahmen das wirklich Mühsame, weil eine Abstreifung der älteren Konzeptionen und die Integration in den neuen theoretischen Rahmen erforderlich ist. Kenntnisse von ihrem überkommenen Erklärungs- und Interpretationsrahmen freizulegen, erfordert großen Aufwand und ist letztlich nur möglich, wenn man schon ein neuen Theorienrahmen als Auffangbecken bereitsteht. Gerade das alte Wissensgut ist das im geänderten theoretischen Verbund wirklich Neue. Bei der theoretischen Konstitution von Kenntnissen legt die Theorie fest, was relevant ist.

6. Die Lebewesen als Konstruktionen

Eine übergreifende Theorie des Lebens und seiner evolutiven Entwicklung kann nur formuliert werden, wenn die Prinzipien lebender Organisation und die Mechanismen der Formbildung und Architektur bekannt sind.

Leben ist ohne Form und architektonische Gliederung lebender Gebilde nicht denkbar. Das bedeutet, dass es keine Biologie ohne Morphologie geben kann. Gleichzeitig erwachsen der Morphologie im Konzert der biologischen Disziplinen große Schwierigkeiten, weil Morphologie und Systematik auf Beschreibung, Vergleich und Klassifikation begründet sind und keine eigenen Gesetzmäßigkeiten für ihren Gegenstandsbereich anzugeben vermögen. Zur Frage, ob es eigene Prinzipien der Erklärung lebender Organisation gibt, hat die Morphologie als Formenlehre, die sich auf subjektive Gestalterfassung beruft, nichts beizutragen. Eine Zukunft als Wissenschaft kann die Morphologie jedoch nur haben, wenn sie eigene Gesetze und Prinzipien der Form und Architektur der Lebewesen vorweisen kann und wenn sie letzten Endes auf generell verbindliche physikalische oder maschinenmäßige Prinzipien rückführbar ist. Die katastrophale Schwäche der Morphologie zeigt sich heute nicht nur in der Stagnation der Forschung, im Drehen um die immer gleichen akausalen Vorstellungen einer komparativen Betrachtung, sondern vor allem darin, dass Biologen (Braitenberg 1968) und Physiker (v. Foerster 1985; Haken 1981; Prigogine 1979, 1986; Nicolis & Prigogine 1987) oder Neurophysiologen (Marurana & Varela 1987; Roth 1986) organisatorische Konzeptionen vorschlagen, die aber die spezifische Konstruktionsnatur der Lebewesen, ihre unverwechselbaren Eigenheiten letztendlich nicht treffen. Es ist wenig übertrieben zu sagen, dass in manchen physiologischen Bereichen, vor allem der Neurophysiologie, der morphologische Bezug gesucht wird, dass aber angesichts der Unbrauchbarkeit der traditionellen Morphologie Kunsttiere erfunden werden, die sich, zum Unterschied von den auf der Grundlage der „Kritischen Theorie" erstellten Modellen und den ihnen zugrunde liegenden Konstruktionslehre, nicht mit biologischen Gegebenheiten in eine vernünftige Beziehung setzen lassen.

7. Die Eigengesetzlichkeit des Lebendigen

Wie aber muss eine Begründung lebender Organisation aussehen, die physikalisch und konstruktionsmorphologisch unbedenklich und zwingend ist, gleichzeitig aber eigengesetzliche Aspekte für Organismen ins Spiel bringt?

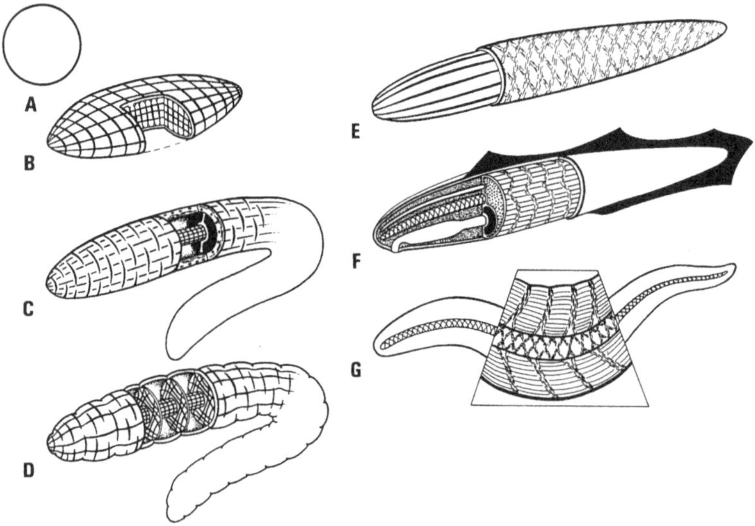

Abb. 7-1: Grundsätzlich sind Lebewesen hydraulische Systeme, deren Form durch Antagonismen von flüssiger Füllung, die auch als Lösungsmittel für biochemische Abläufe dient, und Vergurtungen oder Verspannungen gsichert wird. Die einzelnen Darstellungen von A bis G zeigen solche hydraulischen Systeme mit zunehmender Komplexität. Auch relativ komplizierte tierische (auch pflanzliche) Konstruktionen verdanken sich diesen Grundelementen. Diese Formsicherung ist energiezehrend und daher an ständige Energieversorgung gebunden. Hartskelette können ebenfalls Form sichern helfen und sparen auch Energie.

Leben ist an wässrige bzw. visköse Lösungen als Füllung von flexiblen Membranen gebunden. Solche Kombinationen sind hydraulische Apparate. Die Membran muss operationale Geschlossenheit sichern, indem sie eine lückenlose Abgrenzung bewirkt, in der verformbare Füllung visköser und oft fibrillärer Strukturierung vorliegt. Die Form lebender Gebilde tendiert jederzeit zur energetisch günstigen Kugeligkeit. Jede von der Kugelgestalt abweichende Form kann nur durch Verspannungen, Bandagen oder Versteifungen bestimmt und gehalten werden (Gutmann 1972, 1988; Bonik et al. 1977; Gutmann & Bonik 1981). Wenn dies richtig ist, bedeutet die Sicherung und Erhaltung der Form von Lebewesen Arbeit, die nur durch Material- und Energieeinsatz bewirkt werden kann. Formgebung ist durch die hydraulischen Mechanismen des Lebens samt der Integration der formbestimmenden, meist fibrillären oder bandagierenden Strukturen gegeben. Organismen sind nun allerdings besonders in Form der Tiere nicht statische Gebilde, sondern bewegliche Maschinen, die durch Energiewandlung ihre Körper als Propulsoren betreiben und so ihre Leistungen durch mechanische Arbeit erbringen (Gutmann 1987; Gutmann & Weingarten 1988). Formbestimmung und Bewegung hängen eng zusammen.

Die in Zellen und Vielzellern grundlegende Art der Verspannung wird durch Aktin und Myosin gesichert. Diese fibrillären Strukturen, können unter Verbrauch chemischer Energie aneinander gleiten. Ihr Gleiten erlaubt Bewegungen aber nur, wenn es in einem mechanisch kohärenten Verband stattfindet. Bei Bewegungen werden Lebewesen, besonders Tiere, durch Aktion der kontraktilen Systeme, bei Cilien durch Gleiten von Mikrotubuli, deformiert, also bewegt. Diese Deformation führt dadurch, dass Energie in geordneter Form in die Umwelt injiziert wird, zu Lokomotion und zu Verhalten.

Die Bewegung wird durch Energie aus dem Stoffwechsel gepowert. Die Energiewandlung von chemischer in mechanische Energie erfolgt auf der makromolekularen Ebene der submikroskopischen Struktur, also in kleinen Dimensionen. Biologische Leistung durch Aktion und Verhalten sind nur möglich, wenn die Energie im kohärenten und kraftschlüssigen Verband weitergeleitet und auf die wirkende Gesamtkonstruktion, den Propulsor, weiter übertragen werden kann oder kleinere Teile des lebenden Körpers bewegt werden können (Gutmann & Bonik 1981; Gutmann 1987, 1988; Gutmann & Weingarten 1988).

Voraussetzung hierfür ist, dass die Energiewandlungsorte und -strukturen in das kohärente Gefüge der lebenden Konstruktion eingehängt sind und die chemomechanische Energiewandlung über die lückenlose Kette von Strukturen, also über einen kraftschlüssigen Verband wirken kann.

Die Einsicht, dass Lebewesen hydraulische und energiewandelnd arbeitende Konstruktionen sind, nimmt den molekularbiologischen Mechanismen nichts an Bedeutung. Sie gibt ihnen nur in der energetisch treibenden, Material liefernden und steuernden Beeinflussung der mechanisch kohärenten Konstruktion eine neue Bedeutung. Die energetische Powerung der lebenden Konstruktionen erfolgt vom chemischen Geschehen her, das aber mechanisch eingeschlossen ist und energetisch nur durch Einwirkung auf das mechanische Gefüge effektiv werden kann. Die operationale Geschlossenheit verhindert die Dissipation von Energie und die Desintegration der molekularen Verbände. Die kohärente Struktur sichert die Arbeitsfähigkeit, indem sie die Weiterleitung der durch Wandel der aus chemischen Umsetzungsprozessen gewonnenen mechanischen Energie erlaubt und das lebende System damit arbeiten lässt. Morphologie beschreibt in dieser Sicht die lebenden Konstruktionen als Energiewandler und Energie kanalisierende Systeme, die mechanische Arbeit leisten. Eine solche Morphologie ist die Theorie der Energiewandlung und Energiekanalisierung in lebenden Systemen. Somit ist die Morphologie völlig neu zu begründen.

Lebensprozesse bleiben im aufgezeigten Rahmen an Zustände weitab vom thermodynamischen Gleichgewicht gebunden. Aber der Ungleichgewichtszustand erscheint nur in einer arbeitenden Konstruktion verwirklicht, die Materie- und Energieinput aktiv besorgt, sie in die Konstruktion schiebt, sie arbeitend durch das Gefüge treibt und die Reste ebenfalls mechanisch arbeitend austreibt (Gutmann & Weingarten 1988). Die Leistung der lebenden

Konstruktion ermöglicht dies vermittels ihrer Struktur und Organisation und sichert so den Nichtgleichgewichtszustand. Der lebende Apparat ist die Existenzbedingung (nicht die Randbedingung) für die Erhaltung jenes thermodynamischen Ungleichgewichtszustands, der als Leben bezeichnet wird. Konstruktionsmechanismus und molekulares Geschehen können nur zusammen gedacht werden. Leben besteht im energetischen Betrieb kohärenter mechanischer Systeme, die als formbestimmende Hydraulikkonstruktionen zu begreifen sind.

Maschinen oder Konstruktionen sind Organismen insofern, als sie in ihrer Kohärenz, also Verkoppelung der Teile und Strukturen, energiewandelnd aktiv sind und die Energiewandlung auf die mechanische Arbeitsstufe, diejenige der Organisation, also der Morphologie wirkt. Die mechanische Arbeitsstufe zeigt, wie in jeder Konstruktion, sei sie lebend oder technisch erzeugt, eine klare Abgrenzung, also operationale Geschlossenheit. Die innere Organisation ist von der Art, dass Kraftschluss in einer Form existiert, dass die Energiewandlung über eine lückenlose Kette im kohärenten Verband auf die gesamte Konstruktion zu wirken vermag oder bewegliche Teile antreiben kann.

Kohärenz, operationale Geschlossenheit und Kraftschluss im Gefüge werden durch das Hydraulikprinzip bestimmt. Dieses schreibt vor, dass im Gegensatz zu technischen (allopoietischen Maschinen) auch Form, Konstruktion und Architektur durch interne Aktion, energiewandelnd, vermittels mechanischer Strukturen, bestimmt sind (autopoietische Maschinen).

Energiewandel und mechanische Arbeit lebender Systeme sind an die interne Ordnung der Lebewesen, an die operationale Geschlossenheit und die Kohärenz der arbeitenden Strukturen gebunden, die keine beliebige Veränderung gestatten. Die morphologische Struktur sichert die Stufen der Energiewandlung, die Art der Energiewandlungen und die Folge der Energiekanalisierungen. Die morphologische Struktur arbeitet der Tendenz der Energie zur Dissipation entgegen. Damit aber kann der Organismus in der Evolution nur in geordneter Weise und nach Maßgabe seiner konstruktiven Konstitution transformiert werden. Die möglichen Wege der Wandlung legt die lebende Konstruktion selbst fest, nur sie entscheidet, welche Transformationen möglich sind. Evolution ist durch biomechanische Erfordernisse limitierter und intern geleiteter Prozess. Damit scheinen die Alternativen zum theoretisch Darwinismus abgesprochen und dessen Ablösung eingeleitet (Gutmann 1972, 1991 a, b; Gutmann & Peters 1973; Bonik, Grasshoff & Gutmann 1977; Edlinger 1989; Edlinger, Gutmann & Weingarten 1991; Vogel 1991; Schmidt-Kittler 1991).

8. Evolution konstruktiv-organismisch

Organismen, die als Energiewandler und hydraulische Konstruktionen funktionieren, können, wie im vorausgegangenen Kapitel ausgeführt, nur nach Maßgabe der Internbedingungen, der Strukturen, die Energiewandel und mechanische Lebensleistung erlauben, verändert werden. Die Veränderungsanstöße durch Mutationen sind ungerichtet, es bleiben jedoch nur die Varianten erhalten, welche die Aufrechterhaltung des Innenbetriebs gewährleisten. Welche Organismen also überleben und sich weiter fortpflanzen können, bestimmt ihr innerer Aufbau. Im Ablauf des stammesgeschichtlichen Wandels werden die Interngefüge, die Materie- und Energieaufnahmeeinrichtungen sowie die Mechanismen, welche die Energieabgabe ins umgebende Medium oder auf das Substrat besorgen, effizienter. Welche Energiequellen für Organismen akzeptabel und nutzbar sind, welche Räume von den organismischen Maschinen erobert und zu Lebensräumen gemacht werden können, bestimmt sich aus der Art der Konstruktion und durch die Leistungsfähigkeit der organismischen Maschine.

Auf allen Stufen der Organisation gestattet nur eine strenge Einhaltung der Ordnung den Energiewandel, ihre Kanalisierung und Weiterleitung sowie die daraus resultierende mechanische Aktion. Daher gestattet nur der geordnete Umbau aller Stufen evolutiven Wandel. Bei diesem bleibt der organisatorisch konstruktive Grundbestand erhalten.

Hydrauliknatur, Kohärenz, energetische Ausstattung durch den Stoffwechsel und Reproduktionsfähigkeit können niemals aufgegeben sondern nur überformt und geordnet transformiert werden. Wichtig ist also, dass bei der evolutiven Abänderung der Organisation das Grundgefüge des Organismus als Invarianz erhalten bleibt.

Erfolgreich können nur jene neuen Varianten sein, die reproduktionsfähig bleiben, also die Fähigkeit bewahren, hydraulische Untereinheiten als geschlossene und kohärente Gebilde abzugliedern, so dass alle grundlegenden organisatorischen Prinzipien und Mechanismen (nicht nur „Gene") weitergegeben werden.

Nachdem nun schon Jahrzehnte währenden Siegeszug der Molekularbiologie zeichnen sich somit die Fragen der Komplexität lebender Organisation und ihrer Strukturierung immer klarer ab. Dadurch wird verständlich, dass die Gründe für die Komplexität des Lebens jenseits der molekularbiologischen Erklärungsschemata liegen und auch von der Physiologie nicht angemessen behandelt werden. Die lebende Organisation, die Morphologie und Architektur der Organismen folgt eigenen supramolekularen Prinzipien, die physikalisch streng verbindlich sind.

Aufbauend auf der neubegründeten biomechanisch-konstruktiven Morphologie wird im folgenden ein skizzenhafter Abriss notwendiger Abfolgen von konstruktiven Wandlungen vorgestellt. Dabei wird erkennbar, dass der Ablauf der Phylogenese, zumindest was die wichtigen Stufen des Wandels und die Hauptlinien der Organisationsentwicklung betrifft, deduktiv entwickelt werden kann und von fossilen Belegen und den Ausprägungsformen der rezenten Organismen aus ihre Bestätigung erfährt. Damit soll die Erklärungsfähigkeit der Theorie im Anwendungsfall exemplarisch vorgeführt werden.

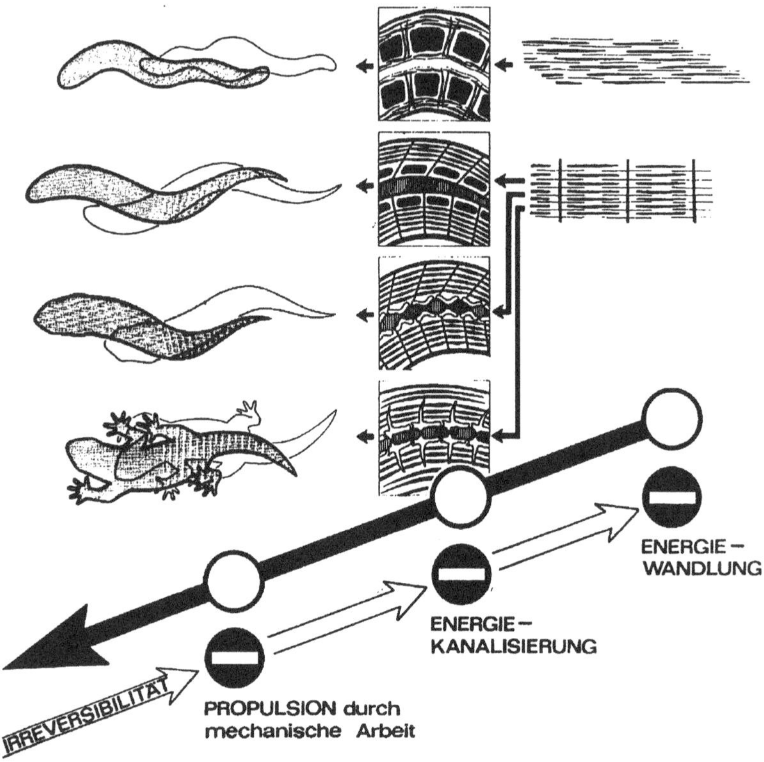

Abb. 8-1: Organismen sind Einheiten, welche die Flüsse von Energie richten und Umkehrung von energetischer Aktion ausschließen. Die energierichtende Wirkung beginnt auf der Ebene von Makromolekülen (Enzymen, Membrankanälen, fibrillären Gebilden, makromolekularen Netzen) und setzt sich auf allen Ebenen der Organisation fort. Vor allem ist im morpholo-gisch konstruktiven Verband die Umkehrung der chemo-mechanischen Energiewandlung, die Energierichtung und Restringierung strukturell ausgeschlossen.
Die organisatorisch-konstruktiv bestimmte Irreversibilität ist von größter Bedeutung für die Evolution, die in ihren spezifischen Entwicklungsphasen eine Irreversibilität zeigt, für die organismische Struktur indispensable Vorbedingung sein muss.

Die Evolution ist organismisch-konstruktiv gesehen ein durch Variabilitätserzeugung mitbedingtes und durch lebende Aktion angetriebenes Geschehen, das im Hinblick auf Richtung, Begrenzung und Sukzession der Organisationsstadien, die immer organismische Konstruktionen darstellen, durch interne konstruktive Zwänge kanalisiert wird. Organismische Struktur steht für Begrenzung der Freiheitsgrade und Richtung der Energiekonversion, Kanalisierung der Energie und mechanische Führung und Konstringierung der Energie in der immer kohärenten, durch die Strukturen zwangsgeführten mechanischen Apparatur.

Zum Unterschied von den klaren Prämissen der Organimsichen Konstruktionslehre markiert aber auch die sog. Constraintforschung nur das Problem der Begrenzung von Zufall und Vielfalt in der Evolution. Sie vermag aber keine wirklichen Begründungen oder Erklärungen beizusteuern.

Um eine Verwechslung mit der inhaltlich weitgehend leeren Debatte über Constraints zu vermeiden, die im angelsächsischen Bereich Platz greift, wird im Rahmen der Konstruktionslehre von Restriktion, der Unterbindung von Energiedissipation, der mechanischen Zwangsführung und der Begrenzung möglicher Entwicklungswege durch explizit genannte konstruktive Prinzipien gesprochen.

Von den aufgezeigten Grundkonstruktionen, die als Hydroskelette arbeiten, lassen sich die verschiedenen Organisationstypen der höheren Tiere, der Coelomaten ableiten. Aber diese Organisations- und Konstruktionstypen sind nicht die Baupläne im traditionellen morphologischen Sinne, sondern konstruktive Lösungen, die durch den Aufbau und das Arrangement der funktionellen Strukturen bestimmt sind. In der lebenden Organisation sind also nicht etwa Kontinua vertreten, sondern es gliedern sich im Gefolge der sprunglosen phylogenetischen Entwicklung organisatorisch konstruktive Gefüge aus, die zwar in Radiationen immer neue Vielfalt ermöglichen, aber dennoch strikt auf die jeweiligen konstruktiven Prinzipien festgelegt sind. Wichtig ist, dass nur von den konstruktiven Zusammenhängen her begründet und bestimmt werden kann, welche Abfolgen der Abwandlung und Umkonstruktionen zu neuen Konstruktionstypen führen können.

Alle Konstruktionstypen sind hydraulische Maschinen und hierin sowie in der Formbestimmung durch zügelnde Strukturen liegt das invariante Prinzip des Lebendigen. Die Konstruktionen stellen stabile Gefüge dar, die auf geordneten Bahnen entstehen und von denen aus sich in geordneter Form über zwingend erforderliche Zwischenstadien neue Gefügebedingungen entwickeln können. Die Konstruktionseigenheiten sind durch das apparative, also durch das biomechanische Gefüge bestimmt.

Wichtig ist, dass man nicht wie in der traditionellen Morphologie von der fertigen Form und Architektur ausgehen darf. Im naturwissenschaftlichen Sinne real ist nicht die Form, sondern das hydraulische System mit seiner mechanischen Kohärenz durch Füllung und Abschluss und mit dem Arrangement der die Form und Architektur erzwingenden mechanischen Elemente.

Evolution von der Konstruktion aus zu begründen und nicht von den „Genen“ oder von molekularen Mechanismen her, muss gerade in einer Zeit, in der die Molekularbiologie Triumphe feiert und sich als eine Art Metatheorie der Biologie zu etablieren scheint, erstaunlich wirken. Natürlich kann genetisches und molekulares Geschehen nur im Kontext des mechanisch-kohärenten Verband verstanden werden. Von der genetischen Substanz muss angenommen werden, dass sie permanent und in allen Stufen der Entwicklung über ungerichtete Mutationen die Variabilität anstößt. Jedoch kann nur von den Anforderungen der arbeitenden Konstruktion aus begründet werden, welche genetischen und molekularen Veränderungen tolerabel sind, welche den Trägern Lebensfähigkeit erlauben und welchen transformierten Varianten Überlebens- und Evolutionsvorteile zufallen.

9. Die Abfolge der Konstruktionen

Die Rekonstruktionen der Evolution, also der phylogenetischen Abfolge von organismischen Konstruktionen oder Bauplänen, wurden so entworfen, dass die notwendige Folge der irreversiblen Transformationen klar hervortritt. Dies hat zur Folge, dass auch für Teilsysteme und viele der Konstruktion aufgesattelte „Merkmale“ eindeutige Lesrichtungskriterien angegeben werden können. Dabei ist jederzeit vorausgesetzt, dass die Bedingungen der Entwicklung der Organisationstypen in den jeweiligen Umweltbedingungen immer gegeben waren. Diese Voraussetzungen sind jedoch nicht so selbstverständlich, wie es erscheinen möchte. In der Theorie der Plattentektonik verfügt die Geologie über einen Grundmechanismus der Erdentwicklung, der eine nicht stillzustellende Dynamik beschreibt und uns zu der Annahme zwingt, dass die oberflächlichen Schichten der Erde, die Konfiguration von Kontinenten, Ozeanen und Meeren einem permanenten Wandel unterliegen. In diesem dynamischen Geschehen aber treten seit nahezu 2 Milliarden Jahren immer wieder sehr ähnliche grundlegende Bedingungen auf, die das Leben nutzen kann. Es ist also nicht mehr möglich, das geologische Geschehen, die mit ihm verbundenen konfigurativen Veränderungen der Erdoberfläche und die daraus konsequent folgenden klimatischen Änderungen in den einzelnen Gebieten als generell bestimmend oder auch nur mitbestimmend für die Lebensentwicklung aufzufassen. Zudem ist durch die Erklärung der Baupläne und ihrer Leistungen festgestellt und gesichert, dass die Organisationstypen in jeweils einem breiten Spektrum von Außenbedingungen einsetzbar sind. Dadurch wird auch auf dieser Ebene der Hinweis auf ökologische Bezügen als Aspekt oder Begründung stammesgeschichtlichen Wandels obsolet. Die Entwicklung neuer Konstruktionen kann zudem nie mit ganz spezifischen Außen- und Umweltbedingungen gleichgesetzt werden, sondern nur mit generellen und im Kontext der Biosphäre immer gegebenen Konditionen.

Die vorgestellte Konstruktionslehre der Organismen kann sich gerade dadurch bewähren, dass es auf ihrer Grundlage gelingt, wichtige Stadien der Lebensentwicklung und der Verbreitung der Organismen in verschiedene Lebensräume in zwingender Weise zu rekonstruieren und damit auch den Fossilfunden einen neuen Stellenwert zu verleihen. Dadurch wird es auch möglich, die generellen Aspekte der ökologischen Zusammenhänge, die wir heute beobachten, aus ihrer Entstehung heraus zu erklären. Durch eine zwingende Folge von konstruktiven Stadien kann gleichzeitig gezeigt werden, wie durch den stammesgeschichtlichen Wandel und die in ihm erreichte Leistungsfähigkeit der Konstruktionen verschiedene Bereiche der Erde nacheinander erschlossen und im Hinblick auf ihre Ressourcen ausgenutzt werden können. Dieses Unternehmen gelingt umso leichter, je konsequenter bestimmte geologisch-ozeanische Bedingungen als durchgehend und für die Entwicklung permanent bestimmend und invariant herausgearbeitet werden. Als solche Invarianzen sind die Außen- und Umweltbedingungen durch die Evolution der Organismen durchgehend nutzbar, sie bestimmen sie aber nicht, wie bislang angenommen, den Weg und die Richtung des stammesgeschichtlichen Wandels.

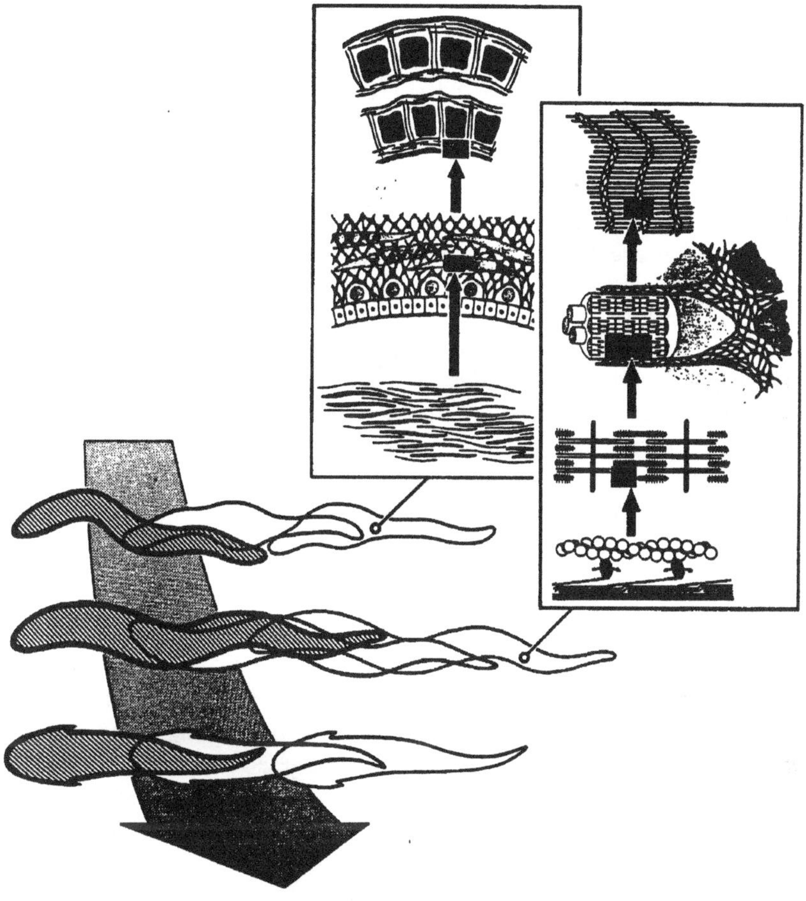

Abb. 5.-10: Richtung des evolutiven Geschehens erfolgt durch die Organisation. Im Gegensatz zum Populationsdenken, das der Umwelt die richtenden Einflüsse zuschreibt, muss die organismische Konstruktionslehre die interne Organisation mit ihren Energiewandlungs- und Energiekanalisierungs-Strukturen als richtend auffassen und als die Bedingungen verstehen, welche die Abfolge der phylogenetischen Transformationen und die Nutzung der Außen- und Umweltbedingungen bestimmen.
Je nach interner Struktur wird die weitere Entwicklung der Energiewandlergefüge verlaufen. Verdeutlicht ist dies an der internen Aktomyosin-Organisation. Die interne Organisation und ihr Wandel, der immer intern kanalisiert und bestimmt bleibt, werden neue und alte Außen- und Umweltbedingungen utilisiert. Als Selbstbeweger und energierichtende Strukturen müssen Organismen auch das Propulsionsgeschehen mitbestimmen. Die statistische Wirkung der Varianz tritt nach entsprechend organismisch-konstruktiver Vorgabe ein und bleibt an die organisatorisch-konstruktiven Limits gebunden.

10. Allgemeine Probleme der Charakterisierung und Entstehung des Lebens

In der traditionellen Phylogenetik versucht man sich aus den spärlichen Funden des Präkambriums ein Bild über die Lebensformen dieses extrem langen Erdzeitabschnittes zu machen. Allerdings mit geringem Erfolg und mit Hilfe eigentümlich befremdlich erscheinender Belege. Gleichzeitig läuft von seiten der Paläobiochemie und der Molekularbiologie der Versuch der Rekonstruktion der Lebensentwicklung (zusammenfassende Darstellung bei Dose & Rauchfuss (1972) und Day (1984). So werden einerseits die physikochemischen Voraussetzungen für die Lebensentwicklung teilweise in verschieden angelegten Szenarien rekonstruiert, teils experimentell erarbeitet und als Resultat unterschiedlicher Ansätze divergierende Modellvorstellungen für die Frühphase der lebenden Organisation, verschiedene Theorien über die Etablierung der verschiedenen zellulären Organisationsformen und ihrer endogenen, endosymbiontischen Verkoppelung entworfen und diskutiert. In jedem Falle finden in den Modellvorstellungen und ihren rekonstruierenden Begründungen physikochemische Gesetze und generell gültige naturwissenschaftliche Prinzipien bevorzugte Berücksichtigung. Über die Breite dieser Forschung gibt die Buchdarstellung von W. Day (1984) den vielleicht besten, weil nicht durch eigene Hypothesen bestimmten Überblick. Als weitere Synopsis sei auf die Standarddarstellung von Rauchfuss & Dose (1972) verwiesen. Einen neuen Horizont in der Begründung der Entstehung organisierten Lebens versucht in Modellform auch Müller-Herold (1988) zu gewinnen.

Eigen (1970, 1987) sowie Eigen & Schuster (1977-78) stellen Modelle vor, die völlig im Reduktionismus verhaftet sind. Allen diesen Ansätzen ist aber gemeinsam, dass sie Organismen nicht als eigenaktive, energetisch angetriebene Systeme begreifen und so die wichtigsten Aspekte lebender Organisation nicht in den Begründungshorizont rücken. Sie wollen die Organismen quasi von unten nach oben, ausgehend von komplexen Molekülen, hochbauen. Sie übersehen dabei konsequent, dass jene von ihnen hypostasierten Bausteine als solche erst in einem bestimmten Kontext, in diesem Falle dem des Organismus, als solche konstituiert werden können.

Bei Manfred Eigen und seiner Schule, die zahlreiche oft sehr ausgeklügelte Modelle für die chemische Phase der Evolution vorstellten, werden an den Anfang von Entwicklungsreihen immer organische Moleküle mit bestimmten katalytischen Fähigkeiten gestellt. Diese sollen sich schließlich mit anderen, chemisch mit ihnen kompatiblen, zu größeren Komplexen, den Zyklen und Hyperzyklen zusammengeschlossen haben. Dass dazu aber auch räumliche Strukturen gehören, die für Abschluss sorgen und vor allem das Diffundieren dieser Komplexe verhindern, räumte Eigen (1987) erst spät ein. Er schloss dieser Konzession an eine notwendigerweise umfassendere Organismussicht aber kein Modell an.

Harold (1986, 1990) und De Duve (1985) betonen in tiefgründigen Überlegungen, die an vielen Stellen wichtige naturphilosophische und methodische Grundprinzipen berühren, die Bedeutung von räumlich-mechanischen Strukturen, besonders von Membranen. Die biologischen Membranen, die, wofür zahlreiche Befunde sprechen, von Beginn als Doppelmembranen angelegt waren, haben und hatten eine sehr wichtige Eigenschaft: Die in ihnen enthaltenen Moleküle diffundieren relativ leicht, allerdings nur im flächig angelegten Molekülverband (De Duve 1995). Dies bedeutet, dass die Membran in sich sehr stabil ist, dass ihre Bestandteile aber leicht in der „Horizontale" untereinander verschoben werden können. Lokale Ausstülpungen und Aufblähungen müssen daher nicht gleich zu Rissen führen. Andererseits bilden die Membranen aber stabile Sperren in „vertikaler" Richtung, sprich zwischen außen und innen. Die Verschiebbarkeit der Teile bewirkt aber auch eine leichte Dislozierbarkeit von eingebauten Eiweißkomplexen, die durch ihre Ladungseigenschaften und eine ring- oder röhrenartige Struktur als selektiv wirksame Kanäle fungieren können.

Bei Harold, aber auch bei S. Fox (1973, 1884, 1988) und seiner gesamten Schule spielt Energie in ihrer Beziehung zum molekularen Geschehen und den erwähnten Strukturen eine herausragende Rolle. Modelle für die Entstehung zellulärer und generell organismischer Strukturierung fehlen jedoch weitgehend. Hier kann das Hydraulikmodell den Denkprozess auf eine neue Basis zu stellen und ihn weiter anstoßen, weil es eben die Lücken zwischen frühen probiotischen Zuständen und der Organisation voll entwickelter Lebewesen zu schließen hilft.

Grundsätzlichs Erklärungen bieten auch die Überlegungen zur Rekonstruktion präbiotischer Phasen durch S. Fox und seine Mitarbeiter an. Sie sind in Matsuno (1984a, b, c) und Matsuno, Dose, Harado & Rolfing (1988) zusammengefasst. Die Behandlung von Energie, Struktur und organismischer Aktion steht in vieler Hinsicht in Widerspruch zum Hydraulik-Modell. Immer werden zirkumskripte Entitäten erörtert und, wie z.B. bei Stratten (1984), die Frage offen gelassen, ob Proteine alleine oder in Verbindung mit Lipiden den membranösen Abschluss bewirken konnten. Wichtig ist Strattens Arbeit aber auch deswegen, weil sie in der Tradition von Fox die frühen enzymatischen, osmotischen und formativen Aktionen geschlossenen Eobionte bindet (zusammenfassende Darstellung siehe auch Fox & Dose 1972).

Erst mit der Theorie von L. Margulis (1970-1990), welche die Entstehung komplexer Organisationsformen auf die endosymbiogenetische Verkoppelung von prokaryonten Organismen zurückführt, kommt ein rekonstruierendes Moment auch dort ins Spiel, wo bisher vergleichende und reihende Verfahrensweisen eine Domäne hatten, nämlich im Bereich der organismischen Evolution. Doch deckt diese Theorie die lebende Organisation nicht insgesamt ab. Sie gibt keine Begründung für die Entstehung abgeschlossener eigenaktiver lebender Einheiten. Margulis, aber auch Lovelock betonen im Rahmen der Gaiatheorie die Bedeutung der Prokaryonten so sehr, dass der Eindruck entsteht, Bakterien bildeten ein Durchlaufstadium allen weiterentwickelten Lebens. Die Entwicklung autoformativer und von innen beweglicher Gebilde wird nicht behandelt. Allerdings erkennt Harold (1986) diese Problematik. Eine neue Situation tritt erst mit der organismischen Konstruktionslehre ein. Sie legt klare Modelle für die Entstehung der hydraulischen Natur lebender Einheiten vor und stellt Prinzipien für die Rekonstruktion ihrer evolutiven Entwicklung bereit.

Mit der Sicherung der Hydrauliknatur der Organismen (Gutmann 1972; Bonik, Grasshoff & Gutmann 1977; Gutmann & Bonik 1981; Gutmann 1988) könnten sich, so sollte man hoffen, neue Rekonstruktionsmöglichkeiten auch für die Frühphasen der präkambrischen Lebewelt ergeben.

Es zeichnet sich die Möglichkeit ab, von der fertigen organismischen Konstruktion aus die passenden präbiotischen Modelle rekonstruierend zu bestimmen und andere als irrelevant für die Entwicklung des Lebens zu entlarven. Eine neue Perspektive für detailliertere und genauere Rekonstruktionen ist vor allem deswegen gegeben, weil die notwendigen Stadien der Ausbildung der zellulären Grundorganisation bisher weitgehend übersehen wurden. Hydrauliknatur, mechanische Kohärenz, Selbstbildungs- und hydraulische Ausformungsmechanismen schon auf dem frühen Zellniveau und bei der Entstehung abgeschlossener Einheiten, sowie die energetisch bewirkte motorische Aktion kohärenter Konstruktionen werden in Modellen erklärt. Diese Modelle reichen von den ersten beweglichen Stadien bis zur Ausbildung komplexer tierischer Propulsion. Diese Aspekte wurden bisher in der Präbiotik übersehen, weil die organisatorisch-konstruktiven Prinzipien bzw. das Hydraulikmodell nicht beachtet wurde.

11. Die Entstehung lebender Organisation - Chemoevolution

Was die Entstehung des Lebens betrifft, muss man mit allen heute diskutierten Modelltheorien annehmen, dass der Lebensprozess auf einer Urerde mit sauerstofffreier Atmosphäre und teilweise mit Wasser bedeckter Erdoberfläche entstand, also in einer Situation, in der hohe Temperaturen herrschten und verschiedene Energieformen, besondere UV-Strahlung in großem Ausmaß vorhanden waren. Es kam zur Bildung der chemischen Verbindungen, die für die Entstehung des Lebens nötigen Voraussetzungen boten (Day 1984; Müller-Herold 1988; Eigen 1981, 1987). Eigen und seine Schule versuchen darauf aufbauend zu beschreiben, wie nach der Polymerisierung von verschiedenen Verbindungen und ihrer Integration in Hyperzyklen durch Etablierung von permanenten und stabilisierten Interaktionen zwischen verschiedenen Stoffgruppen Leben in Gang kam. Dabei gehen sie von geophysikalisch durchaus plausiblen Bedingungen aus. Sie versuchen selbstorganisatorisches Geschehen in Form der Interaktion von Polynukleotiden und Aminosäuresequenzen in modellhaft Form der Hyperzyklen zu zu rekonstruieren.

Ganz anders geht H. Kuhn (1976) vor. Er rekonstruiert Szenarien, in denen unter Nutzung der abiotischen Verhältnisse innerhalb von Poren in Gesteinsablagerungen abgegrenzte Reak-tionsräume entstanden, in denen es zu Polymerisationprozessen und zu Interaktionen zwischen molekularen Mechanismen kommen konnte. Solche interne Eigenaktivität soll dann all-mählich zu Lebensprozessen übergeleitet haben. Wie sich aber abgeschlossene Entitäten her-ausgebildet haben konnten, wie die Membranen sich bildeten, vermag Kuhn nicht zu begründen. Dennoch dürfte seine Theorie wichtige Erklärungsmomente für die Präbiose enthalten. Wichtig ist an Kuhns Konzeption vor allem die Realisierung der Ursuppenentstehung. Zwar muss die Existenz von wassergefüllten Bereichen gefordert werden, doch kann die Entwicklung nicht in einer einheitlichen großen Ursuppe abgelaufen sein. Es ist zu fordern, dass es Phasen der Entwicklung in eingedickten Lösungen gab und die Porositätseigenschaften, vielleicht auch der Oberflächen die Tonmaterialien genutzt wurden. Auch Kuhn fordert, dass Leben letztlich in Formen einmündete, die im Wasser lebten.

Zu ähnlichen Konsequenzen führen auch jene Modelle über die Frühentwicklung des Lebens, welche auf den Oberflächeneigenschaften von Mineralien, etwa Tonen oder Pyrit, aufbauen. Bei Wächtershäuser (1990, 1997), dessen Szenario Pyrit quasi als erste strukturprägende Unterlage fordert, mündet die Entwicklung letztlich in ein im Wasser weiter evoluierendes frühes präbiotisches Aggregat ein.

Bei allem präbiotischen Selbstorganisationsgeschehen wird unterstellt, dass sich bei Zuführung von Energie und der unter den Bedingungen der frühen Erde daraus folgenden Entstehung von organischen Verbindungen ein thermodynamisches Ungleichgewicht ausbildet und von da an für alle Stadien der Lebensentwicklung erhalten bleibt. In dieser Situation soll ein Geschehen zwischen vielen Reaktionsmitgliedern in Form einer höheren Ordnung in Gang kommen. Die ungelöste Frage betrifft aber die weitere Entwicklung. Wie kam es im Rahmen der Präbiotik zum Aufbau von Präzellen und von komplexeren Strukturen? Für dieses Stadium existieren Modellentwürfe, die bis auf oft zu wenig beachtete Vorarbeiten von Oparin (1924, 1957, 1968) zurückgehen.

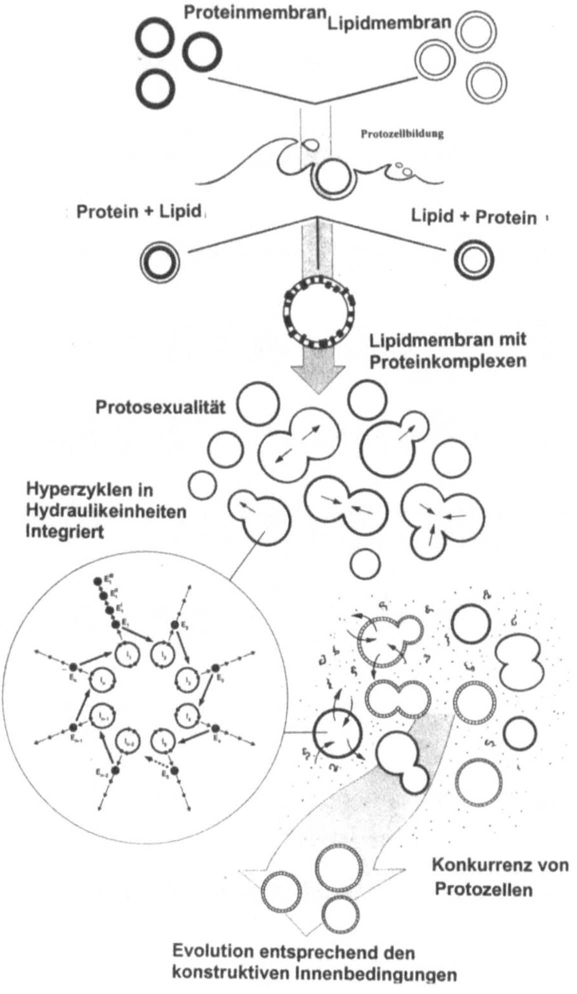

Abb. 11-1: Die Organismische Konstruktionslehre, welche die Hydrauliknatur der Organismen betont, geht, ähnlich wie Oparin und später andere Autoren von der Bildung membranöser Bläschen durch Verwirbelung der an organischen Substanzen reichen Oberfläche der „Urozeane („Ursuppe") aus. Lipid- und Proteinbläschen bzw. Zwischenformen, also Lipidbläschen mit Proteineinschlüssen in der Membran können selektiv Substanzen aufnehmen und abgeben. Sie komplizieren sich, erwerben allmählich die Fähigkeit zu geregelter Vereinigung oder Teilung. Dadurch entsteht eine erste Vorform der Sexualität. Es können allmählich auch komplexere Substanzen und ganze Gruppen autokatalytischer und enzymatisch aktiver Stoffe integriert werden. Auch Hyperzyklen im Eigenschen Sinn könne aufgenommen werden und damit eine Hülle erhalten, die ihren raschen Zerfall verzögert bzw. verhindert.

12. Protozellen-Bildung

Fox und Mitarbeiter (Fox 1973; Day 1984) konnten zeigen, dass es in erhitzten wässrigen Lösungen von Aminosäuren zu einer Abschließung in membranösen Umhüllungen kommt, so dass membranös abgegrenzte protozelluläre Einheiten, sogenannte Protenoide entstehen. Diese neigen zur Fusion, können sich aber spontan teilen und knospen. Auch „Stoffaufnahme" ist in einfachster Form möglich. Dennoch bereitet diese Vorstellung Schwierigkeiten, weil nicht leicht zu begründen ist, wie denn nachträglich eine Lipidmembran einbezogen oder als Umgrenzung aufgebaut worden sein könnte und wie sie allmählich ihre Funktion als semipermeable Abgrenzung übernommen haben könnte.

Es ist naheliegend anzunehmen, dass durch die Verwirbelung von wässrigen Lösungen mit einer spezifisch leichten lipidhaltigen Rahmschicht Blasen von Fluidfüllung mit flexibler Membran entstanden (Day 1984; Bonik et al. 1977). Ein solcher Vorgang dürfte vielfach und in verschiedenen Stadien der präbiotischen Entwicklung abgelaufen sein. Das Ergebnis der Verkoppelung wäre somit eine Population hydraulischer Präzellenkonstruktionen mit einer lückenlosen kohärentenr Hülle gewesen, die aus durch elektrische Bindungskräfte zusammengehaltenen Lipiden bestand. Im Falle der Verwirbelung von Lipiden ist davon auszugehen, dass sofort eine hydraulische Füllung vorlag (Bonik & Gutmann 1981; Gutmann 1988; Otto 1979). Bei den Proteinoiden muss man annehmen, dass sie sich nachträglich mit wässriger Füllung nnreicherten und dass die Lipide erst im zweiten Schritt in die Membran einbezogen wurden.

Geht man aber von Formen mit Lipidhülle aus, so wird man wegen der Zartheit der primären Membran die leichte Zerstörbarkeit in Ansatz bringen können. Aber gerade diese Lipidmembran lässt den Einbau von Proteinen zu, die eine Verstärkung und auch selektiv durchlässige Kanäle sichern konnten. Außerdem konnte sich in der Membran leicht eine Verankerung von Proteinfibrillen etablieren, die das Zellinnere durchzogen. Die fibrilläre Strukturierung der Füllung konnte schon aus der vorangegangenen Phase übernommen worden sein. Dies würde bedeuten, dass Strukturierung älter wäre als der Membranabschluss, das Fibrillensystem aber in den geschlossenen Einheiten in der geschlossenen Mechanik neue Wirkungen erzeugte. Bei fibrillären Strukturierungen der Füllung kann man davon ausgehen, dass mit der Verspannung des Zellinneren, die in der Membran verankert war, auch eine autoformative Fähigkeit auftrat. Leicht waren Formabschnürungen von der sphärischen Gestalt zu erwirken. Durch eine komplizierte Ladungsverteilung konnten sich solche Proteinfibrillen vielfach verbinden und wieder trennen. Es entstanden Aggregate, die bei Aufrechterhaltung des Gesamtzusammenhanges unter Energieverbrauch verkürzt, dann aber auch wieder gedehnt werden konnten. Primär dürfte es zu einem wenig kontrollierten Verschmelzen von Protozellen und ihrer Wiederzerlegung in kleinere Einheiten gekommen sein. Mit der geordneten Kontrolle, welche die Fasersysteme auf die Formgebung und Untergliederung ausüben konnten, bildeten sich zunehmend mehr geordnete, weniger beliebige Teilungen und damit auch geordnete Reproduktionsabläufe aus.

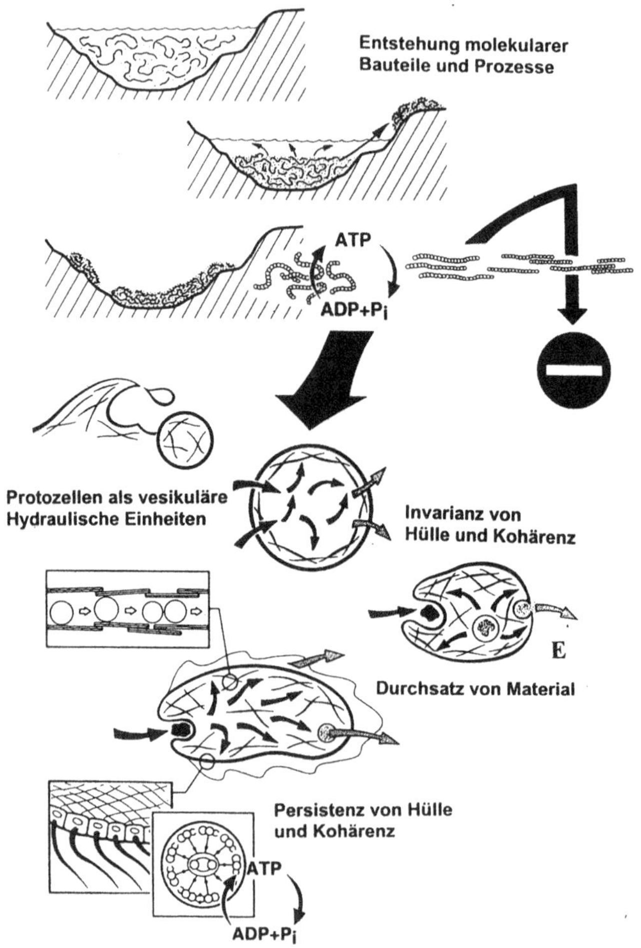

Abb. 12-1: In den frühen Ozeanen bildeten sich unter sog. „Ursuppenbedingungen" komplexe organische Moleküle, die immer wieder der Hydrolyse oder, in Randbereichen, auch der Vertrocknung anheimfielen. Sie waren bereits teilweise autokatalytisch und auch enzymatisch aktiv und verbrauchten bei ihrer Aktivität Energie, die frühzeitig in Form von Phosphorverbindungen verfügbar war. Viele organische Verbindungen waren auch faserig. Durch Verwirbelung der an organischen Stoffen besonders reichen Wasseroberfläche entstanden Bläschen, die von beginn an durch Fasern verspannt, später auch vergurtet waren. Manche Fasern hatten die Fähigkeit, unter Energieverbrauch aneinander zu gleiten. Erste Formsicherungen entstanden auf diese Weise. Diese sicherten die mechanische Kohärenz und operationale Geschlossenheit und ermöglichten zusammen mit den Membranen auch einen gewissen Materialdurchsatz. Schließlich etablierten sich auch Tubulistrukturen, die sowohl Kontraktion als auch Schub ermöglichten und sich zu komplexen Gerüsten weiterentwickeln konnten, aus denen dann später auch Spindelapparat und Cilien hervorgingen. Auch Tubuli ermöglichen Materialtranport und –durchsatz.

Die frühe Zellorganisation besaß in den Fibrillensystemen der Füllung von allem Anfang eine Stabilisierung der geschlossenen Form, welche die zarten Lipidmembranen nicht hätten leisten können. Auch wird so die frühe Entstehung von Bakterien verständlich. Diese einfachen Zellen gleichen die Schwäche der Lipidmembran durch Ausscheidung von Material aus, das sich zu den Hüllbildungen der Prokaryonten aufbaute, Festigkeit sicherte und mittels äußerer Bandage die Formbestimmung bewirkte.

Von großer Bedeutung ist der von Fox (1973) unterstrichene Aspekt, dass die Entstehung solcher abgeschlossenen Einheiten wahrscheinlich eine ebenso kommune und selbstverständliche Sache war, wie die Bildung der chemischen Verbindungen, die für Leben essentiell sind. Vor allem aber besteht kein Grund, Komplexitätssteigerung in der üblichen reduktionistischen Weise zu postulieren, indem man annimmt, dass molekulare Interaktionen komplexer wurden komplizierten und zu immer intrikateren Gefügen aufstaffelten. Organismen sind als abgeschlossene Gebilde und Konstruktionen von allem Anfang keine komplexen molekularen Verbände, sondern Gefüge, die nach eigenen Prinzipien konstruiert sind. Für ihre Entstehung ist die Wirkung physikalischer Einflüsse neben dem Weiterlauf molekularer Abläufe zu fordern.

Mit Entstehung der frühen Zellorganisation hatte sich eine neue Konstruktionsebene etabliert. Im Rahmen der hydraulischen Konstruktion konnte nun Evolution nicht mehr nur als chemisch-molekularer Mechanismus weiterlaufen. Konstruktive Prinzipien biomechanischer Art waren einzuhalten. Alle Folgestadien müssen daher anders, nicht nur biochemisch und thermodynamisch begründet werden. Mit dem geschilderten Verband liegt, bevor noch aktive Bewegung möglich ist, die dynamische Gesetzmäßigkeit im Sinne von Schrödingers Theorie vor (1944). Sie besteht in der hydraulischen Natur der „Kompartimente" und in der mechanischen Arbeitsweise lebender Systeme, die auch die Evolutionsbahnen des Lebens bestimmte (Gutmann 1972, 1988; Bonik et al. 1977).

Damit lässt sich ein erstes Fazit ziehen. Die Entwicklung des Lebens mag als biophysikalisches, biochemisches und molekulares Geschehen begonnen und zu weiteren Stadien der Chemoevolution geführt haben. Der Schritt zur Präzelle setzte neue Mechanismen voraus, nämlich die Etablierung von kraftschlüssigen Systemen, die mechanischen Gesetzen gehorchen und Eigenheiten zeigen, welche von den Theorien der Selbstorganisation nicht gedeckt werden. Innerhalb der geschlossenen Einheiten liefen natürlich die älteren molekularen Mechanismen weiter. Das Material der Struktur wurde bei Erhaltung der Kohärenz und des Abschlusses ausgetauscht. Auch die geschlossenen Protozellen und Zellen waren nur prozesshaft zu begreifende Gebilde.

Genau genommen waren die biochemisch und molekular begründeten Modellrekonstruktionen, die Eigen und Fox samt ihren Mitarbeitern vornahmen, nie darwinistisch begründet, auch wenn diese Autoren ihr postdarwinistisches Vorgehen erst in jüngster Zeit zu revidieren begannen (Eigen 1987; Gutmann 1986; Dose & Rauchfuss 1975). Interessant ist, dass immer dann, wenn die Bedeutung abgeschlossener Einheiten erkannt wird, seien sie Protenoide, Lipidvesikel oder schlichte Kompartimente, wie bei Eigen, die Unhaltbarkeit des darwinistischen Argumentationsschemas sofort in die Augen fällt.

13. Die Entstehung der Prokaryonten-Diversität

Auf einer primitiven Stufe bildete sich bei den Prokaryonten ein Abschluss um den Zellkörper in Form von äußeren Hüllen heraus, der die kontinuierliche Individualität sicherte. Die durch Aktin- und Myosin-Strukturen aktiv beweglichen Formen dürften zuerst weniger Möglichkeiten der klaren Abgrenzung und Individualisierung besessen haben und für lange Zeiträume permanenter Fusionierung und Wiederzerlegung unterworfen gewesen sein. Dass es frühzeitige Radiationen gab und vielleicht bald Vielfalt auf einer urtümlichen Ebene herrschte, lässt sich vermuten, es standen aber nicht viele konstruktiven Wege offen. Schon die Größe muss limitiert gewesen sein, da die Diffusion von Stoffen in den Zellen der Versorgung aller Teile enge Grenzen setzt.

Sehr schnell etablierten sich zwei Hauptwege der Entwicklung, die eine frühe Dichotomie begründeten. Auf der einen Seite entstanden mit äußeren Hüllen um die Zellen abgeschlossene Prokaryonten. Sie zeichneten sich durch eine sehr starke Diversifizierung der Stoffwechselmechanismen aus. In den Cyanobakterien entstanden als besonders wichtige Produzenten der organischen Substanz photosynthetisierende Formen, welche die Sonnenenergie kanalisieren und nutzbar machen konnten. Weitere Bakterien nutzten als Chemosynthetisierer andere Energiequellen. Vor allem stellte sich, möglicherweise in vielen getrennten Linien, die Fähigkeit zur Nutzung von Sauerstoff ein: die Aerobie. Sie erscheint besonders vorteilhaft, weil sie die vollständige Nutzung der Energie organischer Verbindungen gestattet. Aber auch auf reduzierender Grundlage ist eine Vielzahl von metabolischen Mechanismen und synthetischer Aktion möglich.

Die Protozellen mit ihren primitiven Vorstufen zur Sexualität, ihrer Abhängigkeit von biochemischen Vorbedingungen und den Ernährungsvoraussetzungen in der „Ursuppe“, bzw. in mit organischem Material angereicherten Wasserkörpern, sind weder fossil noch in der rezenten Organismenwelt repräsentiert. Ebenso ist der Übergang zur Beweglichkeit mittels Aktin und Myosin, sowie die Ausbildung der mit äußeren Hüllen versehenen bakterien- und blaualgenartigen Prokaryonten fossil nicht belegbar. Dennoch lassen sich die Folgen der Abwandlungsschritte bei der Entstehung der Prokaryonten und der Eukaryonten gut begründen.

Es gibt gewichtige Gründe für die Annahme, dass sich sehr bald nach Etablierung der Prokaryontengrundtypen, besonders der photosynthesefähigen Cyanobakterien und der Sauerstoff veratmenden Bakterientypen im Großen und Ganzen ein Energieumsatz in der noch heute bekannten Form bildete und sowohl metabolisch als photosynthetisch nutzbare Ressourcen angezapft wurde. Möglicherweise wurde, wie Day (1984) betont, die Photosynthese schon aus der präbiotischen Phase übernommen und später vor allem in den Cyanobakterien, in eine hochkomplizierte Form gebracht.

Vor allem dürfte aber die Ruhigstellung der Membran relativ früh die Möglichkeit eröffnet haben, geordnete Enzymkomplexe anzulegen und die Syntheseprozesse nicht durch Verformung und Walkung der Zelle zu stören.

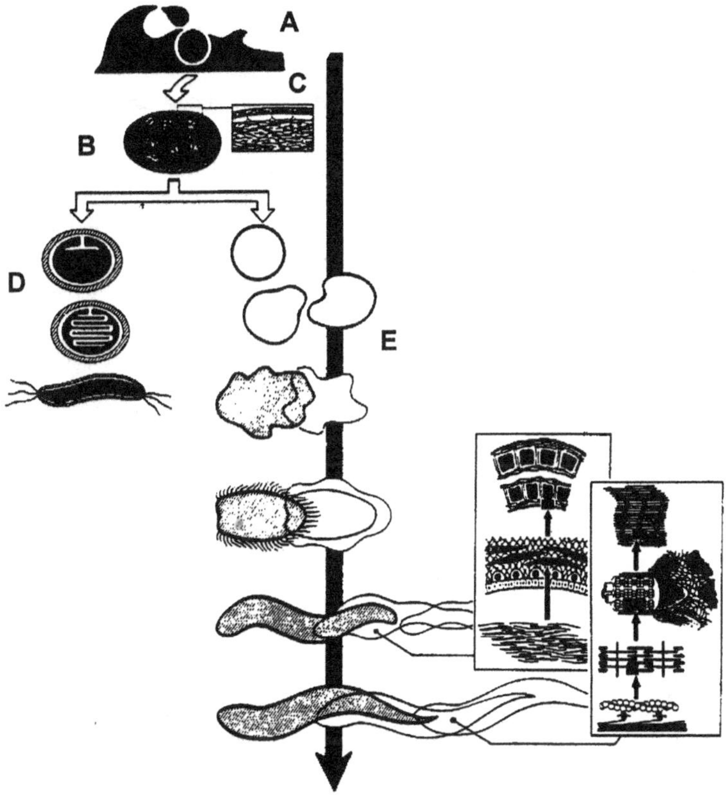

Abb. 13.-1. Prokaryontendiversität A: Entstehung der Protozellen an der Oberfläche einer Ursuppe, die durch Lipidmembran abgegrenzt und durch interne fibrilläre Struktur in wässriger Lösung organisiert ist. B: Die Protozellen können durch Stoffaufnahme expandieren, knospen und sich in Untereinheiten zerlegen, sodann aber wieder fusionieren. Mit der Grundorganisation ist (Proto-)Sexualität festgelegt.
C - D: Die interne Verspannung durch Protofibrillen sichert Stabilität bei zarter Membran und gestattet Formbestimmung sowie Formveränderung bei Einbau von Myosin in ein Aktingerüst. In einem frühen Stadium erfolgt Aufspaltung in Prokaryonten (E) und bewegliche tierische Organismen (F). Prokaryonten besitzen eine stabilisierende Hülle, welche die Form festlegt, aber hydraulische Bewegungen unterbindet. Die beweglichen Konstruktionen (F) deformieren ihren Körper bei Konformationsänderungen der internen Fibrillen-Netze. Die beweglichen Tierkonstruktionen entwickeln sich auf der Grundlage des internen Fibrillensystems. Mikrotubuli treten hinzu, erlauben die Ausbildung von Cilien. Später setzt sich der muskelmotorische Antrieb durch.
Vom Stadium der Genese wird die Etablierung der Hydraulik mit flüssiger Füllung und flexibler Membran, der Einschluss von Stoffwechselmechanismen, die Interaktion von Füllung, Membran und fibrillärer Struktur begründet. Alle weitere evolutive Entwicklung geschieht unter Sicherung der grundlegenden Invarianzen durch modifikatorische Überprägung der Grundorganisation bei gleichzeitiger Binnendifferenzierung. Die Abfolge der konstruktiven Schritte ist sehr strikt festgelegt und damit rekonstruierbar.

Die gebotene Darstellung erscheint holzschnittartig grob und wird dies auch bei Besprechung der folgenden Stadien bleiben. Es gibt natürlich eine riesige Vielfalt von Prokaryonten, die mit den verschiedensten Stoffwechsel- und Synthesemechanismen ausgestattet sind. Außerdem existieren die Archaeobakterien mit besonderer Membranzusammensetzung. Es gibt auch „nackte", bewegliche Bakterien ohne versteifte Hülle.

Erforderlich ist, dass eine Rekonstruktion möglicher Entwicklungswege einsetzt, die nicht nur auf Stoffwechselmechanismen aufbaut, sondern die Beziehung von biomechanischer Organisation und molekularer Ausstattung in Stoffwechsel, Synthese und Reproduktionsmechanismen prüft. Die übliche Darstellung von Stammbäumen verschiedener Prokaryonten auf der Grundlage der Unterteilung von Eubakterien und Archaeobakterien im Gegensatz zu den fälschlich als in jeder Hinsicht weiterentwickelt verstandenen Eukaryonten ist im Hinblick auf den Ablauf der Phylogenese nichtssagend.

14. Hydraulische Zellbeweglichkeit

Den mit versteifter Hülle ausgestatteten Prokaryonten als spezifischen Konstruktionen mit vielfältiger Ausstattung der Stoffwechselmechanismen standen Formen gegenüber, bei denen sich keine stabilen äußeren Hüllen ausbildeten, sondern die Kontrolle der Form durch innere Verspannungen gesichert wurde. Fibrilläre Eiweiße formierten sich im Zellinneren zu Netzen, die Verankerungen in der Membran hatten. Zur Ausbildung der aktiven Formveränderlichkeit kam es dadurch, dass sich in die Aktinnetze Myosinfibrillen einflochten. Da diese am Aktinnetz gleiten konnten, vermochten sie das kohärente Netz zu verstellen und den Verband der Zelle zu deformieren.

Auf diese Weise bestand schon bei geringer Formveränderungen eine bessere Chance, Partner im Dienste sexueller Fusion zu treffen. Solche Verformungen des mechanischen Verbandes unter Verbrauch chemischer Energie erbrachten Vorteile in der Teilung oder kompensatorischen Verschmelzung mit Partnerzellen. Immer neue Rekombinationen der in verschiedenen Organismen gewandelten Eigenheiten waren gesichert. Außerdem konnte sich aus der Deformierung der Zelle, durch die Fähigkeit, Membranen einzuziehen, die Phagocytose entwickeln. Diese Entwicklung verlief sicher über vorerst wenig effiziente Stadien. Von Phagocytose kann erst dann gesprochen werden, wenn größere Moleküle oder molekulare Aggregate oder Prokaryontenformen angetroffen wurden, die sich einer Fusion der Membranen wegen der äußeren Hüllen widersetzten. Die Phagocytose bot den Vorteil, nicht nur niedermolekulare Stoffe aus der Umgebung aufzunehmen, sondern auch makromolekulare Körper und dann ganze Zellen zu umschließen, also andere Zellen als „Beute" einzuverleiben (Gutmann & Bonik 1981; Gutmann 1988). Dies erforderte aber Größen, bei denen die Oberflächen-Volumen-Relation ein auf Reibung basierendes Schweben im Wasser schon gestatten konnte. Zwingend ergab sich der Übergang zur amöboiden Bewegung am Substrat.

Im Gegensatz zu den übrigen Prokaryonten blieben die Stoffwechselmechanismen der beweglichen Formen auf dem primitiven Level der Anaerobie. Das bedeutete, dass die Potenzen der Antriebsapparatur wegen der geringen Zulieferung von Energie aus der Glykolyse nicht voll genutzt werden konnten. Dennoch eröffnete dieser Entwicklungsweg die Evolutionsbahn zu den Eukaryonten.

Diese Punkte sind von großer Wichtigkeit, weil erst nach der vollen Ausbildung des Zellaufbaus Bakterien und Blaualgenzellen als Nahrung aufgenommen werden konnten. Diese „Nahrung", die nach der Aufnahme ins Zellinnere des Räubers weiterarbeiten konnte, vermochte sich zu den Endosymbionten, den Mitochondrien und Plastiden der Euzyte weiter zu entwickeln. Die Nahrungsnatur der Prokaryonten bestimmte sich durch den Aufbau der Zellwände, die eine Fusionierung der Zellen unmöglich machte.

Von diesen konstruktiven Voraussetzungen her wird aber nicht nur verständlich, warum die bewegliche Eukaryontenzelle keine komplizierten Stoffwechsel- und Photosynthesemechanismen ausbildete, sondern es wird auch der Übergang zur Eukaryontenorganisation begreifbar, wie er von L. Margulis (1970) begründet wird. Die Fähigkeit zur Sauerstoffnutzung in aerobem Stoffwechsel erlangten die beweglichen Zellkonstruktionen durch Aufnahme als Nahrung und nachträgliche Domestikation von sauerstoffverarbeitenden Bakterien.

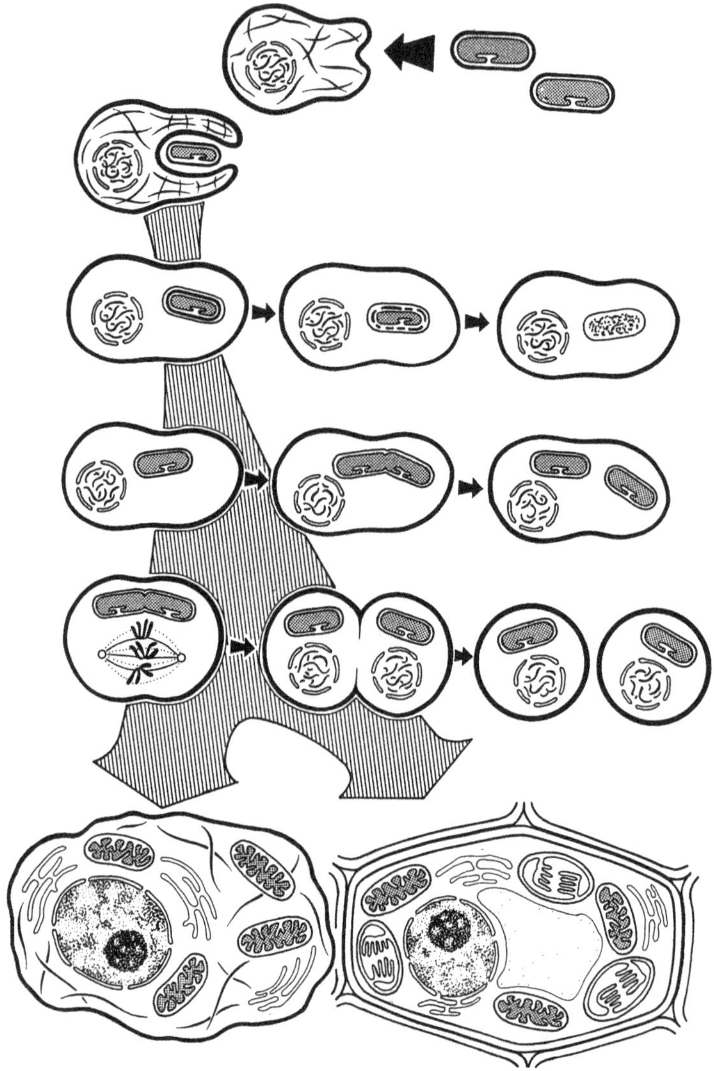

Abb. 14-1: Die Verformbarkeit früher beweglicher Zellaggregate ermöglicht nicht nur Phagocytose, sondern in ihrem Gefolge auch die Aufnahme und allmähliche „Domestikation" von Bakterien, deren komplexer Stoffwechsel genutzt werden kann. Diese sich zu Symbionten entwickelnden Bakterien behalten ihre formsichernden Strukturen weitgehend bei. Ebenso bleibt ihre genetische Substanz weitgehend erhalten. Diese Symbiontenentstehung erfolgte sicher oftmals. Hier ist sie am Beispiel von bereits eukaryontischen Zellen dargestellt. Sauerstoffverarbeitende Bakterien entwickelten sich zu Mitochondrien, photosynthetische zu Chloroplasten.

Die sauerstoffverarbeitenden Bakterien wurden als Endosymbionten zu Mitochondrien. Ebenso wurden Cyanobakterien in spätere pflanzliche Zellen integriert. So traten pflanzliche Eukaryontenzellen mit der Fähigkeit zur Photosynthese auf, die durch den Einschluss der Cyanobakterien als Endosymbionten in das Gefüge Chloroplasten erhielten. Auf diese Weise wurroden bei Pflanzen und Tieren zwei Mechanismen verkoppelt:

1. Die volle Beweglichkeit der urtümlichen phagocytierenden Zelle unter Nutzung von Aktin und Myosin und
2. Die komplexe Syntheseleistung, vor allem die Fähigkeit des aeroben Abbaus von organischem Material, in den ruhiggestellten Prokaryontenzellen. Das Ergebnis war die Euzytenorganisation.
3. Die Integration von photosynthesefähigen Cyanobakterien in bewegungskompetente, schon mit Mitochondrien versorgte hydraulische Maschinerien; auf diese Weise entstanden auf verschiedenen Ebenen immer wieder Pflanzen.

Schon auf der beschriebenen Konstruktionsebene gibt es - bedingt durch welche die Formkontrolle bewirkenden Strukturen – eine große Formenvielfalt. Alle bestehen auf dem Prinzip der durch Aktin und Myosin beweglichen Zellhydraulik. Es handelt sich um ein Thema mit Variationen. Die Zartheit, d. h. mechanisch geringe Belastbarkeit der Zellhydraulik begrenzt (außer bei skelettal versteiften Formen) die Größe der Protozoen und hält die Organismen auf einer kleinen Dimensionierung.

Von der beweglichen Präzellenkonstruktion an stammen alle weiteren Gebilde aus der Untergliederung des vorgegebenen mechanischen Verbandes. Neue Membranabschnitte werden nur als Erweiterungen von alten gebildet und das gesamte Gefüge des hydraulischen Systems wird bei Zelluntergliederung weitergegeben. Die Kompartimente werden nicht als „Packages" gebaut, also aus molekularen Bausteinen komponiert, sondern mehr oder weniger identisch im Ablauf der Entwicklung zunehmend geordneter und kontrollierter redupliziert, wie die DNS, von der man dies schon länger weiß.

Neue Zellen entstehen in der Generationenfolge immer als Abgliederungen und Teilungsprodukte anderer Zellen. Dabei ergibt sich eine Kontinuität der Membran, der Füllung, der Akto-Myosin-Strukturen und anderer Organellen unter Einschluss der DNS. Dass nur das Erbgut mit der DNS weitergegeben würde, ist also eine zwar weit verbreitete aber ebenso falsche Vorstellung. Der geschlossene, energetisch getriebene Verband der lebenden Konstruktionen bleibt über die Generationenfolge und über alle evolutionären Transformationen hinweg erhalten.

15. Die Entstehung der Eukaryonten und Entwicklung der Metzoen, Metaphyten und Protozoenkonstruktion

Die für die Entstehung von Proto- und Metazoenkonstruktionen wesentlichen Schritte bestanden in der Bildung der Mikrotubuligerüste im Körper, in der Ausbildung von Zellkernen, in der Etablierung der geordneten Kernteilung und in der Stabilisierung des Chromosomensatzes, welche die Haploidie von (dann wieder) verschmelzenden (Geschlechts-)Zellen ermöglichte.

Die Abgrenzung der genetischen Apparatur wurde ausgehend vom endoplasmatischen Retikulum durch Umhüllung mit membranösen Strukturen erreicht, welche die Kernmembran bildeten und den genetischen Apparat einschlossen und geordnet hielten.

Das Einziehen von Membranstrukturen in das Zellinnere wurde durch das Aktomyosinsystem bewirkt, das somit auch für den Aufbau des endoplasmatischen Retikulum verantwortlich war und die Vorbedingung für seine Entstehung darstellte. Eine Einwärtsverlagerung von Membranabschnitten und damit die Organisation von internen Membranlabyrinthen war ohne kontraktilen Apparat gar nicht möglich. Das endoplasmatische Retikulum bildete ein inneres Zisternensystem. Dieses kann zur Materialeinlagerung und als Transportstruktur genutzt werden. Seine volle Bedeutung erlangte es erst mit der Ausbildung von Mikrotubulistrukturen. Durch diese konnte es weiter versteift und im Zellgefüge stabilisiert werden.

Die Mikrotubuligerüste organisierten sich wohl aus stabilisierenden Makromolekülen im Cytosol, der Zellfüllung. Sie bauten sich von Anfang an durch appositionelles Wachstum auf und konnten sich, sofern sie an einem Ende oder über größere Abschnitte hin mechanisch fixiert waren, in andere Bereiche vorschieben. Dazu mussten sie in ein präexistentes Aktingerüst eingefügt sein, denn sie konnten nur zusammen mit diesem mechanisch wirksam werden, indem sie aneinander durch ständige Neubildung und Auflösung molekularer Brücken glitten. Mechanisch unbefestigte Mikrotubuli wären funktionell bedeutungslos gewesen. Sie hätten sich nur unkontrolliert im Zellinneren verschieben können. Das Koppelungsprodukt von Aktin und Mikrotubuligerüst sicherte zuerst eine größere Stabilität der Zellkonstruktion und verhinderte weitgehend die Verschiebung des Zellinhalts. Andererseits aber konnte sich an den Mikrotubulistrukturen auch ein gerichteter und geordneter, zu viele Freiheitsgrade ausschließender Verlagerungsmechanismus für Material entwickeln. Wenn vorher die Aktinstrukturen solche Funktionen notdürftig wahrgenommen hatten, so wurde diese nun gerichtet.

Weil der Mikrotubuliapparat in das Aktomyosinsystem eingebaut war, konnte er auch bald Deformationen der Zellkörper erzeugen und damit innere wie äußere Bewegungen unterstützen oder selber bewirken. Die Stabilisierung der Zelle durch Mikrotubuli erlaubte nun auch den Aufbau von Spindelapparaten. Damit wurde die Vorbedingungen für eine geordnete Verlagerung des genetischen Materials in der günstigeren Transportform der Chromosomen, also in größeren Aggregaten, geschaffen. Mit dem Aufbau des Spindelapparates griff nun der kohärente mechanische Verband in die Ordnung der Erbstrukturen aktiv ein. Auf dem Wege mechanischer Aktion war die Synchronisierung von Zellteilung und Kernteilung möglich.

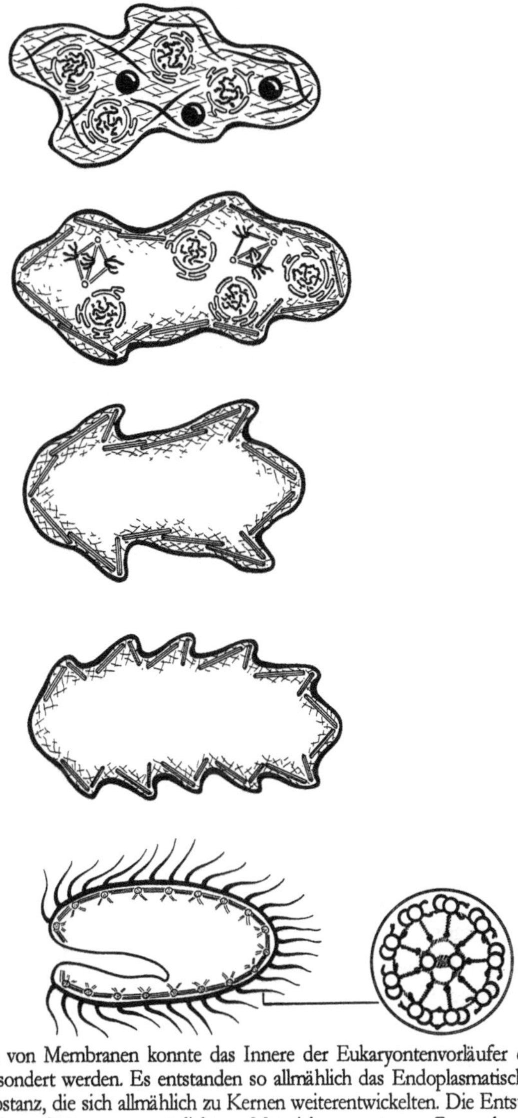

Abb. 15-1: Durch Einziehen von Membranen konnte das Innere der Eukaryontenvorläufer durchgliedert und bestimmte Räume auch abgesondert werden. Es entstanden so allmählich das Endoplasmatische Reticulum und Hüllen um die genetische Substanz, die sich allmählich zu Kernen weiterentwickelten. Die Entstehung der Tubuli führte zu einer mechanischen Stützung, ermöglichten Materialtransport, z. B. auch von Symbionten („Organellen") und teilweise auch durch ihre Gleitfähigkeit (aneinander) zur allmählichen Etablierung von Kernspindeln und an den Außenbegrenzungen zur Bildung von Cilien.

Das Resultat dieses langen Evolutionsprozesses waren geordnete und regelmäßige Teilungen des genetischen Materials in den Zellkernen mit geordneter Beziehung zu den Teilungsmechanismen des Zellapparates. Damit entstanden allmählich die Voraussetzungen für die Entwicklung der Vielzellerorganisation bei Tieren und für die Protozoenorganisation.

Diese effizienteren Konstruktionen konnten unter Nutzung der Mikrotubuliausstattung Cilien bilden. Dies geschah dadurch, dass die stabilisierten und sich verschiebenden Gerüste bei innerer Bewegung über die Zellgrenzen hinaus auf die Außenwelt wirkten und damit Dislokation ermöglichten. Nun erst kam es zur Bildung klar abgegrenzter und sich gerichtet bewegender Zellkonstruktionen, die auch definierte Gestalten als Propulsoren annehmen konnten. Die Entwicklung nähert sich damit bereits jenen Organisationstypen, die wir in der heutigen Lebewelt kennen.

Die besten Bedingungen für einen Übergang zu der Antriebsbewegung mit Cilien bestand bei kleinen Konstruktionen. Bei geringer Größe und kleiner Reynoldszahl wirkt sich jede Deformation eines kleinen Teils der Zelle nach außen in einer Dislokation des Körpers aus. Das umgebende Medium ist wegen seiner Zähigkeit nicht verschiebbar und wirkt als Widerlager, an dem sich das bewegliche Gebilde abzustoßen vermag. Selektiv bevorzugt waren jene Organismen, deren Tubuli enthaltenden Ausbuchtungen geordnet waren. Damit konnte die Fähigkeit zu oberflächlicher Verformungen der Zellen sowie zur Stabilisierung der die Propulsion bewirkenden äußeren Zellbereiche gesteigert werden. Das Ergebnis waren mikrotubulär ausgesteifte und durch Fasergleiten verformbare Cilien, die schließlich eine äußere Bedeckung der Zellkonstruktion bilden und diese sowohl im Wasser als auch in Substratnähe wirksam vorantreiben konnten. Der Übergang zu den Protozoen und zu den tierischen Metazoen war, wie nun genauer zu begründen ist, nur über den Cilienantrieb möglich.

Die Bildung der Protozoenorganisation mit einer oder wenigen Kernen wurde nun ebenso möglich wie die der Metazoenorganisation, die durch Kompartimentierung und Zerlegung in ein Aggregat von Zellen und durch Einschaltung von Gallerte in das endoplasmatische Retikulum entstand.

Die Entwicklung der Protozoenorganisation war insbesondere deswegen möglich, weil auch in kleinen Zellen die Relation von Kern und Cytoplasma auf biomechanischem Wege bestimmt werden kann. Man sollte davon ausgehen, dass sich zuerst die Organisation mit wenig geordnetem Kernapparat und einer Vielzahl von Kernen ausgebildet hatte. Die Entwicklung der geordneten Vielzelligkeit war dann ein möglicher und recht schnell gangbarer Entwicklungsweg, der aus der Vorkonstruktion heraus beschritten werden konnte. Die Ausbildung von Einzellern mit Kontrolle über einen oder wenige Zellkerne bildete eine andere Option. Die Vorläufersituation der Protozoen zeigte somit schon Anklänge an die Vielzelligkeit.

Durch die geordnete und exakte Reproduktion des genetischen Materials konnte dieses mit ebensolcher Exaktheit in größeren Organismen verteilt werden. Diese konnten damit in einem ersten Schritt physiologische Einheitlichkeit gewinnen. Die genetische und physiologische Einheitlichkeit garantierte, dass Synthese- und Abbauprozesse in der gesamten organismischen Konstruktion, also auch in den sich entwickelnden Zellen, gleichförmig verlaufen konnten und Friktionen, die durch unterschiedliche genetische Ausstattung der einzelnen Organismusteile entstehen hätten können, verhindert wurden. Dadurch erst konnten sich Transportsysteme innerhalb der Organismen ohne Nachteile für diese etablieren und eine gleichmäßige Versorgung und Entsorgung sichern. Die interne Differenzierung des Gefüges stellte den nächsten Schritt dar.

Die Entwicklung von Zellkernen und abgegrenzten Kernbezirken, also dessen, was man gemeinhin unter Zellen im Metazoenverband versteht, brachte nun genau das Gegenteil dessen mit sich, was in diversen Zellstaat- und Zellaggregationstheorien bislang ausgesagt wurde: Ihr Resultat war primär einmal größere Vereinheitlichung und Verschweißung der verschiedenen Teile der Organismen und nicht die Etablierung voneinander weitgehend unabhängiger Subsysteme.

Durch die Entstehung von Kernen, die einen Großteil des für die Organismen essentiellen genetischen Materials enthielten, eröffneten sich die Möglichkeiten für eine effiziente, weil von der genetischen Ausstattung her mit höchster Wahrscheinlichkeit lebensfähige Nachkommen garantierenden Teilungs- und Fortpflanzungsaktivität. Die genetische Konstitution war nicht mehr von zufälligen Verschmelzungen und Aufteilungen eines wenig geordneten Erbguts bestimmt, sondern wurde durch die zuverlässig arbeitende Teilungsapparatur determiniert.

Die Sexualität, die sich aus den schon früher gegebenen Möglichkeiten der Verschmelzung und Teilung bläschenartiger Protoorganismen entwickelt hatte, führte nun zu genetisch ausreichend ausgerüsteten und existenzfähigen Nachkommen. Dadurch, dass nun jeder Kern Träger eines oder mehrerer (wahrscheinlich meist zweier) Gensätze wurde, war nicht nur einer Vergrößerung mit Hilfe von Kernvermehrung Tür und Tor geöffnet, sondern auch der umgekehrte Weg. Die Bildung kleinerer Einheiten mit einem oder wenigen Kernapparaturen wurde, soweit andere Vorbedingungen in der Gesamtkonstruktion erfüllt waren, möglich.

Verkleinerung durch Teilung bedeutete nicht mehr wie bei den frühen Formen ohne zuverlässigen Teilungsapparat den wahrscheinlichen Verlust wichtigen genetischen Materials, denn bei genügender Reduktion der Größe konnte nun auch ein einzelner Kern mit allen seinen Chromosomen die lebensnotwendige Proteinproduktion sichern, ohne dass es dabei physiologische Defekte eintreten mussten. Auch damit erweist sich das bisher gültige Bild der zeitlichen Aufeinanderfolge von Ein- und Vielzelligkeit als revisionsbedürftig.

Das Mikrotubulisystem blieb weiterhin an die Existenz des Aktinnetzes gebunden. Aktomyosin als formdeterminierende Struktur war unbedingt erforderlich. Dies aber bedeutet, dass auch bei voll ausgebildeter Cilienapparatur immer der Übergang zu aktiver Verformung und zu muskelmotorischer Aktivität mittels Deformation des Körpers möglich ist.

Es gibt gute Gründe anzunehmen, dass dieses Organisationsstadium erst spät im Präkambrium erreicht wurde. Wohl erst mit der Akkumulation von genügend O_2 in der Atmosphäre war es möglich, dass sich solche hochaktiven, durch mechanische Aktion interne und externe

Arbeit leistenden Konstruktionen aufbauten. Diese Entwicklung musste gleichsam die O_2-Produktion durch die Prokaryonten abwarten.

16. Die frühen Diversifizierungen der Eukaryonten

Über die Entwicklung der späteren Eukaryonten und der mit Aktomyosin beweglichen Formen gibt es ebenfalls keine fossilen Hinweise. Es ist nicht bekannt, wann sie die Fähigkeit zur Phagocytose entwickelten. Wichtig erscheint nur, dass die gesamte über die Organisation der Prokaryonten hinausführende Entwicklung letztlich vom Erwerb Phagocytosefähigkeit in den beweglich werdenden Urzellen abhing. Die schon vorhandenen Prokaryonten wurden zu nutzbarer Nahrung, vor allem deswegen, weil sie Fusion verhindernde äußere Hüllen besaßen. Damit löste sich die Abhängigkeit der beweglichen Zellkonstruktionen von der chemischen Eingangsstufe der Ursuppe. Mit der Heterotrophie bei Einschluss von aeroben Bakterien wurden neue Entwicklungswege eröffnet.

Die Eigenaktivität der beweglichen Formen erfuhr über mehrere Stufen eine beträchtliche Steigerung, wenn aerobe Formen als Endosymbionten eingebaut wurden, die mehr Energie lieferten, als aus der Glykolyse gewonnen werden konnte. Die Aktomyosinapparatur wurde mit einer besseren Betriebsstoffversorgung verkoppelt. Man kann dies auch umgekehrt sehen, dass sich nämlich die in der aeroben Stoffwechselleistung fortgeschrittenen und effektiven Prokaryonten eine Art „mobile Fähre“, ein Transportvehikel in Form der beweglichen Zellen zulegten, indem sie sich der Verdauung widersetzten und so in neue Bereiche fortgetragen wurden.

Durch diese Entwicklungsprozesse konnten die aktiven Lebensformen nicht nur neue Nahrungsquellen erschließen, sondern sich die Voraussetzungen für das Überleben schlechthin sichern, als sich durch Photosynthesetätigkeit der Cyanobakterien in der Atmosphäre zunehmend O_2 anreicherte.

Die Photosynthetisierer bewirkten mit der Anreicherung von Sauerstoff in der Atmosphäre weitere Veränderungen. Durch seine zunehmende Konzentration kam die abiotische Erzeugung organischer Substanz schrittweise zum Erliegen. An ihre Stelle trat zunehmend die biogene Erzeugung organischen Materials durch Nutzung neuer Energiequellen, besonders der Sonnenenergie. Die Ergiebigkeitssteigerung mit Hilfe dieser neuen Mechanismen muss im Hinblick auf die Biomasse beträchtlich gewesen sein. Nur die große Ausweitung der Zulieferung organischen Materials durch Photosynthese machte die weitere Entwicklung der Organismen möglich und erlaubte die Aufstaffelung der sich aufspaltenden Nahrungsketten. Die frühen Phasen der Lebensentwicklung schufen in hohem Maße die Vorbedingungen der weiteren Lebensentwicklung selbst. Mit dem permanent zugelieferten Material samt seinem Energiegehalt wird die Evolution komplexerer Organismen möglich.

Die anaeroben beweglichen Zellformen konnten nur in dauerhaft sauerstofffreien Bereichen weiterexistieren. Die Verbreitung der beweglichen und autoformativen Zelltypen, die zu den Eukaryonten überleiteten, beruhte auf der Etablierung symbiotischer Beziehung mit aeroben Bakterien, die als Mitochondrien in der Eukaryontenorganisation persistierten. Diese Organismen konnten nicht nur die Veränderungen der atmosphärischen Bedingungen zum Teil überstehen und Sauerstoff ertragen, sondern nun, durch Nutzung hocheffizienter Stoffwechselmechanismen, ihre Aktomyosin- und die später entstehende Cilienapparatur besser powern. Dadurch gewannen sie beträchtlich an Vitalität und schufen die Voraussetzungen für das Vordringen in immer neue Lebensräume.

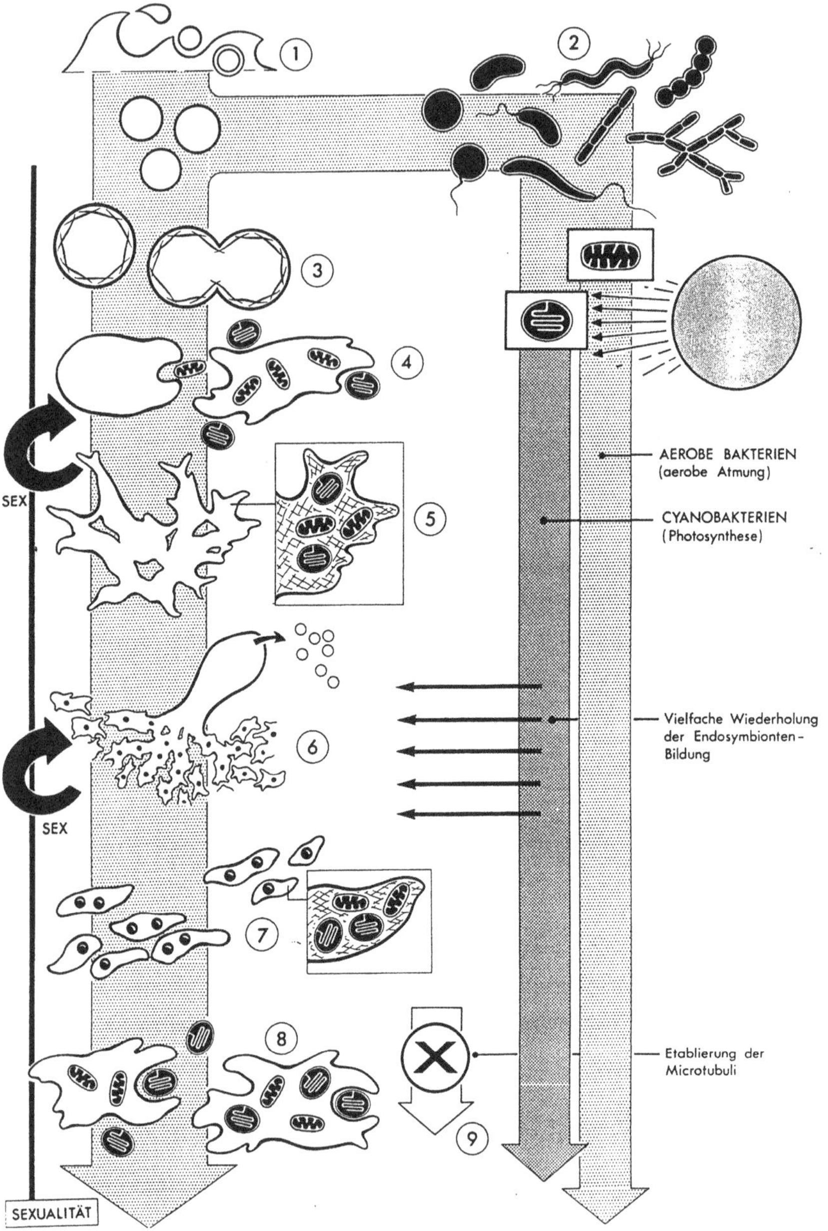

Abb. 16-1: Aus einfachen hydraulischen Systemen, die sich durch Protozellbildung etablieren [1], entstehen zwei Hauptströme der evolutiven Entwicklung des Lebens. Die Linie der bakterienähnlichen Organismen (Prokaryonten [2]) bringt äußerlich fest vergurtete formstabile Lebewesen hervor, die aber hochkomplizierte leistungsfähige Stoffwechselmechanismen entwickeln. Ein Teil von ihnen, die Cyanobakterien, können auf photosynthetischem Wege Energie in die Biosphäre einleiten, andere gewinnen Energie durch Abbau organischer Substanz. Der zweite Konstruktionstyp [3] behält die Fähigkeit zur Formveränderung durch Fasergleiten, zur ständigen Teilung und Fusion bei, verzichtet aber notgedrungen auf einen effizienten inneren Chemismus. Dieser kann erst durch Integration symbiontischer Cyanobakterien und aerober Bakterien, die ihre innere mechanische Stabilität beibehalten, etabliert werden [4, 5]. Da diese Aggregate vorerst nur durch einen Antagonismus von Membran, hydraulischer Füllung und kontraktiler Fasern formgesichert und zusammengehalten werden, ist auch die Bildung relativ großer Aggregate möglich, die sich dann aber plasmodienartig auf Unterlagen bewegen [6]. Jederzeit können sich von ihnen Teile ablösen und auch wieder verschmelzen, es müssen nur der Stoffwechsel und der Energiewandel gesichert sein. Manche dieser Formen könnten bei Einlagerung von Gas- oder Fettblasen schwebend geworden sein [7]. Diese Situation relativ freier Teilung und Rekombination ändert sich erst, als mit den Mikrotubuli stabilisierende Elemente im sich entwickelnden Protoplasma auftreten, die einerseits durch Fixierung organischer Moleküle, etwa Nukleinsäuren, und Fasergleiten eine sehr gleichmäßige und einheitliche Verteilung der für den inneren Chemismus wichtigen Molekülen ermöglichen, andererseits aber die Möglichkeiten der freien Teilung begrenzen, da sie die innere Konstruktion stabilisieren und zusätzliche Optionen für lokomotorische Aktivität durch die Bildung von cilienartigen Strukturen eröffnen [8, 9], die die Beibehaltung bestimmter Formen nötig machen. Die plasmodiale Organisation wird zurückgedrängt und tritt schließlich überhaupt nur mehr sehr selten und eher als Ausnahmezustand (heute bei Schleimpilzen/Myxomyceten, allerdings unter Beibehaltung der Zellgrenzen) auf. Verschmelzung und Fusion ist fast nur mehr für besondere, zur Reproduktion abgegebene Organismusteile möglich, die eben diese formstabilisierenden Elemente nur in geringem Maß beinhalten. Damit ist einerseits individuelles Leben auch bei den durch Symbiose entstandenen Vorläufern der späteren Eukaryonten voll etabliert, anderseits ist durch die Transportmechanismen für wichtige organische Substanzen, auch für Nukleinsäuren, und die Beschränkung der Fusion eine zwar immer wieder neue Rekombination hervorbringende, im ganzen aber konstruktive Eigenheiten weitgehend sichernde frühe Form der heute bekannten, auf Keimzellen basierenden Sexualität ohne Totalverschmelzung der jeweiligen beteiligten Organismen entstanden. Die Anordnung von Tubuli unter der Außenmembran bildet die Voraussetzung für die Entstehung von nach außen gerichteten durch Tubuli ausgesteifte Fortsätze, die Säume bilden oder sich zu Geißeln bündeln können. Dann ist durch Fasergleiten der Tubuli lokomotorische Aktivität möglich, die ihrerseits wieder Voraussetzung innerer Aussteifung durch Gallerte und damit der Entstehung erster Gallertoide und innen kompartimentierter Vielzeller ist.
Die skizzierte Folge von Umgestaltungen und Schritten des organisatorischen Umbaus dürfte den größten Teil des Präkambrium in Anspruch genommen haben und erst am Anfang der letzten Milliarde Jahre zur Ausbildung der für die Heutzeit typischen Eukaryonten geführt haben.

Wann es zuerst durch Aufnahme von Prokaryonten in lokomobile und zur Phagocytose befähigte zellige Organismen zur Eukaryontenbildung kam, kann nicht ermittelt werden. Immerhin blieb parallel zur Ausbildung der mechanisch stabilen Prokaryonten in den anderen Protozellen, den Proto-Eukaryonten, die Funktionsfähigkeit der Bewegungsapparatur erhalten und erfuhr eine für die Folge wichtige Perfektionierung. Die nicht-prokaryontenhaften Formen, die Proto-Eukaryonten, fusionierten miteinander und trennten sich, überzogen das Substrat, schoben sich auf das Sediment vor, schnürten frei bewegliche, möglicherweise in primitiver Art schwimmende und sich durch Verformungen ihrer Körper dislozierende Einheiten ab, die ins freie Wasser vordrängten und sich wieder zu Vorstadien größerer Gebilde vereinigten.

Solange die „Ursuppe“ bestand, nutzten diese mobilen Organismen mit Sicherheit die immer wieder neu gebildete chemische Reserve zur Ernährung. Es muss ja beachtet werden, dass die meisten abiotischen Prozesse der Synthese organischen Materials weiterliefen.

Darunter konnte es Synthesemechanismen und Abläufe gegeben haben, die später, mit der Etablierung des Sauerstoffes, als Resultat der Photosynthese abrissen. Verformbarkeit, Lokomotion und Phagocytose der Proto-Eukaryonten erlaubte aber in zunehmendem Maß die Aufnahme von Makromolekülen und von Bakterien als Nahrung. Durch Domestikation der Nahrung müssen in frühen Stadien der Lebensentwicklung vielfältige Kombinationen mit Prokaryonten bei Nutzung von deren metabolischen Fähigkeiten eingetreten sein.

Nicht erreichbar war - selbst bei größtmöglicher Vielfalt auf dieser Ebene - eine abgegrenzte, permanent individuenhafte Organisation der beweglichen Formen in der Art, dass effektive Propulsoren, also echte tierische Konstruktionen, entstehen konnten. Wenn sich abgegrenzte Konstruktionen, vielleicht in Form von effektiver werdenden Propulsoren bildeten, so mussten sie die immer noch dominierende Fusion im Rahmen der Sexualität aufgeben und wurden uniparental. Der Verlust der Sexualität schloss jedoch eine Weiterentwicklung zu komplexerer Organisation aus, die an Rekombination innerhalb von Populationen gebunden ist. Bei permanent ablaufender Fusion und Trennung von Einzelzellen niederen Differenzierungsstandes ist die eigengesetzliche Ausgestaltung effektiver Propulsoren nicht möglich.

Auch Skelettbildung war wegen der totalen Deformierbarkeit und der fehlenden Sicherung der Individuengrenzen ausgeschlossen. Nur stabilisierte Individuen können geordnete skelettale Strukturen anlegen und benötigen dazu wohl auch die den Vesikeltransport sichernden Mikrotubuli. Hier liegt der Grund für das völlige Fehlen von skelettalen Strukturen im Präkambrium, die auf individuelle Organisation verweisen. Damit erreichen unsere Überlegungen die nächste Stufe der organisatorisch-konstruktiven Durchgliederung der Eukaryonten in der Evolution.

Von den frühen Stadien der beweglichen Formen ist mit gutem Grund anzunehmen, dass sie ihre plasmodiale und damit relativ ungeordnet bewegliche Organisation über lange Zeiträume beibehielten und dass sie dabei eine große, in ihrer Plastizität nicht erhaltungsfähige Vielfalt realisierten. Sicher gab es neben den an das Substrat gebundenen Formen solche, die ins freie Wasser vorstießen, andere, die Auflagen auf dem Sediment oder sogar Krusten auf festem oder lockerem Untergrund bildeten. Auch in diesem Stadium entstand bei der Aufschließung der immer gleichen Lebensräume eine große Vielfalt. Die Nutzung von lockeren und festen Unterlagen muss vor allem für photosynthetisierende Formen vorteilhaft gewesen sein, wenn es bei photosynthetischer Aktivität zum Ausfällen von Kalk um und unter den krustenbildenden Formen kam, und Sediment in den Schleimausscheidungen von Prokaryonten gebunden wurde. Dabei konnten photosynthetisierende Prokaryonten und Cyanobakterien einschließende Zelltypen zusammenspielen, So war der Organisationstyp Stromatolith durch Ansammlung von Sediment, Verkittung und Kalkabscheidung erreicht. Solche Fossilstrukturen und fossil erhaltenen körperlichen Gebilde, die in ihrer Schichtung von Kalkabscheidungen auf photosynthetisierende Tätigkeit hinweisen, sind seit ca. 3,5 Milliarden Jahren bekannt.

Diese frühzeitige Bildung von Kalkabscheidungen, die sich später bei ganz anderen tierischen Konstruktionen vielfach wiederholt, zeigt einmal mehr die organismische Bedingtheit solcher Prozesse. Nicht geophysikalische Einflüsse sind die Ursachen, sondern die Entstehung neuer Fähigkeiten im Laufe des organismischen Konstruktionswandels. Da ja der durch dieses Gas bewirkte Treibhauseffekt durch die Konzentrationsabnahme weitgehend wegfiel, verursachte die massive Bindung von CO_2 in Form von Carbonaten mit Sicherheit Klima-, v. a. Temperaturveränderungen in der Atmosphäre.

Was die folgenden Stadien der Organisation betrifft, so können sie ebenfalls nicht aus dem Bezug zur Umwelt ermittelt werden. Die zu ihnen führenden Differenzierungsschritte müssen aus inneren konstruktiven Erfordernissen abgeleitet werden.

Die Evolution des Lebens war bei der Erreichung neuer Organisationsstufen ganz stark auf sich gerichtet, also auf die Ausbildung einer stabileren Organisation der Zelle durch Einschaltung der Mikrotubuli, die höhere Ordnung der genetischen Apparatur, die Steigerung der Beweglichkeit durch Ausbildung der Cilien und ähnliches. Vor allem dürfte es auf diesen frühen Stadien immer wieder zur Versorgung von divergierenden beweglichen Konstruktionen mit aeroben Bakterien und zur Aufnahme photosynthetisierender Cyanobakterien gekommen sein, so dass wir verschiedene Typen und Stadien von früher tierischer und pflanzlicher Organisation unterstellen müssen.

Auf diesen frühen Stadien dürfte es zu einer Vielfalt von Formen gekommen sein, die mit der heutigen Lebewelt nicht vergleichbar sind. Es gab keine in der Form völlig festgelegten Propulsoren, keine wirklich aktiv schwimmenden Konstruktionen. Vor allem fehlte noch die Ausstattung der Organismen mit Cilien. Man wird in der Annahme kaum fehlgehen, dass sich ein großer Teil der beweglichen Organismen neben der Verbreitung von schwebenden Eukaryonten im freien Wasser ans Substrat band und dabei fixosessile Formen und plasmodienhaft kriechende oder amöboid bewegliche Konstruktionen hervorbrachte.

Wichtig ist, dass weder festgelegte Formen, noch plasmodienhaft ans Substrat gebundene Organismen die weiteren Entwicklungsstufen erreichen konnten, die sich aus der Nutzung von Mikrotubuli in Cilien ergaben. Nur frei schwebende Vorläufer kommen für die Ausbildung von Cilien nahe der Oberfläche und für eine die Nutzung des Cilientriebes in Frage, denn die Oberfläche der Konstruktionen musste frei sein, wenn der Übergang zum Cilienantrieb aus der Verformung der oberflächlichen Zellbereiche erreicht werden sollte. Wir müssen zwar die Nutzung des Substrates als ökologische Möglichkeit schon in den frühen Phasen der Evolution ansetzen, doch dürften erst freie Formen, wahrscheinlich diejenigen im Pelagial, den Weg zu höherer Antriebsleistung eröffnet haben. Dieses Grundprinzip der Weiterentwicklung zu motorisch leistungsfähigeren Formen kann auf vielen Stufen der stammesgeschichtlichen Entwicklung wieder angetroffen werden.

Dass diese urtümlicheren Stadien später ausgelöscht wurden, hängt gerade mit der Leistungssteigerung auf der zu höherer Komplexität, zu den Eukaryonten führenden Entwicklungsbahn und der damit verbundenen übermächtigen Konkurrenz zusammen.

Erst mit der Etablierung geordneter Zellkerne und nach Ausbildung der Cilien wurde ein klare individuelle Abgrenzung bei höherer motorischer Leistung möglich. Die Tendenz zur plasmodialen Verschmelzung und die Behinderung der fixierten organismischen Abgrenzung wurde überwunden.

Beide Prozesse erforderten die Ausbildung von Mikrotubuli, also von röhrchenförmigen makromolekularen Strukturen, die als versteifende und verspannende Stäbe in das Aktin- und Myosingeflecht der urtümlichen Zellen eingehängt wurden. Der Akto-Myosinapparat konnte nach Stabilisierung durch Mikrotubuli viel wirksamer genutzt werden. Mit den Cilien traten ganz eigenständige, kleine Massen bewegende Propulsoren auf. Durch die Ausgestaltung des endoplasmatischen Retikulums, die Sequestrierung der genetischen Apparatur und ihre Verpackung in Chromosomen trat eine Entlastung der motorischen Einrichtung ein; es kam zur teilweisen Entkoppelung von Motorik und metabolischer Struktur.

Alle Formen der motorischen Aktivität und der Organisation der Eukaryonten, die sich im folgenden etablierten, hingen von Mitochondrien als Energielieferanten ab. Sie bauten auf der effektiveren aerob arbeitenden Stoffwechselmaschinerie der eingebauten Endosymbionten auf. Nur aerobe Endosymbionten konnten ausreichend Energie für den Betrieb der sich nunmehr entwickelnden aufwendigeren Bewegungs- und Propulsionsstrukturen liefern.

Will man ein Bild der organismischen Vielfalt auf der Ebene vor Erfindung der Kernteilung und Cilienausstattung gewinnen, so muss man drei Punkte im Auge behalten.

Erstens das Modell von Myxamöben und Myxomyzeten. Es muss neben der früh erreichten Bakterienorganisation und der auf ihr begründeten Individualität eine Vielfalt beweglicher Formen gegeben haben, die vor allem durch variable Gestalt und starke Fusionierbarkeit, also plasmodiale Organisation, ausgezeichnet war. Gebilde mit schützender Bedeckung konnten entstehen, Krusten- und Pilzköpfchen mit Verbreitungsstadien in organhafter Verkoppelung waren realisierbar. Kleinere Formen oder auch größere mit Auftrieb sichernden Einschlüssen in Form von Gasvesikeln oder Fettbläschen konnten ins freie Wasser vordringen und sich auch verdriften lassen. Wahrscheinlich war auch eine sehr primitive und wenig wirksame Propulsion durch biegend-schlängelnde Verformung der Zellkörper möglich. Dominant jedoch war die Substratbindung, weil plasmodiale Konstruktionen bei ihrer Bewegung mechanische Stabilisierung brauchten.

Mit an Sicherheit grenzender Wahrscheinlichkeit kam es bei vielen dieser Organismen neuerlich zur Aufnahme von Cyanobakterien. Es gibt also gute Gründe anzunehmen, dass sich schon auf der urtümlichsten Eukaryontenebene eine primitive Pflanzenorganisation ausgebildet hatte.

Sicher gab es auf dieser Stufe weder Einkernigkeit noch die uns heute bekannte Protozoenorganisation. Diese war erst nach Sicherung der Kernteilung durch Mitose realisierbar. Einkernige Einzelligkeit ist eine späte Errungenschaft und trat wohl erst kurz vor der Ausbildung der Metazoenorganisation oder parallel zu ihr auf. Ihre konstruktive Vorbedingung lag in der Ausbildung von stützenden und als Gleiteinrichtungen dienenden Mikrotubuli, die ein Gerüst aufbauen konnten, welches die geordnete Verschiebung genetisch wirksamer Strukturen gestattete.

Das Erbgut war in den frühen Phasen der Evolution sicher noch dezentral gelagert und wenig geordnet. Es unterlag bei der immer wieder neuen Verschmelzung der Zellen und der permanenten Zerlegung in neue Untereinheiten dauernder Umstrukturierung. So musste die Verschmelzung vieler Einheiten vorteilhaft sein, weil Defekte in der Vielzahl von genetischen

Strukturen nur durch Ansammlung differenten Erbgutes ausgeglichen werden konnten. Auf dieser Ebene war auch die Etablierung hochgradig durchstrukturierter Vielzeller nicht möglich, denn deren Entstehung setzte ebenfalls eine strikte, nur mechanisch zu sichernde Kontrolle des genetischen Apparates und die gesicherte Verteilung von Kernen in einem größeren Zellkörper voraus.

Unter diesen Umständen war eine skelettale Versteifung oder Stabilisierung durch organische oder mineralische Strukturen unmöglich. Variable und immer neuer Verschmelzung unterliegende Formen, seien sie nun plasmodial oder frei schwebend mit Deformationsmöglichkeit ausgestattet gewesen, lassen, solange keine Abgrenzung als Propulsorkonstruktionen erfolgt, keine Skelettbildung zu. Dies erklärt das weitgehende Fehlen von Fossilien aus dem Präkambrium, wenn man von den Krusten der Stromatolithen absieht. Stromatolithen können, wie schon ausgeführt, von einer Vielfalt von Formen, von Prokaryonten genauso wie von primitiven algenartigen Eukaryonten oder von beiden zusammen, ausgeschieden worden sein.

17. Die Kette von konstruktiven Situationen

Im Rahmen der Biosphäre konnten sich euzytische Formen in den Nahrungsketten hinter die prokaryontischen Photosynthetisierer staffeln. Sie waren als propulsorisch aktive Filtrierer und oft gleichzeitig als mit Endosymbionten versorgte Photosynthetisierer, also als Pflanzen, aktiv. Es entstand mit anderen Worten neben den Vorstadien der Metazoen gleichzeitig die Grundorganisation der einzelligen Algen, die, immer auf der Grundlage der endosymbiontischen Ausstattung mit photosynthetisierenden Cyanobakterien, beträchtliche Entwicklungspotenzen hatten. Die Vorbedingungen zur Evolution der pflanzlichen wie der tierischen Organisation waren somit geschaffen.

Mit der Etablierung größerer Biomasse und Mannigfaltigkeit sowohl bei den ursprünglichen und weiterentwickelten Prokaryonten, die entweder photoautotroph, katabolisch-aerob oder beides waren, als auch bei den Eukaryonten war das Nahrungsangebot für den tierischen Zweig der evolutiven Entwicklung schon im frühen Präkambrium recht reich. Es beruhte auf der Anreicherung des freien Wasserraumes mit mikroskopisch kleinen Formen, der Bildung eines Belags auf dem Sediment und einer Anreicherung der oberen Sedimentschichten mit Kleinlebewesen. Alle festen Substrate waren darüber hinaus mit photosynthetisierenden Formen bedeckt, die sicher auch Krusten und anhaftenden Bewuchs bildeten. Davon zeugen nicht zuletzt die Stromatolithen. Auch alle übrigen Sedimentlagen, oberflächlichen Schichten von festem Felsgestein, im Gezeitenbereich, sogar die anderen, nur durch Regen befeuchteten Bereiche wurden überzogen.

Von der Biomasse her dominierten die im freien Wasser schwebenden Formen, die schon ein Netz von Nahrungsbeziehungen etablierten, indem Einzeller als Predatoren phagocytierten und sich in immer neuen Schüben mit Prokaryonten als Nahrung und potentiellen Endosymbionten versorgten.

Die Nutzung dieser Situation durch tierische Konstruktionen wurde nach der Etablierung der effektiveren Propulsoren mit Cilien möglich. Die Herausbildung der verschiedenen tierischen Baupläne kann dann auf der umrissenen Vorgabe und im Hinblick auf die Utilisierung der geschilderten Energiequellen als geordneter und gerichteter Prozess erklärt werden, wenn die konstruktiven Eigenheiten und die interne Determination der Entwicklung bei Ausbildung der verschiedenen Konstruktionstypen im kontinuierlichen Wandel immer mitgedacht sind.

18. Energetische und ökologische Aspekte

Die organismische Konstruktionslehre begreift Lebewesen, soweit das ihren materiellen Aufbau betrifft, als maschinenhafte Konstruktionen, die ihre mechanischen Aktionen energetisch antreiben. Diese Leistungen sichern im Bionomiekreis die Selbstversorgung und finden in verschiedenen Außenkontakten jene Widerständigkeiten und Freiheitsgrade vor, die ihr Agieren ohne Selbstzerstörung ermöglichen. Ein evolutiver Wandel solcher organismischen Konstruktion ist nur möglich, wenn ihre internen Energiewandlerstrukturen und die energiekanalisierenden, Energie in mechanische Arbeit umsetzenden Einrichtungen erhalten und, dem allgemeinen Wandel angemessen mit umgebildet werden. Die Energieproblematik tritt auf einer zweiten Ebene, der Ebene der Biosphäre, noch einmal auf. Die Biosphäre ist insgesamt als eine energiegetriebene Maschine, eine die Erdoberfläche überziehende Megamaschine wirksam (Gutmann & Edlinger 1991). Sie wird durch den Energiezustrom von der Sonne her in Gang gehalten und arbeitet in einem Rahmen, den die obersten Lagen der Erdkruste als Substrat, die Atmosphäre als Überschichtung und das Wasser der Meere und Ozeane als Füllung von Becken und Niederungen der Kruste bestimmen. In diesem Gefüge agieren große Mengen energiewandelnder und mechanisch arbeitender Organismen, die sich aufbauen, reproduzieren und auch wechselseitig verschlingen wodurch sie sich zu Nahrungsketten formieren. Diese sind bei weitem nicht so präzise eingestellt oder als streng geordnete Gefüge angelegt, wie das im Rahmen der herkömmlichen ökologischen Betrachtungsweise meist vermutet wird.

Die Energie fließt der Biosphäre zum allergrößten Teil von der Sonne zu. Primär absorbieren mit Chlorophyll, aber auch mit anderen Pigmenten („Hilfspigmente“) ausgestattete Organismen, die Energie (fangen sie ein), machen sie in Syntheseprozessen nutzbar und synthetisieren eine Vielzahl von organischen Stoffen. Über einen kurzen oder längeren Weg wird das synthetisierte organische Material von O_2-verbrauchenden Formen wieder abgebaut. Der Kreislauf bleibt bei Zulieferung von Sonnenenergie ständig in Gang, weil die Photosynthese ständig von neuem organische Substanzen erzeugt und dabei O_2 freisetzt. Der Sauerstoff reichert sich in der Atmosphäre an und wird dann bei der Freisetzung der Energie in der sog. Degradation des Katabolismus zum Teil wieder verbraucht.

In diesem durch Energieflüsse und wenige immer unabdingbare, invariante Voraussetzungen, wie bestimmte, nicht über- oder unterschrittene Temperaturbereiche, sowie die Existenz von Wasser, Mineralsalzen und einer (im Laufe der Erdgeschichte allerdings unterschiedlich zusammengesetzten) Atmosphäre bestimmten Rahmen läuft durchgehend, wenn auch in kurzen Zeiträumen kaum merkbar, die Evolution der organismischen Konstruktionen ab. Diesem Rahmen, der sich durch die Evolution der Organismen intern differenziert, wird, wie erwähnt, ein eigener Status als Biosphäre oder als durch Sonnenenergie getriebene Megamaschine zuerkannt.

Aus stammesgeschichtlichen Rekonstruktionen aufeinanderfolgender Baupläne ergeben sich viele irreversible Veränderungen, die man zusammen im übergreifenden planetarischen Rahmen als weitgehend autonom ablaufende Binnendifferenzierung der Biosphäre begreifen muss. Phylogenetische Ableitungsreihen lassen helfen bei Verankerung an einer invarianten Eingangsstufe der Lichtenergie in die Biosphäre auch die Abfolge der Nutzung der Lebensräume durch die sich entwickelnden organismischen Konstruktionen begründen.

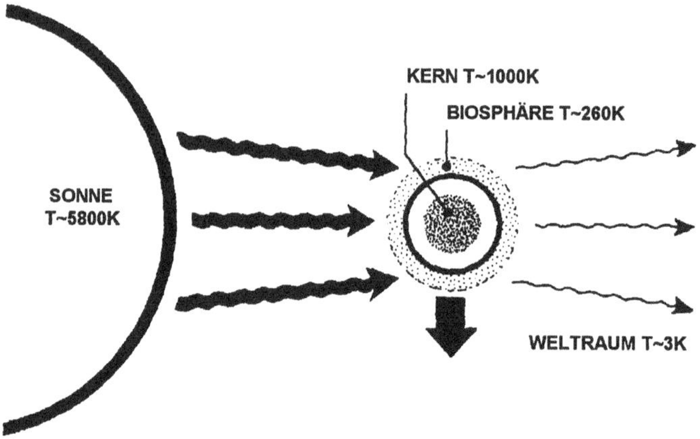

Abb. 18-1: Grundschema der Biosphäre. Die Erde empfängt den aus Photonen bestehenden Energiestrom von der Sonne. Dabei wirkt die Erde, die eine Strahlung von ca. 5800 Grad K von der Sonne empfängt, als Photonenmühle, die Strahlung von 260 Grad K in den Weltraum abgibt. Durch das Gefälle der Energie (durch Entropie-Export) wird die Biosphäre und in ihr die Evolution der Organismen und die Tätigkeit aller Organismen angetrieben. Einen gewissen Energiezuschuss liefert die durch radioaktiven Zerfall aufgeheizte Erde von innen. Im Weltraum sinkt die Temperatur zur Hintergrundstrahlung von ca. 3 Grad K ab.
Alles lebende Geschehen strukturiert sich im Energiefluss von der Sonne, Organismen klinken sich in die Energieflüsse ein und strukturieren sie durch ihre Eigentätigkeit, die vermittels der lebenden Maschinen erbracht wird. (Abbildung nach Ebeling)

Das Leben beseitigte im Ablauf seiner Entwicklung wohl mehrfach eine präzedente Organisationsvielfalt. Auf der Ebene der Aerobier baute sich wohl, möglicherweise über mehre Stufen, sehr schnell eine neue Vielfalt, auf, die jedoch noch lange nicht mit der heutigen verglichen werden kann. In ihr waren aber weiterhin die verschiedenen Bakterienformen und vor allem die für die Photosynthese zuständigen Cyanobakterien massenhaft vertreten. Auf konnte nie mehr verzichtet werden, weil als Energiefänger und Energiezulieferungsstufe für die gesamte Biosphäre den Sauerstoff der Atmosphäre produzierten, die Verluste durch aerobe Aktivität ausglichen und diese Produktion ununterbrochen durchhielten. Gleichzeitig sorgten sie für massemäßigen Nachschub an organischem

Material, das in Nahrungsketten einströmte und so die Vielfalt bewahrte. Die Cyanobakterien schufen mit der Sauerstofferzeugung die Bedingungen, unter denen sich in der Atmosphäre eine Ozonhülle ausbilden konnte, die den Einfall energiereicher und für Teile der Organismen destruktive Strahlung aus dem Weltall beträchtlich verminderte. Nur unter dem schützenden Ozonschirm konnten sich bei relativer Gleichförmigkeit der grundlegenden Bedingungen in der Biosphärenmaschine weitere, durch Strahlung relativ wenig gestört komplexerer Organismen entwickeln.

Fast alles Leben bleibt an die Aufnahme von elektromagnetischer Energie gebunden, die von der Sonne stammt. Die Sonnenenergie, die sich im Photonenstrom ausbreitet, liefert die Triebkraft für fast alle organismischen Aktivitäten. Ausnahmen sind ganz wenige Lebensgemeinschaften in Rest- und Rückzugsbiotopen wie etwa in Schwefelquellen oder in bestimmten Abschnitten der Tiefsee („Hot Vents"). Jede evolutive Veränderung hängt an der zugeführten Energie. Alle Organismen schalten sich in ihren Individualentwicklungen, in der Abfolge der Generationen und im evolutiven Wandel aller stammesgeschichtlichen Linien in den energetischen Durchfluss ein und stellen Varianten jener grundlegenden Energiewandlerkonstruktionen dar, die frühzeitig und maßgebend das irdische Geschehen mitbestimmt und die Energie in der Biosphäre kanalisiert haben.

Die durch solche Auffassungen vorgegebene Modellierung der Biosphäre kann nur über astronomische und kosmologische Begründungen abgesichert werden, die für den Ablauf der letzten 5 Milliarden Jahre zwingend sind. Die heutige Ozeanographie, Meteorologie und Ökologie können die Rahmenbedingungen und Grundmechanismen der Energienutzung in der Biosphäre begründen. Wie die Organismen Lichtenergie absorbieren, wie die Energie in den Lebensbereichen durch biotisches und abiotisches Geschehen kanalisiert und weitergegeben wird, ist anhand von Stoffkreisläufen, von Energiebilanzen in der Biosphäre und der marinen Ökologie darzustellen.

Die Glieder bzw. Stufen der Nahrungsketten bestehen also aus lebenden Maschinen, die durch ihre energetischen und in mechanische Arbeit einmündenden Aktionen Materie- und Energieströme kanalisieren und ausrichten. Um dieses Geschehen begreifen zu können, muss ihren Aufbau und ihre Arbeitsweise erfassen und als arbeitende Systeme erklären. Nur aus dem Verständnis der grundlegenden Konstruktionen lassen sich auch Begründungen für ihre Verbreitungen in den verschiedenen Räumen der Erde gewinnen.

Die Grundausstattung der Biosphäre besteht aus drei Organisations- und Nahrungstypen. Die Cyanobakterien sind (neben den weniger ins Gewicht fallenden Chemosynthetisierern) zwar nicht die einzigen, wohl aber die dominierenden Energiefänger. Sie zapfen bestimmte Frequenzen des einströmenden Sonnenlichts selektiv, nach Maßgabe ihrer inneren Struktur, an und leiten sie in die Biosphäre ein. Genauere Forschungen machen neuerdings deutlich, dass solitäre Cyanobakterien einen beträchtlichen Anteil der Biomasse der freien Ozeane und Meere ausmachen. Auf dieser energetischen Zulieferung gründet das die organische Substanz liefernde Synthesegeschehen, an das sich die anderen Organismen in sich verzweigenden Ketten anhängen. Von dem organischen Material leben immer bewegliche Organisationstypen, mit Aktomyosin deformierbare, hydraulisch wirkende und/oder sich mit Cilien propulsierende Euzyten.

Die aeroben Bakterien sind die wichtigsten, nach ihrer Biomasse am stärksten ins Gewicht fallenden Heterothrophen, welche die Oxydation und Dekarboxylierung bis auf die Stufe von H_2O und CO_2 sowie einfacher organischer Verbindungen vornehmen.

Isoliert in großen Mengen lebend, aber auch in Pflanzen, sowie in Tieren, dienen aerobe Bakterien als Energiezulieferer, welche die organismischen Substanzen unter Nutzung von Sauerstoff voll ausnutzen und abbauen.

Als dritte Gruppe sind die Eukaryonten zu erwähnen. Sie haben eine komplexere mechanische Organisation als die Bakterien, stehen aber durch ihren Stoffwechsel in einem Abhängigkeitsverhältnis zu diesen. Dieses geht so weit, dass sie im Inneren ihrer Zellen Massen von Bakterien, sei es als Chloroplasten, sei es als Mitochondrien, beherbergen.

Die energetisch-materielle Grundorganisation der Biosphäre ändert sich im Ablauf der Entwicklung nicht mehr. Das Lebensgeschehen bleibt in die Klammern der energetischen Zulieferung und des aeroben katabolischen Abbaus eingeschlossen. Die komplexere Organisation der Pflanzen und Tiere fügt sich zwischen den Synthese- und den Degradations-Schenkel ein. In den ozeanischen und anderen marinen Wasserkörpern sowie an den Küsten entstehen meist einzellige aber zuweilen auch mehrzellige Algen, indem bewegliche Zellkonstruktionen Cyanobakterien zuerst als Nahrung aufnehmen, sie dann aber domestizieren und damit zu Endosymbionten umfunktionieren. Dieser Prozess kann als ökologische Invarianz betrachtet werden. Er findet auch heute noch auf allen Ebenen der Organisation statt.

Auch in den komplexen pflanzlichen Organismen bleiben Cyanobakterien die einzigen Photosynthetisierer. Die Pflanzen schleppen sie auch bei der Erschließung terrestrischer Räume, beim Übergang ans Land, in Form von Chloroplasten mit sich und erschließen diese neuen Lebensräume mit ihrer Hilfe für sich. Parallel zur Domestikation der Cyanobakterien fand auch die von aeroben Bakterien statt, die schon im selben Organismus den energieliefernden Abbau organischer Substanz unterstützen und durchführen konnten.

Komplexere Tiere entstanden aus räuberischen Zellen, die den Aktomyosinapparat durch aeroben Stoffwechsel antreiben und auf ein neues Niveau heben konnten. Dies versetzte sie in die Lage, sich auf effizienteren Beutefang zu verlegen. Dies machte die Cyanobakterien verzichtbar und so domestizierten sie letztlich nur aerobe Bakterien als Endosymbionten.

In Form der Mitochondrien bleiben die aeroben Bakterien, eingefügt in die komplexe Organisation der tierischen Organismen, die einzigen Zerstörer des durch Photosynthese bereitgestellten organischen Materials. Als Einschlüsse in tierischen Konstruktionen werden aerobe Bakterien in viele Räume mit Außen- und Umwelt-Bedingungen verschleppt, welche diese zu Mitochondrien gewordenen Bakterien allein nicht erobern könnten.

Das im folgenden zu erörternde Problem besteht darin, die Verbindung zwischen der rekonstruierten Phylogenetik der Organismenstämme einerseits und der Evolution des Lebens herzustellen, soweit es im Ablauf seiner organismischen Transformationen die verschiedenen Bereiche der Erde besiedelt und sie damit zu Lebensräumen werden lässt.

Die Rekonstruktion der Invasionsschritte des Lebens in die ozeanischen, marinen oder terrestrischen Räume und Felder der Erde hinein ergibt sich aus einem Verfahren, das die darwinistischen Erwartungen von Anpassung umkehrt, wenn es die Eroberung der Äußeren Bedingungen und Räume aus den organismisch-konstruktiven Leistungen begründet. Neu daran ist, dass die Beziehung zu den Umweltbedingungen von den Organismen und ihren konstruktiven Eigenheiten her erschlossen werden.

Eine adäquate Ablehnung des darwinistischer Ideen, wie sie hier begründet ist, findet man auch bei Lovelock (1988) und Margulis (1990), deren Ideen hier soweit Zustimmung finden, als sie konsistent begründbar bleiben und nicht in „ganzheitliche" Modelle von New Age einmünden. Sie beschreiben das globale Entwicklungsgeschehen ausgehend von den frühen Phasen der Erdentwicklung gleichsam als den Aufbau eines „Superorganismus" (wir sprechen, wohl treffender, von einer „Megamaschine"). In ihrem Modell verbinden sich vor allem Prokaryonten zu komplexen Wirkeinheiten und organisieren, miteinander kooperierend, nicht nur die Zusammensetzung der Atmosphäre und die gasförmigen Bestandteile der Hydrosphäre, sondern zum Teil auch die Struktur und Organisation der geologischen Ablagerungen und der Gestaltung von marinen und Flachseebereichen.

Auf der Grundlage zahlreicher Evidenzen, zwingender physikochemischer Begründungen und der Physiologie der Bakterien wird in der Gaiatheorie von Lovelock (1988) und im durch Margulis (1990) vorgegebenen Theorienrahmen gezeigt, wie das Leben die verschiedenen Mechanismen in der Atmosphäre und Hydrosphäre, aber auch wesentliche Prozesse auf der Erdkruste und damit Aspekte der Organisation der Erdoberfläche ausdifferenziert und reguliert.

In einer als Megamaschine begriffenen Biosphäre, die im Gefälle der sog. „Photonenmühle", also getrieben vom Energiestrom der Sonne und in Gang gehalten von der Entropiezunahme bei Abstrahlung der Energie in den kalten Weltraum arbeitet, ist Leben in einem Bereich ferne dem thermodynamischen Ungleichgewicht angesiedelt. In solchen gleichgewichtsfernen Bereichen gewinnen sogenannte dissipative Strukturen (Prigogine & Stengers 19.) eine sich selbst erhaltende und eventuell wandelnde Ordnung. Zu dieser dissipativen Strukturierung gehört auch die Strukturierung der Biosphäre. Organismen und ihre Gemeinschaften können in dem aufgezeigten Rahmen nur als Energie wandelnde und energetisch aktive Systeme begriffen werden. Im Energiefluss der Biosphäre sind sie nur als maschinenhafte Einheiten beschreibbar.

Mit der konstruktionsmorphologischen Begründung wird die Autonomie der organismischen Konstruktionen und ihre evolutive Selbstbestimmung nachhaltig betont. Das Autonomieverständnis der Organismen fügt sich widerspruchsfrei zur Gaiatheorie und unterstützt deren Grundpositionen mit neuen Argumenten. Die Gaiatheorie kann nun ihrerseits als argumentative Stütze für die Hydraulik- und Konstruktionstheorie ins Treffen geführt werden, da sie vom Wirken der Biosphäre aus den Nachweis führt, dass es einen adaptationistischen Modus der Evolution, also eine Richtung und Kanalisierung der Evolution durch Umwelt und Außenbedingungen nicht geben kann.

Dies ist eine Ansicht, die im Rahmen der Organismischen Konstruktionslehre seit 20 Jahren vertreten wird. Zudem können ältere Denkmuster und Theorien von Autoren wie Lotka (1928, zitiert nach 1956) und Bauer (1946) die energetische Mechanismen für das evolutionäre Geschehen reklamierten, wieder in die Diskussion einbezogen werden. Dieser Argumentationsstrang wurde durch den Sieg der synthetischen Theorie der Evolution jäh abgeschnitten. Nur die Organismen sind in allen Phasen im Evolutionsgeschehen aktiv, die Umweltbedingungen aber sind trotz physikalischer Eigendynamik relativ zu den Organismen weitgehend passiv. Sie werden von den Organismen genutzt.

Die Gaiatheorie beschreibt allerdings nur die Resultate der Tätigkeit von Organismen, sie kann aber den inneren Aufbau organismischer Einheiten nicht konsistent darstellen, während die Konstruktionsmorphologie entscheidende Einsichten liefert.

Alle organismischen Konstruktionen besitzen die Fähigkeit, unter unterschiedlichen Bedingungen verschiedene Tätigkeiten auszuführen. In jedem Falle werden die Außenbeziehungen der Lebewesen, sowohl das Scheitern der Organismen an externen Faktoren, das man als Selektion bezeichnen könnte, als auch die erfolgreiche Erschließung und Nutzung neuer oder alter Bereiche durch die Organismen und ihre konstruktionsbedingten Fähigkeiten und Leistungen determiniert (Edlinger, Gutmann & Weingarten 1991).

Die Stammesgeschichte muss daher im Rahmen der Biosphäre und der ihn bestimmenden Materie- und Energieströme gesehen werden. Die Phylogenese verschiedener Stammeslinien erfolgt zwar nach Maßgabe der organisatorisch-konstruktiven Bedingungen, die verschiedenen Abwandlungsfolgen stellen aber in der Generationenfolge und in den Abfolgen der Aufspaltung gleichsam die Binnendifferenzierungen des biosphärischen Geschehens dar. Durch die stammesgeschichtliche Entwicklung wird die Biosphäre bei ständiger Energiezufuhr, vor allem in der Photosynthese und konstant bleibendem aerobem Abbau in sich neu strukturiert und unterliegt insgesamt einem dauernden Wandel. Auch diese Transformation des biosphärischen Zusammenhanges kann nur auf der Grundlage erfasster grundlegender Invarianzen des sich insgesamt verändernden Gefüges klargelegt werden. Gäbe es nur Veränderung für sich und nicht auch Wandel in den ökologischen Beziehungen auf der Grundlage eines in bestimmter Hinsicht stabil bleibenden und durchhaltenden Gefüges, wären stammesgeschichtliche Rekonstruktion und ihre rationale Begründung nicht möglich. Phylogenetische Rekonstruktion kann also nur in der Begründung von Überformungen invariant bleibender Grundbedingungen bestehen. Diese auf invarianter Grundlage aufgebaute Varianz wird also in Modellrekonstruktionen ermittelt.

Die wichtigsten Rahmenbedingungen sind in den plattentektonischen Mechanismen der geologischen Unterlage und den energetischen, physikalisch-chemischen Grundmechanismen der Biosphäre skizziert.

Aufgabe der organismisch begründeten phylogenetisch Rekonstruktionen ist es nun, aufzuzeigen, welche von den verschiedenen organismisch vorgegebenen Nutzungsmöglichkeiten für natürliche Ressourcen und Lebensräume in Frage kommen. Die von den Lebewesen ausgehenden Beziehungen zur Umwelt, zu den auf der Erdoberfläche gegebenen Bedingungen können dann über die verschiedenen Stammeslinien zuverlässig plausibel rekonstruiert werden und man kann eine Geschichte des Lebens und des Evoluierens der Konstruktionen im ökologischen Kontext und in den geologischen Zusammenhängen schreiben. Entscheidend ist dabei, dass man die Baupläne als Konstruktionslösungen begreift, ihre extern-environmentalen Anforderungen aus den Konstruktionseinsichten ableitet. So kann man klären, welche Umweltbereiche durch organisatorische Transformationen erschlossen wurden und welche Bereiche der Welt den jeweiligen Konstruktionen eben nicht zugänglich waren. Insgesamt bedeutet dies eine Rekonstruktion des internen Geschehens in der Biosphäre. Erst diese Rekonstruktionen dürfen dann mit den geologischen Abläufen und mit der erdgeschichtlichen Entwicklung in Beziehung gesetzt werden.

19. Die Grundsituation im ozeanischen Bereich

Als wichtiger Ausgangspunkt für weitere Überlegungen lässt sich folgendes feststellen: Die heutigen ökologischen Grundmechanismen im Meer dürften eine sehr alte Situation repräsentieren. Die mikroskopischen Organismen, vor allem Prokaryonten, sowie einzellige Algen, nutzen in der Photosynthese das Sonnenlicht. Fast der ganze Eneregiefluss in die Biosphäre erfolgt über die massemäßig prävalierenden, im Wasser schwebenden oder auch auf allen Unterlagen sitzenden Cyanobakterien.

Dem Photosynthesegeschehen stehen die aeroben Bakterien als jene Formen gegenüber, welche durch Nutzung von Sauerstoff den vollständigen Abbau der organischen Substanz vollziehen und so erst die Energie für den vollen Betrieb der Biosphäre schaffen. Die Fähigkeit zur Photosynthese sowie zur aeroben Atmung bringen die Prokaryonten als Endosymbionten in größere organismische Formen ein, die sich mittels Aktomyosin bewegen oder mikrotubuligetriebene Cilien nutzen. Die Verkoppelung beweglicher Organismen und biochemisch hoch aktiver Prokaryonten ergibt sich primär und später auf jeder Organisationsstufe neu, indem die als Nahrung aufgenommenen Prokaryonten in einer Art „Domestikationsprozess" zu Endosymbionten der beweglicheren Zellkonstruktionen werden.

Das bedeutet, dass sich zwischen den Einzellern und den Prokaryonten eine dauernd wechselnde Beziehung von Räuber und Beute und dann von Wirt und Endosymbiont auftut. Indem die aeroben Bakterien als Endosymbionten in tierische und pflanzliche Organismen einbezogen werden, vermag auch das Degradationsgeschehen in der Biosphäre eine komplexe Staffelung zu erreichen. Nur die anaeroben Stoffwechselmechanismen kommen allen Organismen zu.

Im Rahmen der Biosphäre stellen die Pflanzen vorwiegend die effizienzsteigernde Komplizierung der energetischen Eingangskanäle bereit, während die Tiere eine komplexe Staffelung der katabolischen Mechanismen repräsentieren.

Für die Evolution ergibt sich damit eine wichtige Einsicht: Die grundlegenden Triebmechanismen des Material- und Energiedurchsatzes werden allein durch Prokaryonten bestimmt. Die komplexeren Organisationstypen sind primär nur mit anaerobem Stoffwechsel ausgestattet, sind aber beweglich. Ihre komplexe Organisation ergab sich nur aus der Verkoppelung der Prokaryonten mit beweglichen und zu komplexer Autoformation fähigen Zellkonstruktionen. Erst die volle Powerung der Aktomyosin- und Cilienmaschinerie durch Prokaryonten ließ die Metaphyten-, Pilz- und Metazoenorganisation möglich werden.

Es lässt sich sicher nicht mehr ermitteln, wie ‚tierische' Organismen oft durch Aufnahme von aeroben Bakterien entstanden. Auch die Aufnahme von Cyanobakterien stellt einen nicht endenden Mechanismus der Pflanzenbildung dar. Er findet sich, was inzwischen klargeworden ist, auch auf vielen neuen Ebenen der tierischen Organisation. So nehmen Tiere der verschiedensten Konstruktionen und Gruppen photosynthetisierende Algen auf. Indem diese Beute nicht verdaut, sondern in Gewebe verschiedener Art eingebaut wird, kann die Photosynthese weiterlaufen. Der tierische Trägerorganismus vermag die Syntheseprodukte zu nutzen und so pflanzliche Fähigkeiten zu gewinnen. Aus kleinen Eukaryonten können sich dann richtige Pflanzen, zuerst wenig- oder einzellige, aber auch thallöse Algen, bilden, wenn die eigene Propulsionsfähigkeit verloren geht. Der Körperrahmen kann dann durch Zellulose oder andere Polymerisate der Photosyntheseproduktion stabilisiert werden.

Oberhalb dieser Konstruktionsebene können aber echte Pflanzen nicht mehr entstehen. Der Grund liegt darin, dass die durch Gallerte und Bindegewebe stabilisierten Formen komplexe Propulsoren und vielgestaffelte Konstruktionen sind. Solche Systeme haben ein Bindegewebssystem, das alle Epithelien trägt und den Muskeln Ansatzrahmen für die Übertragung der Kontraktionskraft liefert. Aus dieser Situation heraus können integrierte autotrophe Organismen das vororganisierte Gefüge nutzen, in ihm jedoch nur geringe Veränderungen bewirken. Sie können aber nicht das Zell-Muskel-Bindegewebssystem neu strukturieren oder beseitigen. Der Übergang zur Eliminierung der gesamten Automobilität von tierischen Systemen, also Beseitigung der Cilien- und Muskelaktion erscheint ebenfalls unmöglich.

Die Aufschließung weiterer chemischer Energiequellen durch Bakterien zeigt deren große metabolische Potenzen und repräsentiert wahrscheinlich ebenfalls relativ alte Situationen. Alle im Energie- und Materiestrom folgenden Konstruktionen der Tiere schließen sich als größer werdende Formen an diese Stufe der Mikroorganismen und Einzeller an.

Es lässt sich gut begründen, dass die geschilderte Situation eine invariante Bedingung für das Leben im Meer und seine evolutive Entfaltung seit der Bildung des Sauerstoffes im frühen Präkambrium darstellt. Indem das Leben in seiner Dynamik jederzeit die gleichen Grundbedingungen aufweist und trotz Wandels alle normalen ozeanischen und marinen Lebensräume immer wieder neu entstehen lässt, spannt sich ein Rahmen auf, in dem die gerade skizzierten Materie- und Energieströme ein letztlich nicht wandelbares Aktionsmuster bilden. Aller Wandel der Organismen und der sich entwickelnden ökologischen Bedingungen lässt jedoch die Grundstruktur der Biosphäre mit ihren energetischen Eingangskanälen und den Grundmechanismen des Katabolismus intakt. Die Rekonstruktion organisatorischer Wandlungen schließt die Sequenz der Nutzung der Umweltbedingungen durch die Organismen im Ablauf der Erdgeschichte ein. Evolutiver Wandel moduliert das Geschehen in der Biosphäre nur im Hinblick auf die differenzierende Ausgestaltung der sogenannten komplexeren Organismen. Die Evolution der komplizierteren Organismen stellt damit nur eine Binnendifferenzierung der Biosphäre dar

20. Der konstruktive Übergang zur Metazoenorganisation – Die Entstehung der Gallertoide

Die ökologische Situation in den Ozeanen ist für die Entwicklung hin zu den größer dimensionierten Metazoen wichtig. Im Pelagial verfügten die Metazoen über die erforderliche Feinnahrung, die beim Übergang vom bloßen Phagocytieren an der Oberfläche zum Phagocytieren in Kanal-systemen genutzt werden konnte. Damit überschritten sie sehr bald die bisherige Größen-limitierungen, ja Vergrößerung war vorteilhaft. Metazoen waren gegen einzellige und andere kleiner bleibende phagocytierende Räuber geschützt und konnten sich leichter in Sicherheit bringen. Zudem war dann bald eine Größe erreicht, bei der die Chance, auf kleine Einzeller zu treffen und sie als Beute aufzunehmen, wegen der Größe der Nahrung fangenden Oberfläche beträchtlich wuchs. Nur dieser Weg über das Filtrieren im freien Wasser kann zu den sich komplizierenden Metazoenkonstruktionen übergeleitet haben.

Sehr wahrscheinlich ist auch eine geringfügige Nutzung von bodennah lebenden Formen und von lockerem Belag auf Substrat. Sie ist aber schwieriger und auf den bisher erreichten Organisationsstufen eben nur begrenzt möglich. Beim Übergang auf das Substrat ist Formanpassung und Anschmiegen, die Grundvoraussetzung für das Abschaben von Nahrung beschwerlich. Die logische Konsequenz ist, dass substratverhaftetes Leben hohe Anforderungen an die Konstruktionen stellt und nicht urtümlich sein kann.

Die Vorläuferstadien von Protozoen und Metazoen müssen eine völlige Bedeckung des Kör-pers mit Cilien als Antriebsmechanismus gehabt haben. Außerdem müssen wir, wie früher schon ausgeführt ist, davon ausgehen, dass primär eine größere Zahl von Kernen oder kernartigen Gebilden ausgebildet war. Echte Protozoen entstanden bei Verminderung der Kernzahl, Metazoen bei Weiterbau der Konstruktionen im Sinne einer Größenzunahme auf der Grundlage der Vielkernigkeit. Insofern sind Protozoen nicht ursprünglich und eher von Metazoen herzuleiten als umgekehrt.

Beim Übergang zu den Metazoen erfolgte nicht, wie bisher fast immer unterstellt, eine Aggregation von vielen Einzelzellen, sondern eine Unterteilung in zelluläre Kompartimente durch Einlagerung von Gallerte als Vorstruktur von Bindegewebe. Bei dieser Untergliederung bildeten sich in den größer dimensionierten Konstruktionen abgegrenzte Cytoplasmabereiche mit einzelnen Zellkernen aus.

Für die Entstehung der Vielzelligkeit nach Haeckelschem Muster, durch Aggregation von Zellen, gibt es weder eine konsistente, lückenlose Begründung noch einen Modellorganismus, der nach diesem Prinzip aufgebaut wäre. Immer ist die Konstruktion, wie bei *Volvox*, durch Gallerte stabilisiert. Echte Zellaggregate existieren nur im geschützten Verband kleiner Embryonalstadien.

Dennoch herrscht eine erstaunliche Kritiklosigkeit gegenüber Aggragationstheorien. Bei vielen Autoren (Eigen & Winkler 1976; De Duve 1995) werden vor allem Schleimpilze (Myxomyceten) als Modellorganismen für Selbstorganisation und vor allem auch für den Übergang zur Vielzelligkeit gehandelt. Manche von ihnen kommen sowohl als amöboide Einzeller als auch von Zeit zu Zeit in einer aggregierten Form vor. Inwiefern ein solcher

Wechsel nun die Herausbildung von Vielzelligkeit erklären soll, bleibt im Dunklen, zumal sich ja keineswegs den echten Metazoen oder Metaphyten vergleichbare Aggregate ausbilden. Die fehlende Separation der Einzelzellen gemahnt eher an plasmodiale Organisation. Aus diesem Grund wäre es eher möglich, die Schleimpilze als späte Vertreter von Lebensformen zu betrachten, die zwischen plasmodialer und zelliger Struktur alternierten. Diese Lebensformen sind inte-graler Bestandteil der hier dargestellten stammesgeschichtlichen Rekonstruktion.

Die Gallerteversteifung blieb von ihrer Entstehung an durch verspannende Zellen durchzogen, die durch Kontraktion die Form der Gesamtkonstruktion festlegen konnten. Diese verspannenden Zellen waren bei der internen Kompartimentierung unterhalb des Außenepithels entstanden. Das Epithel, die neu entstandene äußere Zellschicht, lag der gallertigen Versteifung auf, trug die Cilien und diente ihnen als Widerlager, da sie als Antriebseinrichtungen auch weiterhin einer stabilen Unterlage bedurften. Wichtig ist, dass aus den Verspannungen in der Gallerte, die aktive Kontraktionen ausführten, die muskuläre Ausstattung der Metazoen entstand. Formbestimmung ging sprunglos in Deformation des Körpers über. Solche Deformation konnte aus einer anfänglichen Steuerfunktion heraus schnell propulsorische Nebeneffekte erzielen und zur muskelmotorischen Aktion des Beuteerwrbs und der Lokomotion finden.

In die gallertige Versteifung konnte durch kontraktile Fasern Epithel eingezogen werden. Dies bewirkte rinnenarige Einsenkungen, die sich zu einem inneren Kanalsystem zusammenschließen konnten. Damit blieb gerade beim Übergang zu komplexeren Bauplänen und Strukturen die Bindung an die filtrierende Nahrungsgewinnung gesichert, ja erzwungen. Allerdings konnte die Nahrung nun beim Übergang zu quasi-innerer Verwertung besser genutzt werden. Zudem war Lokomotion durch Cilienschlag bei Steuerung durch Verformung mit Muskeln gleichzeitig mit der Nahrungsaufnahme möglich. So konnte der Übergang zur Muskelmotorik unmittelbar erfolgen.

Gallertoidkonstruktionen konnten von dieser Ebene aus bei weiterer Nutzung des Cilienapparats zur muskelmotorischen Propulsion übergehen. Die interne Versorgung mit Kanälen brachte die genutzte Nahrung nahe an die sich entwickelnden Effektoren, die Muskeln, heran, welche die wichtigsten Kraftstationen und Energiezehrer waren. Die filtrierende Ernährung unter Nutzung von Cilien und inneren Kanälen musste noch für lange Entwicklungsphasen beibehalten werden. Filtrierende Ernährung leitet zu allen urtümlichen Metazoengruppen über. Erst eine beträchtliche Effizienzsteigerung der Propulsoren erlaubte es, den Bewegungsapparates auch zum Nahrungsfang einzusetzen.

Will man die ökologischen Potenzen der primitiven Gallertoide herausarbeiten, so braucht man nur von ihren Konstruktionen auszugehen und diese auf ihre Einsetzbarkeit untersuchen. Sie können in allen marinen Bereichen schwimmen, oder sich bei gallertiger Füllung treiben lassen. Dabei kann es zur Bildung bizarrer Gestalten kommen. Bodennahes Leben, die Nutzung jedes Untergrundes, das Abfiltrieren des Substrates sind ebenso denkbar.

Unmöglich ist das Eingraben in das Sediment und ebenso das adhäsive Kriechen bei gleichseitiger Abweidung des Substrats, das sich erst bei den Mollusken entwickelte.

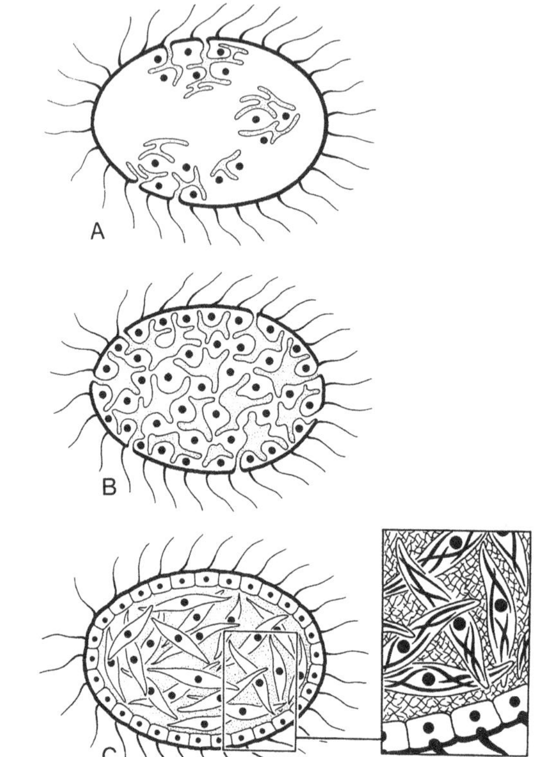
A
B
C
D
E

Abb. 19-1: Entstehung von (Viel-)Zelligkeit und Gallerte. (A) In vielkernigen Vorläufern der Gallertoide werden im Endoplamatischen Reticulum verfestigende und versteifende Substanzen eingelagert. Vergrößerung wird möglich. (B) Die Gallerte bildet ein inneres Grüst, das die Beweglichkeit der Kerne unterbindet. Jeder Kern bleibt in einem bestimmten Bereich. (C) Am Gerüst der Gallerte bilden sich oberflächlich Zellen, die ein Epithel formen. Aktin-Myosinfasern inserieren an Zellen, kontrollieren so die Form und ermöglichen Bewegung. (D) In der Gallerte bilden sich Kanäle mit cilienbesetzten Zellen. (E) Gallertoide können sich verlängern und durch regelmäßige Verfomungen propulsorische Bewegungen durchführen. Dies leitet später zu den Coelomaten über.

In welcher geologischen Entwicklungsphase diese neue filtrierende Ernährungsweise (mit anschließender phagocytierender Aktion) entstand, ist nicht zuverlässig zu rekonstruieren. Im Hinblick auf die Effizienz der neu entstehenden Konstruktionen sollte man aber annehmen, dass die Atmosphäre zu dieser Zeit schon stark mit Sauerstoff angereichert war.

Es kann vermutet werden, dass der Übergang zur Metazoenentwicklung im späten Präkambrium begann, und dass sich damals eine ungeheure Vielfalt von Gallertoiden entwickelte. Die Entwicklung zu den Haupttypen der Tiere nach Etablierung der Gallertoide mit Kanälen und protomuskulärer Verspannung erfolgte dann relativ schnell und war schon vor Beginn des Kambriums mit der Ausbildung aller wesentlichen Metazoenbaupläne abgeschlossen.

21. Die Protozoen- und Protophytenorganisation

Wie oben ausgeführt, muss für das Präkambrium die Existenz ganz eigenständiger Organisationstypen, etwa flächenhaft ausgebreiteter Formen, unterstellt werden. Sicher gab es auch primitive Formen der Lokomotion, etwa in der Art wie dies die Schleimpilze vorführen.

Mit Cilien angetriebene und die Nahrung in Kanälen aufnehmende Formen lebten vor allem im freien Wasser. Auch konnten sie das Substrat „abkehren“, sich also in wenig effektiver Weise substratnah ernähren. Der Weg an Land und der Übergang in das Sediment war ihnen versperrt, weil die zarten Konstruktionen ausgetrocknet wären und grabende peristaltische Bewegung bei Gallertoidkonstruktionen ausgeschlossen war.

Diese Konstruktionen mit ihrer Vielfalt wurden mit dem Aufkommen der Metazoen und Protozoen verdrängt. Ganz wesentlich war dabei die Etablierung der Mikrotubulistrukturen und ihrer Nutzung zum Antrieb in Cilien. Protozoen blieben, soweit sie Räuber waren (oder wurden) auf Phagocytose festgelegt: Sie lebten im freien Wasser, auf dem Substrat aufliegend, am Substrat festgeheftet und wahrscheinlich auch im Lückensystem.

Im Zusammenhang mit der Evolution der Protozoen sind die Ciliaten von besonderem Interesse. Sie wurden bislang lediglich als komplexester Seitenzweig der Protozoen aufgefasst und müssen nun in neuem Licht gesehen werden. Die Ciliaten sind relativ groß und gelten herkömmlicherweise als Deszendenten von Flagellaten oder Amöben. Sie zeigen zwar trotz ihrer Größe keine zelluläre Unterteilung, sind aber durch den Formkonstanz sichernden versteifenden inneren Aufbau, den äußeren Cilienbesatz und eine besondere Form von Vielkernigkeit von primitiven Gallertoiden ableitbar.

Die Entwicklung der Gruppe muss noch vor der eigentlichen Herausdifferenzierung von streng abgegrenzten Zellbereichen bei typischen Metazoen erfolgt sein. Vielkernigkeit war schon gegeben, ebenso der exakte Teilungen garantierende Spindelapparat. Auch ein kleines inneres Kanalsystem muss angenommen werden.

Eine Verkleinerung solch freibeweglicher Konstruktionen brachte Probleme für die gallertige Aussteifung des Kanalsystems mit sich, die ja von bestimmten Mindestmengen an Gallertsubstanz und einer entsprechenden Dimensionierung der Konstruktion abhängig war. Andererseits ermöglichte die Verkleinerung einen Übergang zu rascherer Aufnahme von Nahrungspartikeln in den protoplasmatischen Apparat selbst, wodurch die bewimperten Kanäle bis auf den Cytostombereich reduziert werden konnten. Der Weitertransport und die Verteilung konnte durch mechanischen Antrieb im Inneren erfolgen. Die Entsorgung wurde durch faserumspannte Kanalderivate wahrgenommen, aus denen sich kontraktile Vakuolen entwickelten. Ihre Entstehung ist aber nur bei anfänglicher aussteifender Stabilisierung überhaupt denkbar. Diese aussteifende Stabilisierung wurde allmählich durch ein Wechselspiel von auffüllendem osmotischem Druck und Kontraktion von umgebenden Fasern abgelöst.

Die ursprünglich regelmäßige Verteilung von Kernen wurde durch eine Differenzierung in einen weiterhin exakt reproduzierten Mikronukleus und ein größeres Aggregat von chromosomalem Material ersetzt, das als Makronukleus organisiert war und durch seine Menge die Proteinsynthesen in der gesamten Konstruktion sichern konnte. Bei ursprünglichen Formen dürfte dieser Makronukleus, der bei Teilungen nicht mehr so exakt wie der Mikronukleus reproduziert werden musste, langgestreckt organisiert gewesen sein, um schon allein durch seine Form den Organismus möglichst gleichmäßig zu versorgen. Ausgehend von solchen freibeweglichen Antezedenten konnte nun eine Radiation und Aufspal-tung in zahlreiche verschiedene Lebensformtypen erfolgen. Zahlreiche Ciliaten behielten die Cilienpropulsion bei, wobei sie verschiedene Formen und Cilienarrangements entwickelten. Bei anderen (z. B. *Stylonychia*) verschmolzen Cilien und es entwickelte sich eine quasi laufende Lebensweise, wodurch das Substrat als Lebensraum bereits auf dieser Organisationsstufe erschlossen werden konnte.

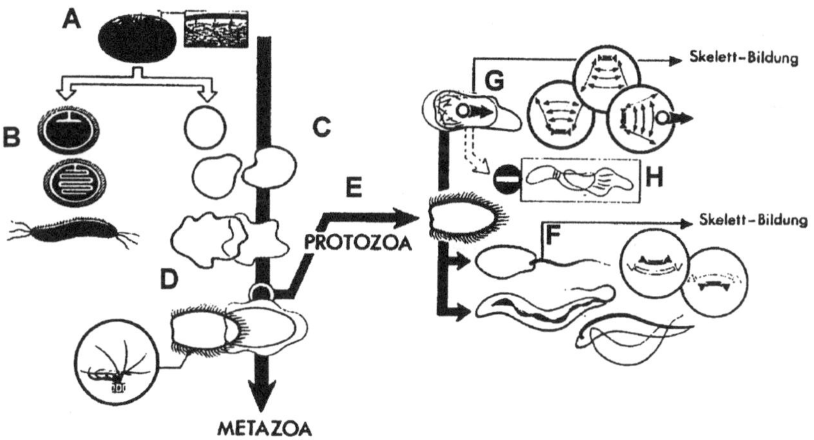

Abb. 21-1: Entwicklung auf der Ebene der Einzellerorganisation.
A: Grundausstattung mit Aktomyosin, in der Membran verankert und wirksam im Rahmen der Hydraulik. B: Prokaryonten-Entwicklung mit Zellwand, die den Körper stabilisiert; Lokomotion ist möglich bei Ausbildung von Bakteriengeißeln, welche die Wand durchdringen, die Zelle selbst bleibt immobil. C: Die Entwicklung zu den Eukaryonten; der Zellkörper ist durch Arbeiten der Verspannung beweglich. D: Nach Ausbildung der Mikrotubuli entstehen die Cilien als Antriebseinrichtungen. Sie stellen streng mechanisch geführte Systeme dar. E: Von vielkernigen, durch Cilien angetriebene Konstruktionen mit interner Gliederung durch ein endoplasmatisches Retikulum leiten sich die Protozoen ab. F: Im Gefolge der Verminderung der Cilienzahl bilden sich Flagellaten als Systeme mit strenggeführten Propulsororganen aus. Die Propulsion ist auf Hin- und Herbiegen zurückgeschnitten, durch Anlegung der Flagellen an den Zellkörper kann dieser beim Undulieren mitbewegt werden, sodass „Wurm"-Aktivität durch Gleiten von Mikrotubuli möglich wird. G: Verlust der Cilien führt zur amoeboiden Organisation, die sich durch vielfältige Aktivität und Deformierbarkeit auszeichnet. Das Substrat muss als Stabilisierungs-Einrichtung genutzt werden (X): Wurmantrieb durch Nutzung der Zellhydraulik ist auf der Protozoenebene nicht möglich, weil die innere Füllung auch verschieblich ist (Durchfahrtsverbot-Zeichen!). Skelettbildungen treten bei beiden Konstruktionstypen der Protozoen auf.
Wichtig ist, dass Einzeller jeder Art nicht die Vorläufer der Metazoen (und Metaphyten) darstellen. Vielmehr werden erst mit Ausbildung von Mikrotubuli-Apparaten, Cilien und Teilungsspindeln erst geordnete organisatorische Verhältnisse möglich, da sowohl Vielzelligkeit (durch Binnendifferenzierung) und Einzelligkeit durch strenge Beschränkung der Kernzahl möglich werden.

Letztendlich entwickelten sich auch sessile und semisessile Formen, bei denen entweder ein breiterer Anschnitt der Außenbegrenzungen oder ein dünner, kontraktiler Stiel die Verankerung bewirkte. Mit Hilfe des Cilienapparates konnten sich diese Formen weiter filtrierend ernähren.

Eine abermalige Verkleinerung von vagilen Ciliaten kann nun zu Umkonstruktionen geführt haben, die in echten Protozoen mündeten. Die Verkleinerung ermöglichte schließlich auch die Reduktion der Kernzahl, bis nur mehr ein Kern übrig blieb.

Die Verringerung der Körpergröße brachte aber auch (s. oben) eine Verringerung der Reynoldszahl mit sich. Der Cilienvortrieb, zumal durch ein langes, oder wenige peitschenartige Cilien wurde äußerst effizient. Folgerichtig muss angenommen werden, dass eine Verringerung der Cilienzahl auch den inneren, verankernden tubulären Apparat entlastete.

Die Formkonstanz konnte bei Rückbildung der inneren Aussteifung durch fasrige Verspannungen gesichert werden. Damit ist der Weg zu rezenten Protozoenkonstruktionen umrissen, der dann nicht mehr über sich allmählich komplizierende, Kerne ausbildende Bakterienabkömmlinge direkt zu den Einzellern erfolgen würde, sondern über vielkernige, komplexe organismische Konstruktionen, die zu Vorläufern sowohl der Viel- als auch der Einzeller werden.

Diese Sicht stimmt mit dem fossilen Beleg in überraschender Weise überein. Durch die umrissene Neuableitung und Charakterisierung der Protozoen als späte Entwicklungen in der Reihe organismischer Konstruktionen wird auch ihre relativ späte Dokumentation im Fossilbestand, dem „fossil record" verständlich. Die durch die Paläontologie erarbeiteten Fakten werden zur Bestätigung phylogenetischer Modelle.

Bei der vorgetragenen Ableitung kommt dem Spindelapparat und der Entwicklung exakter Teilungsmechanismen eine hervorragende Rolle zu. Diese konnten sich nur als Mittel zur Herstellung der wähnten physiologischen Einheitlichkeit etablieren und ihren Trägern in Konkurrenz zu anderen Organismen Vorteile verschaffen, die ihrer entbehrten oder weniger wirksame Teilungsapparate zur Verfügung hatten.

Wäre die exakte Weitergabe des genetischen Materials als Grundlage besserer Fortpflanzungschancen entwickelt und fixiert worden, hätte eine Optimierung, zumindest bei den physiologischen Mechanismen, den baldigen Stillstand jeder evolutionären Entwicklung bedeutet. Evolutionäre Veränderung kann aber eben gerade nicht wegen dieser Teilungsmechanismen und der sich ihnen verdankenden genetischen Stabilität ablaufen, sondern gegen sie, indem durch sexuelle Fortpflanzung und Veränderungen der mechanischen Konstruktion stammesgeschichtlicher Wandel erzwungen wird.

Somit gibt es einen weiteren Grund, die Protozoen von der Basis des Tier- und Pflanzenreiches wegzurücken. Sie bilden einen hochabgeleiteten Zweig (hochabgeleitete Zweige) derselben.

Indem in einer langen Folge von Schüben photosynthetisierende Prokaryonten aufgenommen wurden, entstanden immer wieder „Algen" von Einzellerstatus. Dieser Prozess der permanenten Neuorganisation durch Verkoppelung von phagocytierenden Räubern mit kleineren photosynthetisierenden Algen ist bis heute im Gange. Er dürfte schon früh im Präkambrium begonnen haben. Sollte es vorher schon schwebende bewegliche Formen mit Aerobie sichernder und Photosynthese erlaubender Endosymbiontenversorgung gegeben haben, so wurden diese Formen nach Ausbildung der Propulsion mit Cilien durch die effektiveren Konstruktionen mit Cilienbesatz oder mit Flagellumausstattung verdrängt. Die weiterentwickelten Konstruktionen waren wirksamere Räuber und wurden nach vollzogener Endosymbiontenbildung auch wirksamere Photosynthetisierer.

Gehen wir davon aus, dass zuerst der ganze Körper eine Cilienbedeckung hatte, so folgt, dass Einzeller mit wenigen Cilien oder mit Flagellen abgeleitete Konstruktionen sind, die sekundär starke lokalisierte Propulsoren ausgebildet haben. Geade diese Formen sind in der Lage, die auch Prokaryonten und andere Algen als Nahrung aufzunehmen. Diese Nahrung aber bietet sich dann wieder der Domestikation an, so dass erneut Endosymbionten entstehen können. Auf diese Weise kommt es in einzelligen Algen und Flagellaten zur Verkoppelung von Propulsionsfähigkeit, Phagocytosefähigkeit und Photosyntheseleistung mittels der eingeschlossenen Endosymbionten.

Damit aber bauten sich schon auf der mikroskopischen Ebene neue Stufen in den Nahrungsketten auf. Dass sich die Vielzelligkeit in Form von Belägen und in Tangform auch bei Pflanzen etablierte, können wir nur vermuten. Fadenartige Algen dürften früh entstanden sein. Im freien Wasser, wo gelöste Mineralstoffe und Sonnenlicht gleichförmig verteilt sind, blieben jedoch die einzelligen kleinen Formen immer vor denen im Vorteil, die Aggregate oder stark vergrößerte Konstruktionen bildeten, denn im Pelagial bringt die Vergrößerung der photosynthetisierenden Körper eher Nachteile. Einzellige und damit kleine Organismen investieren weniger Material und können sich bei dauernd weiterlaufender Photosynthese schneller teilen. Damit nutzen sie die räumlichen Ressourcen wirksamer als umfangreichere Metaphyten.

Anders ist die Situation beim Festsetzen vielzelliger Pflanzen auf dem Substrat, etwa in Küstennähe. Hierbei werden andere, sich im Lebensbereich festhaltende Formen von fädiger oder flächenhaft thallöser Organisation vorteilhaft. Für unsere Überlegungen ist jedoch diese Entwicklung von geringer Bedeutung, weil vielzellige Algen und Tange in der Biomasse nicht sehr ins Gewicht fallen und weil sie für die Erklärung der sich bildenden Vielfalt der Tierkonstruktionen keine entscheidenden Rolle spielen. Tange und grobe Pflanzen sind in aktiver Weise nutzbar wie felsiger Untergrund.

Für die Entwicklung der Tierkonstruktionen sind die planktischen Formen des Pelagials und des flacheren Wassers entscheidend. Sie bleiben erhalten und ihre Entwicklung setzt sich fort, weil die Investition von Material und Energie in verbindende und Aggregate sichernde Strukturen bei schwebenden Photosynthetisierern keine Vorteile bietet, sondern nur Probleme aufwirft. Der Vermehrung von vielzelligen Formen müsste eine Entkoppelung vorangehen oder die Vermehrungsfunktion müsste von spezialisierten Geschlechtszellen wahrgenommen werden.

Teilung und sexuelle Fusion fällt Einzellern leicht. Durch ihre hohe Reproduktionsrate können vor allem einzellige Algen sehr schnell alle disponiblen Räume nutzen. Man kann davon ausgehen, dass seit der Etablierung von mit Cilien beweglichen Konstruktionen immer eine starke Anreicherung des freien Wassers mit kleindimensionierten photosynthetisierenden Einzellern stattfand. Im Pelagial gab es also neben den Cyanobakterien schon früh einen starken Besatz mit Einzellern, die ihrerseits wieder photosynthetisierende Cyanobakterien als Symbionten aufgenommen hatten.

22. Schwämme

Die Schwämme, die mehrfach unter Nutzung verschiedener Skelettmaterialien entstanden, bildeten sich noch vor der vollen Ausbildung der Muskeln und des Nervensystems bei urtümlichen Metazoenkonstruktionen aus. Ihr Körper ist durch ein Skelett im Interstitium stabilisiert. Diese Stabilisierung gestattet es, dichte Kanalsysteme als Filtriereinrichtung aufzubauen. Auf der Basis von Gallertabstützung mussten die füllenden bindegewebigen Elemente der Konstruktionen viel voluminöser sein und waren den Angriffen von Fressfeinden stärker ausgesetzt. So werden die großen Überlebensorteile der nadelgespickten Schwämme einsichtig.

Die Kontraktionsfähigkeit von Zellen wird jedoch beim Verschluss von Poren genutzt. Da keine umfangreiche Muskulatur vorhanden ist und konsequent auch keine neuronale Koordination entwickelt werden kann, bleibt den Poriferen der Weg ins freie zurück Wasser verschlossen. Die Ausbildung einer Gallertestütze und der Übergang zu pelagischer Lebensweise blieb durch die Skelettbildung bei der Befestigung am Boden unterbunden Die skelettale Stabilisierung ermöglichte aber andererseits die Entwicklung beträchtlicher Größen. Interne Kanäle mit Cilien geben zwar gute Filtriereinrichtungen ab, sind aber als Rückstoßmechanismen wenig effizient. Selbstverständlich sind diesen nur zu rudimentärer muskelmotorischer Bewegungsweise fähigen Schwämmen auch die substratgebundene Lokomotion und das Eindringen in den Boden als Entwicklungswege verschlossen.

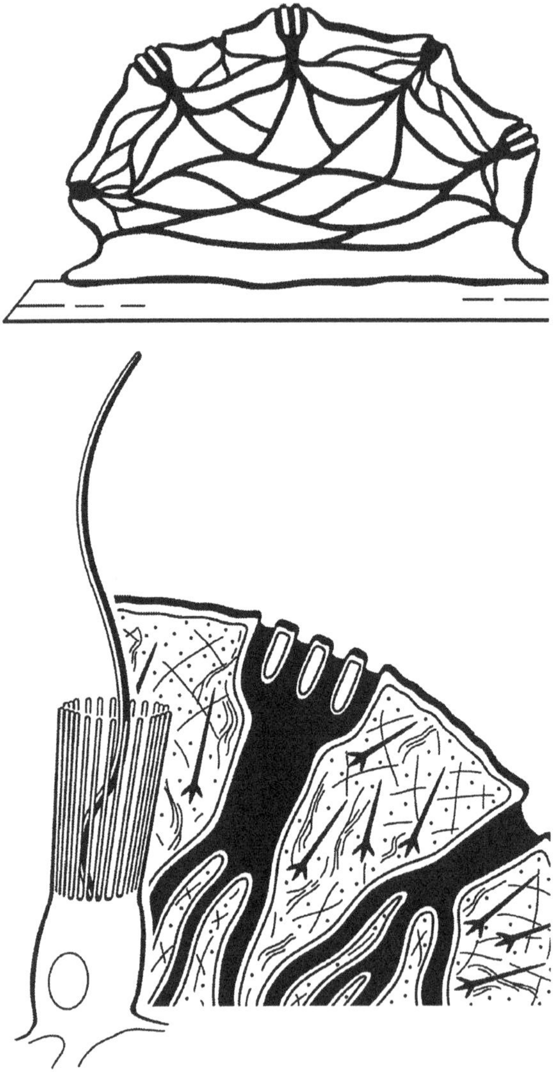

Abb. 22-1: Struktur und Aufbau der Porifera.. Oben: Gesamtschnitt, unten: Ausschnitt und Kragengeißelzelle.

23. Totalpropulsoren

Entscheidend für die Evolution der sich total verformenden Metazoen war der Übergang freilebender Gallertoide mit Cilienantrieb zu interner Verformung durch kontraktile Faserkomplexe, also zu muskelmotorischer Aktion. Diese wurde möglich, weil die Verspannung des Körpers durch kontraktile prospektive Muskelzellen den Körpers zu deformieren und so zu arbeiten vermochte. Voraussetzung hierfür bildete auf diesem Entwicklungsniveau einerseits die Stabilisierung durch Gallerte und andererseits die Ausstattung mit Kanälen, welche die Nahrung direkt zu den Muskeln, den Orten der intensivsten Energienutzung brachte.

Muskelmotorische Aktion von ciliär getriebenen Gallertoiden mit filtrierender Aufnahme von Kleinnahrung wurde nun zur Grundlage von zwei Evolutionsrichtungen.

Einerseits führte die Entwicklung zur Sessilität, indem die Fangapparate muskulär bewegt werden. Der Körper konnte dann die Kanäle, die zwischen dem verspannenden und formkontrollierenden Muskelgitter flüssigkeitsgefüllte Hohlräume bilden, ausweiten. Er wurde zum Hydroskelettsystem mit Gastralapparat. Die Muskeln wirkten auf die Flüssigkeitsfüllung, welche die Gallertestützung ersetzte. Tentakel ließen sich hydraulisch bewegen und zum Nahrungsfang einsetzen. Bei sessiler Lebensweise setzte sich sehr schnell die Tendenz zur Radialität mit nach allen Richtungen gleicher Ausformung der Fangorgane durch. Diese Entwicklungsbahn schlugen offensichtlich die im weiteren eingehender zu behandelnden Cnidarier ein.

Der andere Weg war der zur intensivierten Propulsion. Auf ihm musste der Umfang des Fangapparats stark beschnitten bleiben, weil der Propulsor mit seinen Anforderungen bei der Ausgestaltung der Konstruktion dominierte und weitgehend die Form determinieren musste.

Durch die aktive, muskelmotorisch bewirkte Durchquerung größerer Wasserkörper bewirkt, welche die effektiveren Propulsoren ermöglicht, wird der Energieinput gesteigert. Am Vorderende des Körpers werden bildet sich aus den Zugängen zu den Kanälen ein Mund aus. Cilien sind bei der Aufnahme von Nahrung hilfreich. Die Propulsion ermöglicht nicht nur effiziente Bewegung, sondern erhöht auch die Chance, mit Beute in Berührung zu kommen.

Während bei Ciliensystemen, bei denen nur wellenartige Aktivität Lokomotion bewirkte, die Körperlänge keinen besonderen Zwängen unterlag erzwang der Übergang zu muskelmotorischer Aktivität eine stärkere Streckung. Die ursprüngliche Art des Vortriebs dürfte dabei aus schlängelnder Biegung in horizontaler Ebene bestanden haben.

Dieser Schluss liegt nahe, weil der Schlängelablauf als der einfachste Bewegungsmodus am leichtesten durch das Nervensystem koordiniert werden konnte und sich in natürlicher Weise aus einfachen Deformationen und Suchbewegungen der noch gallertgestützten Vorläuferkonstruktion ergab. Mit der Streckung des Körpers wurde die Propulsion zwangsläufig effizienter.

24. Cnidaria

Als von Kanälen durchzogene und muskulär verspannte Filtrierer konnten Gallertoidkonstruktionen auch bei Fixierung am Substrat weiterleben und -arbeiten. An die Stelle der Lokomotion mit der durch sie bedingten Chance, auf Nahrung zu treffen, trat der vorbeigetriebene Wasserstrom, der vom fixosessilen Organismus um so besser genutzt werden konnte, je größer der Fangapparat wurde. Dieser unterband im Laufe seiner Entwicklung erst schrittweise und dann schließlich ganz die Fähigkeit zu freier Lokomotion. Die Aktivität des Fangapparats musste um so mehr intensiviert werden, je stärker die Lokomotion zurücktrat. Natürlich bildete sich die Körperkonstruktion schnell soweit um, dass das Filtrieren die Konstruktion auf Kosten der Lokomotionserfordernisse prägte. Das folgende Modell der Cnidarierevolution gibt in perspektivischer Verkürzung die Modelle von M. Grasshoff (1986, 1991) wieder.

Bei den Schwämmen war die Entwicklung von noch nicht mit Muskeln ausgestatteten Vorläufern aus auf einer primitiveren Ebene so vor sich gegangen, dass der gesamte Körper zu einer unbeweglichen Reuse mit skelettalem Gitter ohne Tentakel umgestaltet wurde. Bei der Ausbildung der Cnidarier war wegen der muskulären Ausstattung der Ausgangsformen ein anderer Evolutionsverlauf als bei den Poriferen eingetreten. Das Kanalsystem der ursprünglichen Gallertoidsysteme, die auch schon Muskeln und Nerven besessen haben, erfuhr beim Übergang zur Sessilität eine Erweiterung, füllte sich mit Wasser und drängte die gallertigen Muskelbindegewebsstrukturen zurück. Auf diese Weise traten in den sich in den freien Wasserraum vorwölbenden und Tentakel ausbildenden Formen Flüssigkeitsräume in einem sich allmählich etablierenden Hydroskelettapparat auf. Dieser Prozess stellt analog zur Coelom-Hydroskelettentstehung einen Vorgang der Einengung der versteifenden Gallerte dar, nun aber bei sessilen oder zur Sessilität übergehenden Konstruktionen. Die Beweglichkeit der sich zur Fangfunktion differenzierenden Gestalt basierte nicht mehr ausschließlich auf Verformung der Gallerte, sondern stärker auf der Deformation der reibungsfreien Flüssigkeitsfüllung im sich ausbildenden Gastralsystem.

Nach dem Übergang zur Sessilität bildete sich jede axiale Streckung und Gerichtetheit der frei beweglichen Vorläuferkonstruktion zurück. Wahrscheinlich betraf dies auch schon Ansätze einer ehedem vorhandenen Bilateralsymmetrie. Die radiale Ausgestaltung wird in der gegebenen Lage, da eine durch die Lokomotionserfordernis nicht mehr erzwungene axiale Ausrichtung und bilaterale Ausgestaltung entfällt, dominant. Vor allem bestimmt die Radialität das Arrangement der Arme, die in strahlig angeordnet werden. Auch die interne Verspannung durch Muskeln auf bindegewebigen Strukturen ordnete sich damit zwangsläufig in einem strahligen Muster an. Nahrung und Beute kommen von allen Seiten. Die Ausbildung der Arme als sehr bewegliche Einrichtungen, das Auftreten der Cniden, der Beute tötenden und Räuber behindernden Nesselzellen, weist darauf hin, dass der Fang größerer Beute, jenseits der Größe von Bakterien und einzelligen Algen, am Beginn der Entwicklung gestanden haben könnte. Cnidarier bildeten sich im Anfangsstadium nicht als Filtrierreusen, sondern als sessile hydraulische Fangapparate, als polypenartige Konstruktionen aus und gewannen damit einen ganz anderen Zugang zur substratgebundenen Lebensweise als die Poriferen.

Natürlich führte die Entstehung der hydraulisch aufgeblähten Fangarme zu einer Oberflächenvergrößerung, die es auch erlaubte, Feinstnahrung auf Schleimlagen zu fangen und durch Cilienbänder zum Mund weiterzutreiben.

Es liegt nahe, die Cnidarierentstehung erdgeschichtlich spät, nach Ausbildung von Anneliden, kleinen Arthropoden und anderen beweglichen Metazoen sowie ihren Larven, anzusetzen. Das würde verständlich machen, dass sie nicht als spezialisierte mikrophage Planktonfresser entstanden. Bis zum Vorliegen einer anderen Begründung erscheint dies als die näherliegende Vorstellung. Auf diese Weise werden die Cnidarier zudem endgültig aus dem Vorläuferbereich der Coelomatenkonstruktionen herausgenommen. Sie stellen einen ganz eigenständigen Entwicklungszweig der Gallertoidkonstruktionen dar. Sie sind Hydroskelettkonstruktionen eigenen Zuschnittes mit einem Gastralapparat, der die Nahrung aufnimmt und als Füllung der Hydraulik dient.

Auf jeden Fall entstanden so zuerst, vielleicht sogar in Form von kolonialen Belägen auf der Unterlage Anthozoen mit einem durch muskuläre Verspannungen untergliederten Gastralraum, der als Hydraulikfüllung und als Aufnahmebehälter von Nahrung diente. Diese wurde auf dem Mundfeld mit den Tentakeln gefangen. Auf einer solchen Grundlage wird auch verständlich, dass die starke Formkontrolle der Vorläufer mit Kanalsystem in der Gallerteversteifung die Voraussetzung für den Übergang zur Sessilität war. Sessilität und spezifische Radialität sprechen daher in keinem Fall für Urtümlichkeit.

Abb. 24-1(umseitig): Die Entwicklung und Entfaltung der Metazoengruppen aus Gallertoiden. Die Gallertoide entwickeln sich zu einer großen Formenmannigfaltigkeit. Noch vor der Ausbildung leistungsfähiger Muskelsysteme salten sich sowohl die Vorfahren der Ctenophoren als auch die der Schwämme (in mehreren Linien) ab. Die Schwämme gehen zur Sessilität über und erreichen ebenso wie die Ctenophoren sehr unterschiedliche Größen.

Eine weitere Entwicklungslinie führt zu den sessilen Cnidaria, die durch weitgehende Rückbildung der Gallerte einen großen Innenraum erhalten. Bei einigen Gruppen von ihnen kommt es schließlich zur Bildung beweglicher Stadien.

Aus beweglichen Gallertoiden, die schon eine leistungsfähige Muskulatur entwickelt haben, entwikelt sich durch lokale Erweiterungen des inneren Kanalsystems die Coelomaten, von denen letztlich zwei Hauptentwicklungsstränge, eine zu den Anneliden und eine zu den Chordaten führende, abzweigen.

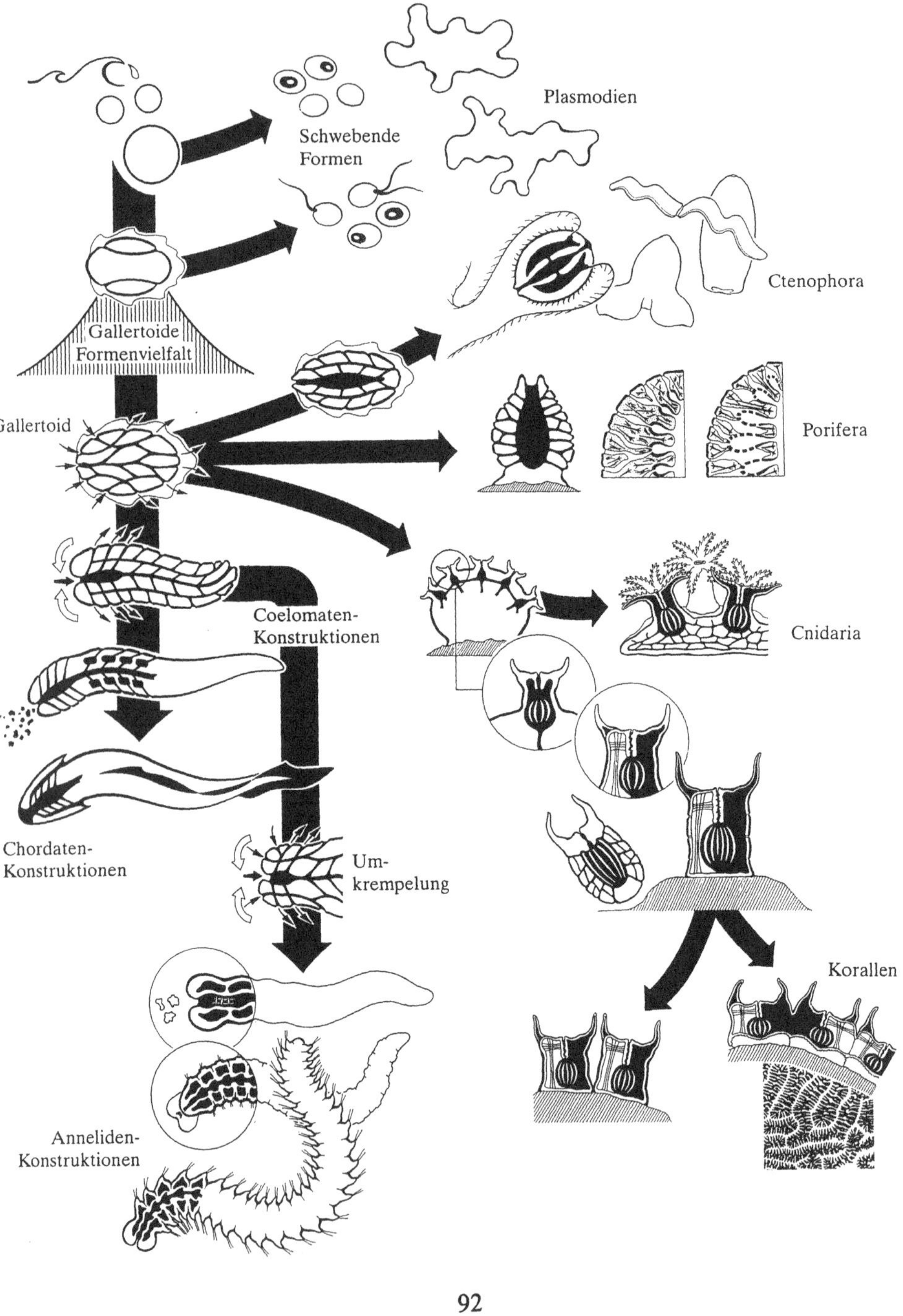
Plasmodien
Schwebende Formen
Ctenophora
Gallertoide Formenvielfalt
Gallertoid
Porifera
Coelomaten-Konstruktionen
Cnidaria
Chordaten-Konstruktionen
Um-krempelung
Korallen
Anneliden-Konstruktionen

25. Das Problem der sofortigen kolonialen Organisation oder der primär solitären Durchgestaltung

Die Erfordernis der starken Kontraktion zu ständig wiederholtem Auswurf der nach Verdauung der Nahrung verbrauchten Gastralraumfüllung erzwang die Ausbildung von Mesogloea, eines Bindegewebes, das nicht von Muskeln durchzogen wird. Die Muskeln bilden Lagen auf der Außenseite der Bindegewebsblätter und greifen, sich zu Epithelmuskelzellen wandelnd, äußerlich am Bindegewebe an. Es muss also zu einer Entflechtung von Muskeln und Bindegewebe gekommen sein. In dieser Anordnung können sich Tentakel und Körperwand extrem zusammenziehen, wodurch die völlige Entleerung des Gastralraums möglich wird.

Im Rahmen dieser Entwicklung musste ein Rückziehapparat in Form starker Muskeln als Rest des alten Muskelgitters erhalten bleiben. Die Muskeln wurden als Rückzieheinrichtungen des Mundfeldes und der Tentakel in das radiale Ordnungsschema eingezwungen. Sofort mit der Etablierung der an die Gastralfüllung gebundenen Hydroskelettfunktion musste sich der Aktinopharynx als röhrenförmige Mundöffnung ausbilden. Er war ein Rohr, das sich durch radiale Muskeln weitete und durch den Innendruck wieder automatisch schloss. Damit bildete er eine Grundbedingung des konstruktiven Übergangs zu den Cnidarierkonstruktionen. Die Öffnungsfunktion des Mundrohres erforderte radiale Muskeln, die ihrerseits wieder das radiale Muster der Grundorganisation mitbestimmten. Die interne Verspannung der Gastralraumfüllung aus in alle Richtungen des Raumes ziehenden Muskeln bildete ein Muskelgitter. Die Gallertorganisation wird so trotz des Hydroskelettgefüges noch deutlich. Mit der Möglichkeit, das Mundrohr aufzuziehen, konnte nun auch größer dimensionierte Nahrung aufgenommen werden.

Die Anthozoen erreichten eine große Formenvielfalt, blieben aber immer auf dem Niveau der Filtrierer stehen. Nur wenige Formen, Einzeltiere bei den Hexakorallen und manche Kolonien, graben sich auch in das Sediment ein. Dazu nutzen sie das Hydroskelett ihres Körpers. Die ist ein weiterer Beleg dafür, dass nur hydraulische Konstruktionen mit peristaltisch beweglicher Füllung ins Sediment eindringen können, bevor viel später skelettmuskulär bewegte Organismen auftraten.

Wie so viele sessile Tiere fanden auch Cnidarier den Weg ins Pelagial zurück, indem sich die Mund-Tentakelbereiche kleiner Polypen von ihrer Unterlage abschnürten und lösten und dann, frei mit den Tentakeln schlagend und das Mundfeld deformierend, weiterlebten. Der Körper der abgeschnürten Tentakel- und Mundapparate entwickelte beim Ausfall des hydraulischen Gesamtrahmens des Polypen eine gallertige innere Stabilisierung, durch welche die Glockenbewegung der Medusen möglich wurde. In der Medusengeneration, der größeren und weiterwachsenden Konstruktionsphase, reiften wie in den Polypen Gonaden heran. Allmählich beschränkte sich die Bildung von Gonaden immer mehr auf die Medusengeneration. Dadurch wurden die Polypen im sich allmählich etablierenden Generationswechsel zur ungeschlechtlichen Generation.

Die Polypen, welche die Medusen abschnürten, konnten zunehmend kleiner werden oder klein gehalten sein, so dass sich in den inaktivierten konstruktiven Polypen schon früh, gleichsam auf Vorrat und Umbau einsparend, die Medusenorganisation vierstrahlig und mit Gallerte versteift, aufbauen konnten. Man muss davon ausgehen, dass die Medusenbildung nur bei kleinen, oder sich verkleinernden Polypen möglich wurde. Auf diese Weise wurde die Organisation der anthozoenartigen Vorläufer in den Polypenkonstruktionen gleichsam beseitigt und die Polypenkonstruktion prospektiv auf das Endstadium der Meduse hin mit Gallertestabilisierung durchstrukturiert. Damit war zwingend die Verlagerung der Geschlechtsfunktion in die Medusenphase verbunden. So etablierte sich irreversibel eine organisatorische Strukturierung, welche die gesamte weitere Entwicklung mitbestimmte. Die Gonadenausformung ließ sich nicht mehr in die kleinen Polypenstadien zurückholen und die Medusengeneration konnte nicht mehr aufgegeben werden.

Als Ausscheidungen der Fußplatte zu stabilisierenden Röhren für die zarten Polypen aufgebaut wurden, ergaben sich von den verkleinerten Polypen aus neue Evolutionswege. Die Stabilisierung durch die Röhren erlaubte bei Hydrozoen die Ausbildung von sich vergrößernden, sich in der Filtrierleistung stark verbessernden Kolonien. In miteinander verbunden bleibenden Gruppen von Einzelpolypen wurden Kolonien ausgebildet und eine komplizierte räumliche Organisation bei arbeitsteiliger Differenzierung wurde erreichbar. Eine sekundäre Wiedervergrößerung der schlauchartigen Polypenkonstruktionen war wegen der starken Vereinfachung nicht mehr möglich. Zuwachs an Komplexität ließ sich nur durch Aufstaffelung vieler kleiner Einheiten zu Kolonien erreichen.

Die Medusenbildung erfolgte primär weiter durch Abschnürung von Polypen her, die nun an den kolonialen Stöcken saßen. Beim zunehmenden Prävalieren der Koloniebildung wurde auf verschiedenen Entwicklungsbahnen die Abschnürung der Medusen in unterschiedlichem Maße zurückgenommen. Die Medusen persistierten als zu Geschlechtsorganen schrumpfende Einrichtungen auf der kolonialen Unterlage.

Den Ablauf der hier nur grob skizzierten Entwicklung und die Aufspaltung in organisatorische Vielfalt hat Grasshoff (1994) ausführlich dargelegt. Wichtig ist, dass in der evolutiven Abfolge die komplex gekammerten Formen ursprünglichere Stadien vertreten und die einfachen Schlauchtypen der Polypen hochgradig abgeleitet sind. Dieser Transformationsweg der Cnidarier ist irreversibel und schließt zwingend an die Herleitung von Gallertoidkonstruktionen an. Von den vereinfachten Polypenkonstruktionen aus ist eine komplizierende Entwicklung nicht mehr, bzw. nur noch durch Koloniebildung mittels Vermehrung der verzwergten Einzelindividuen möglich.

26. Die Coelomatenkonstruktionen

Die Coelomatenkonstruktionen bildeten sich aus noch durch Gallerte gestützten Würmern. Dabei strukturierte sich, wahrscheinlich auf mehreren Entwicklungsbahnen, ein internes Kanalsystem zu einem durchgehenden Darm, einem umgebendem Coelom und nephridialen Kanälen um. Im formkontrollierenden und Deformationen erzeugenden Gitter der muskulären Verspannungen konnte das von der Gallertoidebene ererbte Kanalsystem und der sich bildende Darm nur ein enges Rohr bilden. Die Coelombehälter mussten sich in vielgliedriger Form in das Muskelgitter einfügen.

Die Hohlräume fügten sich unter Weitung und Füllung mit Flüssigkeit in das Muskelgitter ein. Dabei verdrängten sie die Gallerte zunehmend. Die neue Konstruktion konnte sich mit ihrer Hydroskelettapparatur viele Lebens- und Bewegungsweisen erschließen, denn sie war vielfältig einsetzbar und somit ökologisch gerade nicht angepasst oder auf enge Bedingungen festgelegt. Als urtümliche Lebensweise kommt nur das Schlängelschwimmen bei filtrierender Ernährung, wohl bevorzugt im Pelagial, in Frage.

Zwingend ist, dass die primitiven Coelomaten als gallertig zarte Gebilde die filtrierende Ernährungsweise von ihren Vorfahren übernahmen. Das Kanalsystem mit seinen engen Öffnungen und einer Vielzahl von Längskanälen ließ keine andere Ernährungsform zu. Die relative Enge der Kanäle war durch die Funktionsweise der Cilien erzwungen.

Auch nach der schrittweisen Ausbildung der Hydroskelettfüllung müssen Reste der gallertigen Stabilisierung noch lange weiterbestanden haben, denn für die Fortbewegung war weiterhin der äußere Cilienbesatz zuständig, von dem eben ein Teil in Form der Kanalauskleidung nach innen verlagert war.

Eine solche Konstruktion konnte auch noch keinen muskulösen Mundabschnitt ausbilden, sondern nur eine mit Cilien ausgestattete und durch Gallerte randlich versteifte vordere Einströmöffnung, aus der sich erst in weiterer Folge, zugleich mit verschiedenen anderen tiefgreifenden Umkonstruktionen, verschiedene Formen von Mündern und Schlünden ausbildeten. Diese stellten dann auch die Art der Nahrungsausfnahme radikal um, indem sie vom Einstrudeln mittels Cilien zu aktiven Bewegungen mit neugebildeten Muskelapparaten übergingen.

Dieser Fall trat mit der allmählichen Ausbildung des als Hydroskelettfüllung wirkenden Coeloms ein. Das Coelom ist ja ein Hydroskelettsystem, das sich, auch wenn es durch Muskelverspannungen sehr kompliziert geformt ist, um den Darm lagert und Druck auf diesen ausübt. Wenn der Darm nicht selber unter Druck stünde, würde er durch das Coelom ausgepresst. Eine Gefahr, die bei Gallertstützung natürlich nicht besteht. Der Mund musste also bei den sich allmählich entwickelnden Coelomaten in dem Augenblick verschließbar sein, in dem das Coelom die Gallertstrukturen als formbestimmende Mechanismen ablösen. Das selbe gilt für die Ausströmöffnungen, deren Zahl sich in der neuen Situation aus Ökonomiegründen sehr schnell auf eine reduzieren musste. Nur zur Nahrungsaufnahme und zur Entsorgung wurden die nunmehr muskulösen Öffnungen, deren Verschluss- und Öffnungsapparate sich sukzessive komplizierten und damit auch effizienter wurden, geöffnet. Sphinkterartige Bildungen entstanden, die noch weiterführende Entwicklungen durchliefen. Dies gilt für die Gesamtheit der annelidenartigen Protostomier, die als voll entwickelte Hydroskelettsysteme ihren Mundrand umkrempeln können.

Als phylogenetisch ursprünglicher müssen diejenigen Coelomaten begriffen werden, die primär keinen sphinkterartigen Verschluss des Mundes und eher einen ausgesteiften Mundrand oder Ränder um andere Eingänge beibehielten. Im Vorderbereich des Darmes konnte sich bei ihnen eine wirksamere Filtrierreuse ausbilden. Sie trat auf, als die Konstruktion noch über ein genügendes Maß gallertiger Verteifung verfügte. Die Vertreter dieser Organisationsstufe sind die Chordaten, die ursprünglich filtrierend leben, wie dies für den Übergang von den Gallertoiden her auch zu fordern ist.

27. Die Evolution der Chordatenkonstruktionen

Die Chordaten stammen, wie schlüssige Rekonstruktionen ergeben, unmittelbar von der urtümlichen Stufe der Coelomaten, von schlängelnden, wurmartig gestreckten Vorläufern ab. Sie behielten die Filtrierfähigkeit durch Kanäle als Ernährungsform bei. Der Filterapparat durchlief aber eine beträchtliche Komplizierung zur Kiemenreuse. Dies geschah wohl, nachdem der Fortbewegungsapparat mit Chorda- und Myomerenorganisation eine enorme Leistungssteigerung erfahren hatte. Wie die urtümlichen Coelom-Hydroskelette mussten die Chordaten zuerst und noch für lange Zeit ihren gesamten Körper entlang seiner gesamte Erstreckung zum Antrieb nutzen.

Die Antriebsleitung wurde vor allem durch die Entstehung der Chorda beträchtlich verbessert. Diese ist ein mit polsternden Zellen ausgestatteter bindegewebig-gallertiger Bereich im Mesenterium oberhalb des Darmes.

Die Chorda etablierte sich, indem sich in der Körpermitte gelegene sich längs erstreckende Reste einer gallertig stabilisierten Konstruktion, die aber schon von hydroskelettalen Hohlräumen, Bindegewebe und Muskulatur umgeben waren, zu einer stabförmigen Bildung umwandelten. Sie wurde bei entsprechender Gruppierung der Coelomsäcke mit einer Bindegewebshülle abgeschlossen, welche die polsternden Zellen und die Flüssigkeit festhielten und räumlich stabilisierten. Bei der Chordabildung war die Ausweitung des Coeloms um den Darm hilfreich. Dadurch entstand ein Bereich, aus dem die Füllflüssigkeit immer schwerer abfließen konnte. Das Chordaorgan setzte sich dem mechanischen Einfluss der Längsmuskeln entgegen. Eine teleskopierende Wirkung beim Schlängeln konnte so leichter als mit den Querschnitt verspannenden Muskeln unterbunden werden. Durch ständig aufrechterhaltene Längenkonstanz beim Schlängeln sind ja nur die seitlichen Exkursionen, d. h. Verbiegungen, bewegungswirksam. Sie werden bei den Chordaten von den sich beträchtlich verstärkenden Längsmuskeln erzeugt, die aber ohne das Gegenhalten von formkontrollierenden Muskeln den Körper verformen würden.

Die entscheidende Leistungsverbesserung ergab sich nun vor allem dadurch, dass mit der Sicherung der Längenkonstanz durch die Chorda und durch die Dissepimente die formhaltende Muskelverspannung des Körpers vereinfacht werden konnte. Nur die Längsmuskeln blieben als reine Propulsionseinrichtungen übrig. Das übrige, vorher für die Formsicherung verantwortliche Muskelgitter konnte reduziert werden. Die verbleibende Längsmuskulatur, welche die Schlängelbiegungen des Körpers bewirkte, wurde kompakter und vermehrte sich. Auf diese Weise entstanden die effektivsten Propulsoren des Tierreiches.

Alle Chordaten und Cranioten sind also von Formen mit körperlangem Antrieb herleitbar. Sie entsprangen einer frühen Radiationsstufe freilebender, aber schon wurmförmig gestreckter und filtrierender Gallertoide, die im Übergang zur muskelmotorischen Propulsion eine wahrscheinlich beachtliche, doch fossil nicht repräsentierte Diversifizierung erfahren hatten.

Auch die Vorfahren der im Hinblick auf Antrieb und Filtrierleistung sehr effektiven Cranioten waren mit Sicherheit Totalpropulsoren. Die gesamte Ausgestaltung des Kiemenapparates und des Schädels am Vorderende des Propulsors verlief jedoch in fossil nicht erhaltungsfähigen Konstruktionen. Erst die skelettal ausgesteiften Organisationstypen tauchen als Fossilien auf und markieren auch schon die Ausbildung des Schädels mit Gehirn und großen Fernsinneorganen.

Die Etablierung der Chordaten- und sogar der Craniotenorganisation war mit großer Wahrscheinlichkeit schon am Beginn des Kambriums abgeschlossen. Die Bauplankonstitutionen auch der anderen Coelomaten erfolgten sicher in der Endphase des Präkambriums. Der erste und quasi einleitende Schritt der Craniotenentwicklung, welcher die Überlegenheit dieser Konstruktionen sicherte, war nicht die Entstehung des Schädels, sondern die eines Branchialkorbes, dessen Durchströmung mittels muskulären Antriebs der Branchialpumpe zunehmend effektiver besorgt wurde. Die dazu erforderlichen kontraktilen Elemente entstanden durch Umgruppierung der vordersten Körperstammmuskeln. Je effektiver der Branchialantrieb aber war, desto mehr und größere Beute konnte aufgenommen werden. Erst auf dieser konstruktiven Grundlage ist die Ausbildung des Schädels mit seinen Fernsinnesorganen und dem Gehirn denkbar. Außerdem ist sie nur bei effektiveren Formen und solchen, die ihre Beute auch erkennen können überhaupt zweckmäßig, und von selektorischem Vorteil.

Über die früher sehr weite Verbreitung und die große Diversität dieser Konstruktionen können wir heute nur Vermutungen anstellen. Die Conodonten dürften der frühen Entwicklungsphase der Chordaten entstammen. Auch die Acranier haben hier ihre Wurzel. Die filtrierenden Coelomaten und primitiven Chordaten wurden im Pelagial mit Sicherheit erst durch die leistungsfähigeren, aber später aufgetretenen Wirbeltiere ausgelöscht. Bevor dies geschah, sind auf allen Stufen der Chordaten- und Cranioten-Entwicklung Radiationen und Parallelentwicklungen in mehreren Schüben wahrscheinlich. Das, was sich bei den fossil belegbaren Wirbeltieren schon auf der Ebene der Agnathen und fischrtigen Formen erkennen lässt, das Durchlaufen immer gleicher Entwicklungswege, kann für die fossil nicht repräsentierten Vorstadien kaum und wenn, dann nur gegen jede Konstruktionslogik in bestritten werden.

Es fügt sich in den theoretischen Rahmen der stammesgeschichtlichen Rekonstruktion, anzunehmen, dass auf den verschiedenen Stadien der Schädelentwicklung nach Entwicklung der jeweiligen Sensorik samt verrechnenden Gehirnbereichen Diversifizierungen und radiative Aufspaltungen auftraten. Denkbar sind kurzköpfige Cranioten mit hauptsächlich olfaktorischer Ausstattung und Vorderhirn, solche mit Augen, die optische Orientierung ermöglichten und beim Übergang zum Bildsehen das Mesencephalon ausgestalteten, ebenso Stadien mit verschiedener Ausprägung des Lateralissystems und endlich die fertigen Konstruktionen mit Otikalabschnitt und voll ausgebildetem Hinterhirn in Beziehung zum Gleichgewichtssystem.

Die Ausgangskonstruktion des Totalpropulsors erzwingt diese Abwandlungsschritte. Unklar bleiben nur die Dauer dieser Entwicklungen und die Positionen der Radiationen im jeweiligen stammesgeschichtlichen Ablauf.

Die effektiveren Cranioten mit ihrem sehr wirksamen, aber nicht mehr körperlangen Propulsor, ihrer Ausstattung mit Fernsinnesorganen und Gehirn verdrängten sehr schnell die ihren primitiveren Vorläuferkonstruktionen ähnlichen filtrierenden Formen im Pelagial. Sie konnten aber nicht verhindern, dass Filtrierer mit cilienbetriebenen und damit urtümlichen

Branchialreusen in Form fixosessiler und im Sediment grabender Organismen erhalten blieben. Es gab hier Bereiche, in denen komplexere und im Propulsorapparat leistungsfähigere Cranioten keine Vorteile erringen konnten.

Acranier, Hemichordaten und Tunikaten drangen nach Verlassen des Pelagials in Lebensräume ein, die anderen hochaktiven Konstruktionsformen, wie den Cranioten, verschlossen waren. Sie entwickelten sich gleichsam aus dem Einzugsbereich der progressiven Cranioten heraus, die bei freier Lebensweise hohe Stufen der Effizienz erreichen. Die Cranioten können sich als hochaktive Formen überall im freien Wasser und in allen Buchten, Seen, Flüssen und sogar an Land durchsetzen. Sie können aber nicht mehr wirklich sessil, tubikol oder grabend werden. Hierin liegt der Grund dafür, dass wir auf Seitenzweigen die Belege für die Grundorganisation der Chordaten in manchen Aspekten (Merkmalen) erfassen können, während urtümliche Chordaten und Cranioten im Pelagial fehlen.

28. Chordaten dringen ins Sediment vor

Die Fähigkeit der Chordaten, ins Sediment vorzudringen, demonstriert das Lanzettfischchen *Branchiostoma*. Dieses Tier kann sich mit Hilfe seines Chorda-Myomerenapparates in grobes Sediment einwühlen.

Durch Nutzung des Filtrierapparates, der auch dann funktioniert, wenn die Tiere lokomotorisch inaktiv sind, schafften Chordatenkonstruktionen aber nicht nur den Übergang ins grobe Sediment, zum Graben im Sediment als Acranier, sondern auch zur sessilen Lebensweise der Tunikaten. Im Zuge der Ausbildung eines Grabapparates am Vorderende vermochten sich Chordaten vom Acranierzuschnitt ins bindige Sediment vorzuarbeiten und sich nach Ausbildung eines Rüssels in Röhren als Enteropneusten und Pterobranchier (unter Einschluss der sekundär schwebend gewordenen Graptolithen) filtrierend zu ernähren.

Die grabenden Enteropneusten und die röhrenbewohnenden Pterobranchier belegen, dass Chordatenabkömmlinge in den Boden vordringen können. Sie bildeten jedoch nie eine den ganzen Körper umfassende hydraulische Wurmkonstruktion aus, sondern nutzten, wenn sie sich nicht wie *Branchiostoma*, nur im groben Sand einwühlten und im Sediment filtrierten, ein zur Teilhydraulik umgestaltetes Vorderende zum Graben.

Der Grund für die Ausbildung der Hemichordatenorganisation, die nach dem Übergang zum Graben im Sediment entstanden sein muss, liegt darin, dass die dominierende Längsmuskulatur eines Chordaten nicht mehr zu einem hydroskelettalen Wurmschlauch umgestaltet werden konnte. Es ist nämlich schwer oder überhaupt nicht zu erklären, wie sich Muskeln ohne Störung und mit Effizienzgewinn allmählich aus dem Längsverlauf zu ringförmigen Elementen umorganisieren hätten können. Diese Entwicklungssperre war rigoros, weil der Filterapparat des Kiemenkorbes erhalten blieb; er wäre mit einer Wurmhydraulik, die ja eine intakte pralle Körperwand über einer an Ort gehaltenen Füllung auch und gerade des Darms erfordert, überhaupt nicht vereinbar gewesen.

Die Vorfahren der Graptolithen lösten sich ausgehend von kolonialer Organisation pterobranchierartiger Vorfahren vom Substrat. Dies war dadurch möglich, dass sie im Bereich der Verankerung blasenartige Auftreibungen bildeten.

29. Die Evolution der Ascidienkonstruktion

Der Übergang von typischen Chordaten- zu den Tunikatenkonstruktionen verlief in einer getrennten Entwicklungsbahn so, dass die cilienbetriebene Filtrierleistung voll propulsionsfähiger Chordaten auch bei sich auf dem Substrat festsetzenden Formen weitergeführt wurde. In dieser Situation kam es, als Ausgleich für den Wegfall der schlängelschwimmenden Lokomotion, die vorher den Nahrungsinput gesichert hatte, bei gleichzeitiger Differenzierung zur Vergrößerung des Branchialgitters und damit zur ausgleichenden Intensivierung der filtrierend genutzten Durchströmung. Pari passu verfiel, außer in den verzwergten Larvenformen, die Fähigkeit zur Lokomotion mittels des Chorda-Myomerensystems. Der Chorda-Myomerenapparat wurde schrittweise bei Verlust der Fähigkeit zur Propulsion zurückgebildet. Der Vorderkörper verwandelte sich in eine sackartige Konstruktion mit weitem Branchialkorb. Eine oberflächliche Bedeckung aus verfestigtem Schleim diente in der Entwicklung vielleicht zuerst als Schutz, dann aber auch als Stabilisierung des Körpers und sicherte bei muskelbetriebenem Ausstoß des Wassers aus dem Kiemenkorb mit Hilfe von Muskeln, die in der Wand des Peribranchialraumes lagen, die Restitution der Form. Die zähe Elastizität der Tunika bewirkte die Wiederausweitung des durch Muskelaktion verkleinerten Branchialkorbes.

Die Biegung des Mundes nach oben brachte den entstehenden Ascidien den Vorteil, dass die Aufnahme von Detritus aus Substratnähe vermieden wurde. After und Atrioporus (der Ausgang des Peribranchialraumes) mussten nach oben gedreht werden, weil so der nach unten wirkende Rückstoß des ausgefilterten Wassers und die Ablösung der Konstruktion vom Substrat vermieden wurde. Die Verlagerung von Mund, After und Atrioporus nach oben trat wahrscheinlich schon in dem ersten Stadium der Entwicklung ein und leitete den Abbau des typischen körperlangen Chordatenpropulsors noch vor Rückbildung des Schwanzes ein.

Der durch die Chorda längenkonstant gehaltene Antriebsapparat der Chordaten blieb bei Auftreibung des Rumpfbereiches nur im Schwanzabschnitt der verzwergten Larven der Tunikaten erhalten. Die Verzwergung führte zu einer Verengung des Schwanzes. Die Muskeln wurden an der Chorda verankert, die Myomerengliederung samt Myoseptenstrukturierung des Bindegewebes wurde aufgelöst und das Rückenmark blieb als dünner Nervenstrang erhalten.

Manche Ascidien bildeten ausgehend von Einzeltieren Kolonien aus. Damit wurden feste Substratbereiche entweder durch dichte Trauben von Kolonien besser nutzbar, oder aber mehr krustenförmig angelegte Kolonien vermochten sich auch auf heftiger überströmten Unterlagen in günstigerer Weise festzusetzen.

Sicher handelt es sich bei der Koloniebildung von Ascidien um das Ergebnis von exzessiver Regeneration, die bei sessilen Tieren wegen häufiger Beschädigungen vorteilhaft ist und die Erzeugung ganzer Individuen als Regenerate erleichtert. Spontane Regeneration bei exzessiver Reparaturfähigkeit dürfte die Koloniebildung ascidienartiger Formen eingeleitet haben. Es entstanden locker gebündelte Formen, aber auch solche, welche die Einzeltiere in geordnete Form, in ein Arrangement, bei dem zum Beispiel die Ausströmöffnungen zusammengefasst wurden, brachten.

30. Die Rückkehr der sessilen Tunikatenkonstruktionen ins Pelagial

Es gab von den Chordaten aus offenbar viele Ansätze, die Nahrungskette näher an der biomassemäßig mächtigeren Eingangsstufe wieder anzuzapfen. Als Belege dafür stehen die Pyrosomen, die Copelaten und die Salpen aus dem Konstruktionskreis der Tunikaten. Die ins Pelagial zurückkehrenden Chordaten sind jedoch durchweg Filtrierer, nie wirkliche Räuber, die den Cranioten Konkurrenz machen könnten. Die leistungsfähigeren Cranioten vermögen ihrerseits die planktonische Feinnahrung selbst dann nicht mehr zu nutzen, wenn sie wieder Filtrierer werden, was auf der Organisationsstufe der Fische häufig geschieht. Dies erscheint dann nicht mehr als Zufall, wenn man die konstruktiven Beschränkungen des muskelbetriebenen Branchialkorbes begreift. Die Größe der ausfiltrierten Nahrung kann nicht mehr in beliebiger Weise vermindert werden, wenn erst einmal eine grobe muskelbetriebene Kiemenpumpe bei den Cranioten existiert, in der die Verengung der Reuse ihre Grenzen hat. Nur Formen, die noch die cilienbetriebene Apparatur beibehalten haben, können im freien Wasser die Feinnahrung wirklich nutzen. Sie geraten dann aber auch nicht mehr ins Konkurrenzfeld der Cranioten mit ihrer gesteigerten Propulsionsleistung.

Als Filtrierer, die aus dem freien Wasser Nahrung aufnahmen, behielten die sessilen Chordaten die organisatorisch-konstruktiven Potenzen, erneut ins freie Wasser vorzustoßen. Filtrieren als Ernährungsleistung legt keinen Organismus auf einen bestimmten Lebensraum fest. Dies liegt daran, dass der Kiemenkorb mit Cilien als Ventilierorganen ausgestattet ist , womit er auch in Ruhelage funktionieren kann, nach der Lösung vom Substrat aber auch eine im Pelagial wieder genutzt werden kann.

Für die Übergangsphase war die Entstehung einer neuen Propulsorik nötig, sei es unter Nutzung von larvalen Strukturen oder des zur Filtration genutzten Wasserstromes. Einzelne Seescheiden schafften den Übergang ins freie Wasser. Sie nutzten den heftigen Ausstoß des Wassers im Falle der Lösung vom Substrat als Vortriebsmechanismus und wurden bei Umorganisation und Verlagerung der Einström- und Ausströmöffnungen zu rückstoßschwimmenden Salpen. Sicher kam es im Übergang zu vorübergehender Sessilität und Lockerung von unstabilen Grundlagen. Die Tunika blieb eine elastisch wirkende Weitungseinrichtung des bei Rückstoßerzeugung durch Muskelaktion verengten Kiemenkorbes. Lokomotorische Propulsion ist in zwei Richtungen, also rückwärts und vorwärts, möglich, doch nur die Durchströmung vom Mund her kann nutritiv genutzt werden.

Zwei Stadien der Entwicklung sind in der heutigen Tierwelt realisiert: Die sehr viel weniger effektiv rückstoßbetriebenen Dolioliden und die eigentlichen Salpen. Die Dolioliden besitzen noch einen klar erkennbaren Branchialapparat mit mehreren Kiemenbögen, der vom Wasser durchströmt wird, aber die Rückstoßpropulsion nicht in dem vollen Maß wie bei den Salpen zu nutzen gestattet. Die Salpen kennen nur noch ein Paar Kiemenstege. Zwei verschiedene Nutzungswege der Konstruktion werden damit deutlich.

Die Tunika der Rückstoßschwimmer bleibt eine elastisch wirkende Weitungs- und Rückstelleinrichtung des bei Rückstoßerzeugung verengten Kiemenkorbes. Lokomotorische Propulsion ist in zwei Richtungen möglich, nur die Durchströmung vom Mund her kann nutritiv genutzt werden.

Aber auch ursprünglich krustenartige und sich dann zu Vollformen aufstaffelnde Kolonien von Seescheiden, die vereinte Ausfuhrkanäle und einen der Egestion von Wasser dienenden Innenraum besaßen, vermochten den ausgestoßenen Wasserstrom aus der Vielzahl der Einzeltiere bei Abhebung von der Unterlage und Etablierung einer röhrenförmigen Konstruktion mit enger Ausströmöffnung als Rückstoßmechanismus zu nutzen. Gallertige Auftreibung und so auch Erleichterung des Rahmens der Konstruktion erlaubte bei Vergrößerung das Schweben im Wasser zuerst unter Einsatz des Wasserausstromes, bei Vergrößerung auch ohne Rückstoß und ermöglichte die Ausbildung der umfangreichen pelagialen Pyrosomenkonstruktionen.

Eine eher unerwartete Neueroberung des Pelagials leisteten die Copelaten, die ausgehend von überlang am Festsetzen gehinderten Larven ascidienartiger Formen den Schwanz weiter als Antriebsorgan nutzen. Man muss sich vorstellen, dass die verspäteten Larven im Übergang damit begannen, die schon ausgeschiedene Tunika, in der sich bei der Lokomotion vorbeigetriebene Feinnahrung festheftete, als Fangeinrichtung zu nutzen. Die voll ausgebildeten Larvaceen perfektionierten diese Art der Ernährung bei intermittierendem Schwimmen mit dem Schwanz. Mittels des gegenüber dem Rumpfteil abgeknickten Schwanzes treiben sie Wasser mit Feinnahrung an sich vorbei. Zum Nahrungsfang setzen die voll entwickelten Copelaten in der sich etablierenden freilebenden Phase dann nicht etwa den Branchialapparat ein, sondern nutzen die frühen Tunikaausscheidungen als Fangreuse für Feinnahrung. Diese Ausscheidung des Tunikamaterials erhielt eine Umgestaltung zum oft gewechselten Fang- und Filtrierapparat, aus dem mit dem Mund die Nahrung aufgenommen wird. Der Branchialapparat verfiel der Reduktion. Nur ein Paar Kiemenspalten sind vorhanden.

Im Hinblick auf die Gesamtentwicklung der tierischen Organismen ist wichtig, dass ein Rückweg von der Tunikatenkonstruktion zu Totalpropulsoren vom Chordatentyp konstruktiv nicht möglich ist. Gleiches gilt natürlich auch für die anderen Chordatenabkömmlinge, die Enteropneusten, Pterobranchier und alle Echinodermenkonstruktionen. Bei ihnen sind die konstruktiven Vorbedingungen für die erneute Ausbildung eines Chorda-Myomerenapparats nicht mehr gegeben.

Nimmt man alle Seitenzweige der Chordaten zusammen, so dokumentieren sie, in welch hohem Maße verschiedene Tierkonstruktionen immer wieder die verschiedenen Lebensräume erschließen können. Jede Erschließung ist durch die je erreichten Vorkonstruktionen determiniert. Die Lebensräume zum Beispiel für die Pelmatozoen, sowie das Stadium der vorangegangenen Formen mit Branchialapparat entstehen erst neu. Lebensmöglichkeiten werden erst mit der Ausbildung der Konstruktionen erkennbar. Gleichzeitig aber wird deutlich, wie zwingend und unübersteigbar die Irreversibilität bei Ausbildung der Chorda war und wie sich nach dem Verlust der Chorda neue Momente der Unumkehrbarkeit ergaben.

31. Die Radiation der Echinodermen

Die Echinodermen sind letztlich Chordatenabkömmlinge, die von Vorfahren vom Zuschnitt der Hemichordaten abstammen. Sie leisteten den Übergang vom Leben in einer Sedimentröhre zum Filtrieren außerhalb der Röhre und werden wohl primär auf festem Untergrund beim Herauswachsen aus einer im Übergang als Unterlage genutzten Röhre zu fixosessilen Formen mit radialen Armen und Tentakeln um eine kelchartige und mit Stiel versehene Konstruktion geworden sein. Somit formierten sie neben Cilien muskulär bewegliche Fangarme und auf ihnen stehende muskulär aktive hydraulische Tentakel. Auf dieser Grundlage etablierte sich die Vielfalt der Pelmatozoa, des primären, jedoch heute nur noch in den Crinoiden vertretenen Organisationsstadiums der Echinodermen. Anhaften auf festen Unterlagen war bei den meisten Pelmatozoa nötig. Einzelne Formen kontnen bei radialer Organisation zur freien, ja wie die Antedons zeigen sogar freischwimmenden Lebensweise übergehen. Ganz offensichtlich bildeten die Echinodermen vielfach ihre eigenen „Quallenkonstruktionen", also mit Armen radial rudernde Organismen, aus.

Eine große Vielfalt zeigten die Pelmatozoa im Paläozoikum. Es sei hier nur auf die vielfältigen Crinoidenformen sowie auf die Blastoideen und Carpoideen verwiesen.

Ausgehend von den sessilen und strahligen Konstruktionen war den Echinodermen schon früh die Rückkehr zu freier Beweglichkeit auf dem Substrat möglich, denn der Armapparat konnte zur Lokomotion und das Tentakelsystem auch auf dem Substrat zum Abkehren der Unterlage genutzt werden. Dabei lösten sich die festsitzenden Kelche vom Substrat und wurden, indem sie sich auf die Mundfläche legten und sich auf ihr fortbewegten, zu lokomobilen Formen, die auf der alten Fangfläche mit Hilfe von Armbewegungen oder durch Mithilfe der Tentakel krochen. Auf diese Weise wurde für Schlangensterne (Ophiuridenkonstruktionen) und die sich aus ihnen entwickelnden Seesternkonstruktionen (die Asteroiden) die gesamte Fläche des Meeresbodens nutzbar.

Carpoideen wurden, ebenfalls auf eigenen Entwicklungslinien und noch vor Ausbildung der Eleutherozoaeigenheiten, lokomobil. Dabei verloren sie ihre radiale Organisation. Sie entstammten einem Evolutionsstadium der Echinodermen, in dem noch Kiemenspalten vorhanden waren, die den eigentlichen Körper seitlich abgeflacht hielten. Sie fiellen bei Lösung vom Substrat und beim Übergang zur freien Lokomotion gleichsam auf eine Seite und werden so in ganz eigentümlicher Weise lokomobil. Dies hängt damit zusammen, dass die Carpoideen einem frühen Stadium der Entwicklung entstammen, bei dem die Radialität des Kelches noch nicht voll ausgebildet war. Der Branchialapparat erzwang im Bereich des Kelches eine seitliche Abflachung, so dass bei Ablösung von der Unterlage eine spezifische Position zustande kam, welche die verschiedenen Carpoideen in allen ihren Entwicklungsreihen klar vorführen.

Bei den echten Eleutherozoa war nach Rückbildung der Kiemenspalten die Radialität und die für die Echinodermen typische Skelettversteifung in der Konstruktion fest etabliert. Beim Übergang zu freier Lokomotion musste die radiale Organisation primär beibehalten werden.

Bei Ablösung vom Substrat fielen die Tiere gleichsam aufs „Gesicht", sie bewegten sich auf dem Mundfeld weiter und nutzen die Tentakel als Filtrier- und Kehreinrichtungen.

Der Übergang der radialen und vom Kiemenapparat befreiten Pelmatozoa zu den Eleutherozoa wirft im Hinblick auf Lückenlosigkeit keine größeren Erklärungsprobleme auf, wenn man bedenkt, dass festsitzende Formen nach Möglichkeit nicht nur das sie umgebende Wasser ausfiltrieren, sondern auch die Oberfläche des sie umgebenden Substrats um sich herum abkehren. Dies ist mit Laufen auf der Unterlage verbunden. Das Laufen auf der Mundfläche ist dann nach der Ablösung vom Substrat nur noch die Fortsetzung einer vorher schon „normal" genutzten Ernährungs- und Bewegungsweise. Aus sessilen, sich vom Boden ablösenden Pelmatozoa dürften die ersten Eleutherozoa geworden sein, die im ersten Schritt das Filtrieren am Substrat beibehielten, indem sie den Boden gleichsam abkehrten und die dort verdickte Kleinnahrung aufnahmen. Die Ophiuridenkonstruktionen markieren grosso modo dieses Stadium.

Nutzen die Ophiuridenkonstruktionen noch die Arme zur Lokomotion, die Tentakel aber zum Abkehren des Bodens, so wird bei den Asteroiden der Tentakelapparat zum Laufen auf dem Boden und zum Festhalten von größerer Nahrung genutzt. Gorgonenhäupter unter den Ophiuriden kehren sogar vom primitiven Eleutherozoenstadium zur filtrierenden Lebensweise zurück, indem sie mit ihren stark verzweigten Armen eine Filtrierreuse um den Körper herum bilden.

Von den Ophiuridenkonstruktionen führt der Weg zu den Echinoiden, den Seeigeln, die sich am Substrat mittels der Tentakel festhalten, den Mundrand aber beim Festhalten mit den Tentakeln nach allmählicher Umgestaltung zum System mit beweglichen Platten als kieferartiges Organ nutzen, das es gestattet, größer Nahrungsteile aufzunehmen und den Bewuchs abzunagen. Die höchste Perfektion erreichte die Beweglichkeit des versteiften Mundrandes bei den Echinoiden, welche die Laterne des Aristoteles bildeten.

Den Übergang zu den sekundär wurmförmigen Holothurien dürfte man von Seeigeln aus zeichnen, die sich nach „oben" verlängerten und quasi auf die Seite fielen, wonach sie sich auf den Ambulacralfüssen zu bewegen, zu „laufen" begannen. Das den Körper versteifende Skelettgerüst bildete sich zu gesonderten Skelettelementen zurück, wodurch eine Weichkörperkonstruktion entstand, die auch den Mund aktiv öffnen und schließen konnte.

Diese Holothurienwürmern können auf dem Substrat, im Boden und selbst im Pelagial leben. Sie zeigen wieder die Vielfalt der lokomotorischen Potenzen, die in anderer Form schon bei den primitiven Coelom-Hydroskelettwürmern vorgestellt wurden.

32. Anneliden als peristaltisch arbeitende Coelomatenkonstruktionen.

Die schlängelnde Grundorganisation der Coelomaten stellt sich uns als noch gallertig stabilisierte Organisation mit vielen verschiedenen lokomotorischen Potenzen dar. Wir können davon ausgehen, dass auf dieser Organisationsstufe im Pelagial und in Bodennähe eine große Vielfalt ausgebildet war, die durch die spätere Entwicklung leistungsfähigerer Konstruktionen verdrängt wurde. Die Konstruktionen, welche die weitere Entwicklung bestimmten, waren einerseits die schon behandelten Chordaten und räuberischen Cranioten. Auf der anderen Seite bildeten sich in einer getrennten Entwicklungsbahn die Anneliden als die typischen „Würmer" aus. Den Übergang zu diesen Wurmkonstruktionen kann man am besten verstehen, wenn man bedenkt, dass den urtümlichen, bevorzugt filtrierenden Coelomatenkonstruktionen die Nahrungsaufnahme sicher auch in Nähe der Sedimentoberfläche möglich war.

Wenn entsprechende konstruktive Abwandlungen, verbunden mit Verhaltensänderungen beim Übergang zur peristaltischen Bewegung in Substratnähe eintraten, konnte Nahrung auch vom Substrat, zuerst noch filtrierend, aufgenommen und inkorporiert werden. Diese Leistung verbesserte sich, wenn der Mundbereich zumindest eines der Längskanäle verformt werden konnte und dann durch Umkrempelung auch größere Nahrungspartikel aufzunehmen vermochte. Eine solche Änderung der Mundapparatur war natürlich nur im Zusammenspiel mit der organisatorischen Abwandlung des gesamten Körpers möglich. Das ursprüngliche Schlängeln konnte ausgehend von schlängelnden Vorläufern in sprungloser Form über stärkere Deformationen des Körpers in eine peristaltische Bewegungsform übergehen, die das Kriechen auf dem Substrat erlaubte. Mit dieser Transformation zum Hydroskelett trat also an die Stelle vieler Längskanäle ein sich neu gliedernder Kanalapparat mit einem weiten Darm und darum herum gruppierten Coelomkompartimenten. Damit entstand die Annelidenkonstruktionen mit dünner faltbarer Körperwand über einer den Darm ungebenden und den Körper mit Flüssigkeitsräumen polsternden Coelomfüllung aus. Auf dieser Entwicklungsbahn trennten sich die Anneliden von der Grundorganisation der Coelom-Hydroskelettsysteme mit gallertiger Stabilisierung endgültig und schlugen eine eigene Entwicklung ein, die von der der Chordaten wegführte.

Mit dem Überwiegen der peristatischen Bewegungsweise dehnte sich das Coelom als Füllung des Hydroskelettapparates aus. Der Körper erhielt eine zunehmend dünnere und sich der peristaltischen Verformung immer weniger widersetzende Wandgliederung. An die Stelle des sich verdünnenden Bindegewebes trat als Verspannung der Körperwand eine aus Ausscheidungen gebildete straffe Cuticula, die jedoch mit der zunehmenden Verdünnung der Körperwand leicht in Falten gelegt werden konnte. Die Umgestaltung des eher glatten Gallertoidkörpers in eine stark verformbare zieharmonikaartige Hydraulikkonstruktion erlaubte starke Verformungen allein durch verfaltende Bewegungen bei verminderter innerer Walkung der Körperwand. Der energetische Vorteil liegt auf der Hand. Beim Zurücktreten des Bindegewebes lösten sich auch die Muskeln aus dem vorher vorhanden gewesenen

Gallertesystem der „fleischigen“ Körperwand und bildeten ein den hydraulisch wirkenden Innenraum dreidimensional verspannendes Muskelgitter. Die Querwände des Wurmkörpers wurden zu dünnen muskeltragenden Dissepimenten.

An den einzelnen Segmentabschnitten entstanden Ausfaltungen, die sich gegen das Substrat zu stemmen vermochten und so, die Peristaltik unterstützend das Zurückrutschen beim Kriechen verhinderten, die Parapodien. Die Bildung dieser Parapodien wurde durch die lokale Ausscheidung geformten Sekrets, in diesem Falle von Chitin, erleichtert. In Borstenform aus tiefen drüsigen Einsenkungen der Haut ausgetrieben, bieten diese Sekrete den sich allmählich vergrößernden, mit Muskulatur und Bindegewebe erfüllten Parapodien eine mechanische Stütze, die einerseits den ontogenetischen Formierungsprozess ermöglicht und andererseits teilweise die Funktion eines Innenskeletts erfüllt. In voller Ausprägung stellten sich die Parapodien als durch Borsten versteifte Anhänge dar, die auch als Ruderplatten und als zuerst wenig effektive Laufeinrichtungen wirken konnten.

Parallel mit der geschilderten Transformation des Körperstammes erfolgte eine neue Ausgestaltung auch des Mundbereiches. Er musste durch Muskeln verschlossen werden und erlaubte Nahrungsaufnahme nur noch durch Umkrempelung des Mundrandes. Diese Transformation ging bei Umstellung der Nahrungsaufnahme in der Nähe des Substrats vor sich. Größer dimensionierte Nahrung der verschiedensten Art konnte vor allem auch vom Substrat aufgenommen werden. Dabei ging allerdings die ältere Fähigkeit zum Filtrieren verloren.

Im Verlaufe der skizzierten Entwicklung war die Annelidenkonstruktion entstanden, die besonders leicht peristaltische Bewegungen vollführen konnte und aber gerade deswegen nicht mit den primitiven Coelomaten, vor allem auch nicht mit den Chordatenvorläufern, gleichgesetzt werden darf.

33. Die Vielfalt der Anneliden

Wichtig ist, dass sich die Annelidenkonstruktionen eine ganze Reihe sehr different erscheinender Lokomotions- und Lebensweisen erschlossen. Es war ihnen nämlich neben dem peristaltischen Kriechen auf dem Substrat auch Laufen auf den Anhängen, Graben im Sediment, zudem aber auch, als Rückweg, schlängelndes Schwimmen bei Nutzung der Parapodien als Ruderplatten und bei unterstützender Biegung des Körpers möglich. Auch Vertikalschlängeln war eine der möglichen Optionen. Dadurch wurde eine große Vielfalt bei der Nahrungsaufnahme, sogar räuberische Lebensweise etc. möglich. Die funktionellen und ökologischen Potenzen werden noch heute an den erranten Polychaeten und deren „Vielfalt" erkennbar.

Wesentlich erscheint aber, dass das peristaltische Kriechen auch den Weg zum peristaltischen Einbohren ins Sediment und zum Leben in der Röhre eröffnete.

Bemerkenswert und geradezu ein Beleg für den sekundären Übergang ins freie Wasser ist, dass bei den meisten Polychaeten, die aktiv schwimmen, die Schlängelwelle von hinten nach vorne läuft. Sie unterstützt nur die Parapodienbewegung, die den eigentlichen Ruderschlag durchführt. Im Schlängeln der Anneliden kann also nicht die alte Antriebsweise der Coelomaten erkannt werden, weil ein Schlängelablauf von hinten nach vorne keinen Vortrieb ergibt, wenn keine Parapodien vorhanden sind. Es liegt bei Anneliden nur sekundäres Schlängeln von vorher schon stärker substratbezogenen Formen vor, bei denen die alte Schlängelung ausgesetzt hatte, als sich die substratnahe Lokomotion, wohl bevorzugt in Form der Peristaltik, ausgebildet hatte. Auch daran wird deutlich, dass die Anneliden keine Chordatenvorläufer sind.

Von allergrößter Bedeutung ist der Übergang der Anneliden zur grabenden Lebensweise. Dieser Übergang wird erst mit Ausbildung der voll hydraulischen, ohne gallertige Restversteifung auskommenden Annelidenkonstruktion möglich. Die hoch effektive Annelidenkonstruktion vermochte sich mit ihrem total verformbaren Körper ins Sediment einzudrücken, sich durch Peristaltik Raum zu schaffen, der dann durch abwechselnde Verengungen und Ausweitungen des Körpers im Ablauf der Peristaltik zum Gang wird. Sobald die Möglichkeit zum Eingraben gesichert war, konnte sich der Wurm, die Wand des Sedimentes als Widerlager nutzend, weiter voranschieben. Vom pressenden, peristaltischen Graben im Sediment führte dann in der Phylogenese ein sprungloser Übergang zur tubikolen Lebensweise.

Die Probleme, die heute noch viele Anneliden haben, wenn sie sich in den Boden einzupressen versuchen, weisen darauf hin, dass der Übergang ins Sediment sehr schwierig war. Den allermeisten „niederen" Tierkonstruktionen steht daher dieser Lebensraum gerade nicht offen. Die hydraulischen Annelidenkonstruktionen haben sich jedoch mit ihrer effektiven und vielfältig einsetzbaren Körperkonstruktion neben dem Substrat auch das Sediment als Lebensraum und damit die Möglichkeit tubikoler Lebensweise erschlossen, weil die hydraulisch und peristaltisch arbeitende Wurmkonstruktion diesen Lebensraum sehr gut nutzen konnte und kann. Auch eine Vielfalt von Lebens- und Ernährungsweisen erschlossen sich die Anneliden mittels ihrer zur Peristaltik befähigten Konstruktion.

Die Nahrungsaufnahme durch die stark deformierbare Konstruktion wurde durch die Ausbildung einer Rüsselapparatur verbessert. Diese baute sich als eine Einrichtung auf, die eine leichte Umkrempelung des Mundrandes mit Vor- und Rückverschiebung verbindet und so Nahrung einzuziehen erlaubt.

Beim peristaltischen Eindringen in den Boden ergab sich sowohl die Möglichkeit der räunerischen Ernärung im Sediment als auch der Weg zum Sedimentfressen. Der mittels Peristaltik durch die Röhre getriebene Wasserstrom konnte außer für die Respiration filtrierend genutzt werden, indem entweder der Wasserstrom direkt ausgefiltert oder das mit Feinnahrung angereicherte Sediment gefressen wurde. Zudem entwickelten sich oft Tentakel, die aus der Röhre herausgestreckt werden und den Übergang zum Filtrieren ermöglichten. Für den Übergang braucht man nur zu unterstellen, dass äußere Falten des Körpers aus dem Wasserstrom feine Partikel fingen und die Fangleistung durch Perfektionierung der Falten und ihre Zerlegung in einzelne enge Schläuche zum Tentakelsystem effektiv gestaltet wurde.

Der Übergang zum grabenden und tubikolen Leben wurde von Anneliden vielfach und in verschiedener Weise vollzogen. Dies ist deswegen leicht möglich, weil mit Verbesserung der peristaltischen Bewegungsleistung eine Apparatur entstand, die besonders gut geeignet war, ins bindige Sediment einzudringen. Der hydraulische Apparat war nämlich durch Weitung und Verengung im Ablauf des peristaltischen Geschehens besonders leicht und unter Beibehaltung der Grundkonstruktion, oft bei Verlust der Metamerie, zum Graben fähig und eröffnete damit den Weg zum tubikolen Leben. Dabei ergaben sich, jeweils bei Beibehaltung der zur Peristaltik besonders befähigten Grundorganisation, viele Transformationswege. Es zeigt sich, dass unter gleichen Umweltbedingungen ganz unterschiedliche konstruktive Möglichkeiten realisiert werden konnten.

Teils wurde nach Ausbildung der Tentakel der Darm reduziert, wie bei Pogonophoren und Vestimentiferen. Manche Formen bildeten nach völliger Reduktion der Metamerie im Hinterbereich einen U-förmigen Darm mit weit vorne liegendem After aus. Dies bedeutete insofern eine Ökonomisierung, als der Körper, weil der After schon am Vorderende lag für das Koten nicht mehr bewegt werden musste. Die Phoronoiden, Brachiopoden und Bryozoen, aber auch die Sipunculiden bilden hier Beispiele.

Wurde bei einem derartigen Übergang das Hinterende mit Borsten schon früh nach dem Vordringen ins Sediment als Verankerungseinrichtung gebraucht, wie bei den Echiuriden, war eine U-förmige Anlage des Darmes unmöglich. Der After konnte nämlich beim Vorliegen eines Ankers aus vielen Borstenreihen nicht durch den Borstenkranz nach vorne verlegt werden. Die Nutzung des Hinterendes als Anker war jedoch nur von einer frühen Metameriestufe aus möglich, weil sofort die Borsten der Parapodien zur Einkrallung in der Gangwand benutzt werden mussten. In der weiteren Entwicklung verschwanden dann die Parapodien, doch konnte der After dann nicht mehr durch dieses Verankerungsorgan wandern.

Auch konnte sich ein Tentakelapparat an gesonderten Coelomsegmenten, wie er bei tubikolen Formen auftritt, nur dann ausbilden, wenn die Ausformung der Tentakel schon früh, vor der mit der tubikolen Lebensweise häufig verkoppelten totalen Reduktion der vorderen Dissepimente begann.

Der früh entstehende Tentakelapparat musste die segmentalen Coelomräume als Hydraulikfüllung sofort, vor dem Fortschreiten der Entmetamerisierung, okkupieren. Später, nach Rückbildung der vorderen Dissepimente, war dies nicht mehr möglich, weil eine Neuentstehung von kompartimentierenden Wänden nur über dysfunktionale Zwischenstadien führen konnte, also für den zu rekonstruierenden Ablauf ausgeschlossen war. Solche Polychaetenkonstruktionen, die durch Entmetamerisierung den ganzen Vorderkörper zu einem einheitlich hydraulischen Apparat ohne Dissepimente und Muskelverspannung umgebildet haben, konnten sekundär kaum zu Tentakelfiltrierern mit separater Hydraulik in den Tentakeln werden. Tentakel, die sich dann natürlich jederzeit aus cilientragenden Bereichen des Integumentes bilden konnten, haben eine parenchymatische aber keine flüssige Füllung.xxx

Tubikole Würmer mit Filtriereinrichtungen konnten Kolonien bilden und mittels ausgeschiedenen oder aus Sedimentkörnern gebauten Röhren Krusten ausformen. Der Weg zurück zur freien Lokomotion auf dem Substrat oder im freien Wasser bot sich wegen der Behinderung durch einen großen Tentakelapparat nicht mehr an, ebensowenig der Körperstamm von stark oder völlig entmetamerisierten Formen als konstruktive Grundlage für freie Lokomotion oder gar Schwimmen im Pelagial. Auch das Vordringen ins freie Wasser war Einzeltieren nicht möglich. An die konstruktive Möglichkeit der Ablösung von Kolonien vom Substrat bei Ausbildung von Schwebeeinrichtungen sollte man aber denken.

Die Graptolithen, aber auch die Pyrosomen zeigen, wie oben dargestellt, dass bei bestimmten Voraussetzungen, die das Schweben erleichtern, Kolonien ins freie Wasser vorstoßen können. Auch bei den Cnidariern beobachtet man in den Staatsquallen abgelöste Kolonien mit sekundärer Schwimmfähigkeit. Entsprechungen fehlen aber bei den Annelidenabkömmlingen. Auch ins freie Wasser drangen nur wenige Polychaetenformen vor. Dies geschah meist, indem die Parapodien als stark vergrößerte Paddeln genutzt werden.

Bei Verzwergung der Konstruktion unter Beibehaltung der peristaltischen Bewegung konnten metamere Anneliden grundsätzlich segmental bleiben, aber wegen der geringen Größe ihre Anhänge verlieren. Die relativ kleinen „Archianneliden“ sind somit als Reduktionsformen, sicher aber nicht als urtümliche Stadien der Annelidenevolution zu verstehen. Der Übergang zum Graben im Boden, eine Leistung, die vor Entstehung von Formen mit Extremitäten oder hocheffektivem Körperstamm nur durch Hydroskelettkonstruktionen mit wurmförmiger Streckung zu erbringen war, hat eine ganz besondere Bedeutung im Hinblick auf eine mögliche zeitliche Festlegung der aufgezeigten Entwicklung in der Erdgeschichte. Grabgänge und Röhren haben eine sehr gute Chance, als Lebensspuren auch in ältesten Sedimenten fossil zu werden. Beim Vorliegen solcher Hinweise auf endobenthonische Lebensaktivität kann man auch zeitlich markieren, wann im Verlaufe der Erdgeschichte die Coelom-Hydraulikkonstruktionen voll ausgebildet bestanden haben müssen. Nur schon ausgebildete Coelom-Hydroskelettkonstruktionen vermögen ins Sediment vorzudringen. Frey & Seilacher (1980) erkannten dies, als sie präkambrische Grabspuren Coelomaten zuschreiben, sie zogen aber daraus übereilt den Schluss, dass damit ein Hinweis auf die Entstehungsbedingungen des Coeloms selbst vorliege. Damit übersehen sie, dass das Coelom nicht im Sediment gebildet werden kann, sondern als konstruktive Voraussetzung schon vorhanden gewesen sein muss, als Anneliden in den Boden vordrangen. Im Hinblick auf den Nachweis der ersten Grabspuren von Würmern kann hiermit eine Problematik an die Paläontologie weitergegeben werden, die wichtige Belege suchen kann.

Der Übergang von Annelidenkonstruktionen ins Sediment muss in vielen getrennten Schüben abgelaufen sein. Wir kennen heute noch im Bereich der Polychaeten alle Stadien der Reduktion von innerer Coelom- und Metanephridienmetamerie und des Verlustes der externen metameren Anhänge. Zudem sind in Phoronoiden, Echiuriden, Sipunculiden und Pogonophoren weitere hochgradig oder völlig entmetamerisierte Organismen von wurmförmigem Zuschnitt bekannt. Sie verlängern die sich innerhalb der Polychaeten abzeichnenden Trends zur Entmetamerisierung bei grabender und tubikoler Lebensweise über die taxonomischen Grenzen der Anneliden hinaus. Man kann diese Organismen direkt an die Annelidenorganisation anschließen und somit alle oligomeren, monomeren und kryptometameren Wurmgruppen unter die Anneliden subsumieren. Außerdem wird deutlich, dass die Potenz von voll hydraulischen Annelidenkonstruktionen in vielen Linien und in vielen Zeitabschnitten immer wieder genutzt wurde.

Die Vielfalt der entmetamerisierten Würmer ist nur dann verständlich, wenn man davon ausgeht, dass die Option, grabend in den Boden vorzudringen, für wurmförmige Hydroskelettkonstruktionen immer besteht und seit Entstehung der Anneliden im späten Präkambrium auch immer wieder wahrgenommen wurde.

Der Belag des Sedimentes und des festen Untergrundes mit mikroskopischen Organismen sowie das bodennahe tierische Kleinleben wird ausgehend von den Annelidenkonstruktionen (besser als bei den vorangegangenen schwebenden und noch gallertig versteiften Konstruktionen) als Nahrungsquelle nutzbar. Der umkrempelbare Mund erlaubt, ohne schon ein Abweiden des festen Bodens und der Aufnahme angehefteter Nahrung möglich zu machen, substratnahe Organismen sowie die nahrungsreichen Sedimentschichten wirksam aufzunehmen. Auch die wichtigsten Entwicklungslinien, die ihren Ausgang von den Anneliden nehmen, können als Weiterentwicklungen der Substratbindung der Anneliden verstanden werden. Dabei übergehen wir hier die ins Süßwasser und aufs Land vordringenden Oligochaeten und konzentrieren uns auf die Arthropoden und Mollusken. Dabei stellt bereits der Übergang zum Graben und zum Leben in der Röhre eine Spezialisierung der Substratbindung dar.

34. Der Arthropodenübergang

Die Entwicklung der Arthropoden nahm ihren Anfang bei Annelidenformen, die mit muskulösen Anhängen versehen waren. Die Cuticula, die den Körper bedeckte, verdickte und verstärkte sich allmählich, und zwar sowohl an den zentralen teilen als auch an den Parapodien. Dadurch ging die Deformierbarkeit des Körperstammes stark zurück, so dass die Ausbildung steifer Segmenteinheiten möglich wurde. Seitlich bildeten sich durch Verlängerung und Verbreiterung der parapodialen Anhänge richtige langgestreckte Beine. Folgerichtig trat die Bewegung der sich entstehenden Beine immer stärker an die Stelle der lokomotorischen Aktion mit dem Körperstamm. Deren Leistung wurde effektiver, weil die Muskeln, besonders die proximalen im skelettal stabilisierten Vorderkörper einen festen Insertionsrahmen erhielten. Schritt für Schritt bildete sich ein Skelettmuskelapparat mit effektiveren Bewegungen, die auch aus abgehobenem Laufen auf den Beinen bestanden.

Die Beinbewegung ließ die Fortbewegung dieser Konstruktion auf allen nur denkbaren Unterlagen zu. Sie gestattete auch das Vordringen ins Sediment, weil effektives Graben durch Scharren mit den Beinen möglich wurde. Die Beinbewegung wurde auch unter Nutzung von ladenartigen Verbreiterungen der Anhänge zur Erzeugung eines Wasserstromes zum Munde gebraucht, der das Filtrieren von Kleinnahrung in Substratnähe, eingegraben im Boden und bei schwimmender Fortbewegung erlaubte. Sehr wahrscheinlich war schon in der ersten Phase der Entwicklung, als sich aus den noch plattenartig breiten parapodialen Anhängen die Extremitäten ausformten, die Erzeugung eines Wasserstromes bei der Bewegung der Anhänge ein wesentliches Moment. Die Laufaktivität von gegliederten Beinen vertritt also ein weiterentwickeltes Stadium.

Im Hinblick auf die Nutzung vieler Beinpaare bei filtrierender Ernährung und Exploitierung des nahrungsreichen Sedimentbelages waren die Trilobiten wahrscheinlich Vertreter eines urtümlichen Stadiums der Arthropodenevolution. Sie stellten jedoch keineswegs die Stammgruppe aller Arthropoden dar. Dagegen sprechen mehrere extreme Spezialisierungen (Kopf- und Schwanzschild). Für die Arthorpodenentstehung steht ja nicht einmal fest, dass sie nur einmal erfolgt sein müsste , Polyphylie erscheint sogar wahrscheinlich.

Auffällig ist auch, dass es weder rezente noch fossile Belege für die Übergangsstadien von polychaetenartigen Konstruktionen zu gleichförmig segmentalen Arthropoden gibt. Auch fehlen durchweg primitive Arthropoden ohne Tagmabildung.

Das Eindringen der Arthropoden in das Substrat bereitete keine Schwierigkeiten, weil die beweglichen Beine das Sediment wegscharren konnten. Auf dem Substrat und im Boden war und ist Filtrieren ebenso möglich wie beim Laufen auf dem Substrat. Ausgehend von der Ernährung durch Kleinnahrung war über die Vermittlung des Filtrierens oder auch direkt über das Einfangen immer größerer Nahrung der Übergang zur räuberischen Lebensweise möglich. Der effektive Beinschlag erlaubte im Zusammenspiel mit der Erzeugung eines zur Filtration nutzbaren Wasserstroms auch das Schwimmen im freien Wasser. Die Vielzahl nutzbarer Optionen wird deutlich sichtbar.

Vielfalt und Radiation der Arthropoden in viele getrennte Entwicklungslinien, deren Entstehung in keiner Weise als aufgeklärt gelten kann, wurde durch weitere Entwicklungen noch gesteigert. So sind die Onychophoren Formen, die keine Versteifung der Cuticula erfahren haben und sich noch auf hydraulischer Grundlage durch Beinbverformungen bewegen. Sie haben den Übergang zum Laufen offenbar getrennt vollzogen, ohne vorher die Parapodien auch zu ladenartigen Ruderblättern umgebildet zu haben.

Die verschiedenen Euarthropodengruppen bildeten im Laufe der Entwicklung, unter Nutzung der hohen Effizienz der skelettal versteiften Extremitäten steif gestellte Bereiche des Körpers, die Tagmata, aus. Die Tagmata tragen durchweg die längeren und lokomotorisch wirksamen Beine. Erneut wurde die Bewegung des Körperstammes zurückgeschnitten und durch die wirksame Bewegung der Anhänge kleinerer, weniger Verspannung erfordernder Einheiten ersetzt. Auf dieser Grundlage war durch Nutzung weniger Beinpaare bei Unterstützung eines stabilisierten Körperabschnittes eine effektivere Lokomotion möglich. Diese eröffnete wiederum viele neue ökologische Beziehungen. Einzelne Beinpaare oder mehrere, sowie auch die inneren Laden an den Beinen konnten als Hilfseinrichtungen für die Nahrungsaufnahme und als Fangeinrichtungen genutzt werden. Damit wurde die Entstehung von räuberischen Konstruktionen möglich. Hier sind Krebse, Gigantostraken und Cheliceraten zu nennen, ebenso die Insektenkonstruktionen mit ihren Mandibeln.

Beim Gros der Insekten entwickelten sich schließlich durch besondere Ausfaltungen, die Gelenke ausbildeten, flügelartige Anhänge.

Andere Konstruktionen wie die Tausendfüßler, behielten die eher gleichförmige Gliederung der Anhänge und der Körpersegmente bei.

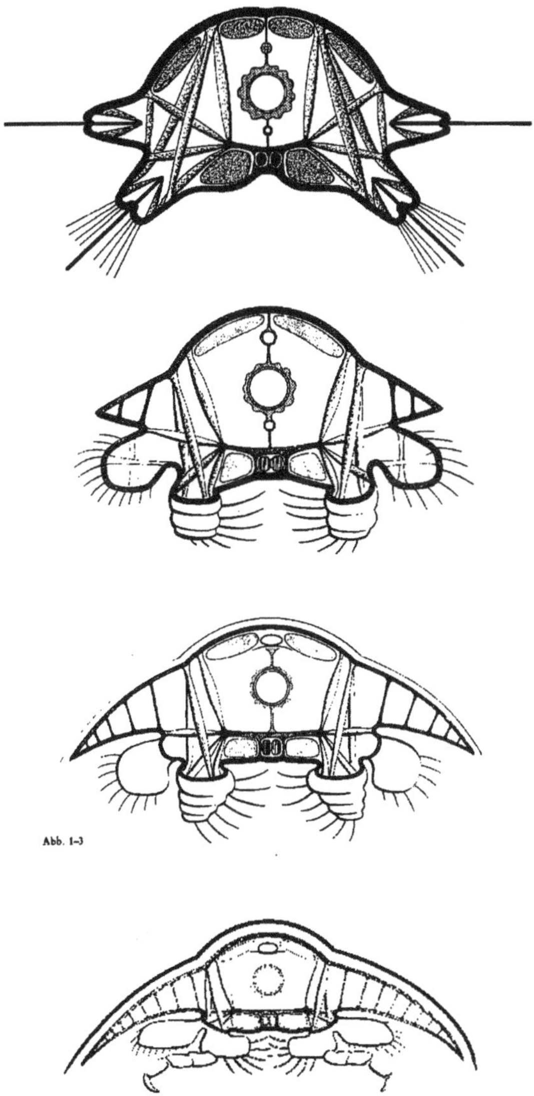

Abb. 34-1: Arthopodenevolution durch Bildung eines versteiften Außenskeletts. Über verschiedene Zwischenstadien wird vor allem auch die innere Muskulatur umorganisiert. Sie dient nun hauptsächlich der Bewegung der verschiedenen gegeneinander beweglichen Skelettelemente. Seitliche Anhänge werden zu Beinen und anderen serialen Organen.

35. Rotatorien

Anneliden können auch verzwergen. Dabei können sie unter Nutzung des larvalen Cilienapparates zu freischwimmenden Formen werden, die im freien Wasser Feinnahrung fangen. Diesen vertreten die Rotatorien. Sie schalteten sich wie die Protozoen wieder als Glieder der Nahrungskette im Mikrobereich ein.

36. Aschelminthen

Als zum Schlängen befähigte Formen konnten manche Anneliden Spezialisierungen entwikkeln, die zu den Aschelminthen, speziell den Nematoden und Nematomorphen überleiten. Dabei wurde die Bewegung auf schlängelnde Biegung ausgerichtet. Als die Muskeln gegen die Cuticulahülle als Querschnittstabilisierung anarbeiteten, kam es zur Reduktion der Parapodien und der internen Metamerie. Bei diesen Schlänglern, die den Körper nur noch bogen, konnten alle internen Verspannungen wegfallen und auch alle Muskeln, außer den Längsmuskeln der Reduktion anheimfallen. Die Cuticula sicherte den Querschnitt und garantierte damit indirekt die Längenkonstanz. Diese konstruktive Situation sehen wir bei den Nematoden und den Nematomorphen.

Bei den Nematoden handelt es sich um Formen, die ursprünglich eine Verzwergung erfuhren und dabei sukzessive in enge Räume, etwa das Interstitium des Sedimentes, eindrangen. Der beste Beleg dafür sind die Muskelfortsätze in das Nervensystem, die zwar bei nachträglicher Wiedervergrößerung nicht mehr zurückgenommen werden konnten (und mussten), aber in ihrer Entstehung nur durch vorangehende Miniaturisierung verständlich sind. Die Verzwergung war von einer Reduktion der quer gelagerten äußeren Ringmuskulatur begleitet. Ihre form- und querschnittabsichernde Funktion wurde von einer nach außen abgeschiedenen Cuticula übernommen, die zudem mit ihrer Verdickung eine gewisse Rückstellkraft entwickelte. Das Coelom wurde so entbehrlich und zurückgebildet.

Mit Sicherheit sind Nematodenkonstruktionen höchst effizient und ökologisch in einem breiten Spektrum einsetzbar. Es gibt praktisch keinen Lebensraum außer der Luft, in dem sie nicht vertreten sind.

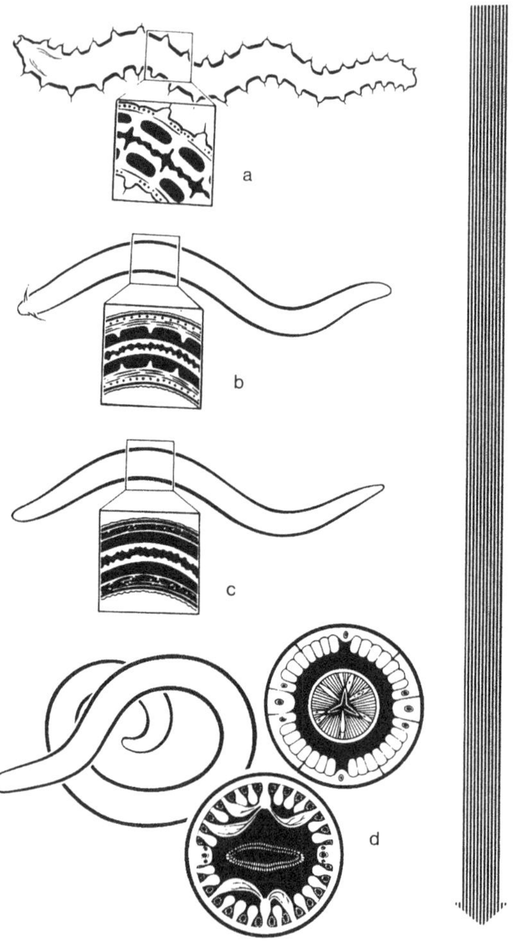

Abb. 36-1: Die Evolution der peitschenartig verformten Nematoden. (A) Als ancestrale Form muß eine metamere, mit serialem Coelom ausgerüstete Annelidenkonstruktion angenommen werden. (B) Rückbildung der Dissepimente und der Coelomwände führt allmählich zu einem einheitlichen inneren Flüssigkeitskörper, der nur mehr begrenzt schlängeln und sich peristaltisch verformen kann. Das freie Schlängeschwimmen wird aufgegeben, die Tiere erschließen für sich das Substrat. (C) Die vollständige Rückbildung von Dissepimenten und Coelomsäcken bedingt eine Konzentration der Muskulatur auf der Außenseite. Durch die Einheitlichkeit der inneren hydraulischen Füllung wäre Peristaltik allzu kraftaugwendig. Die Ringmuskeln werden reduziert. (D) Die dichte Längsmuskulatur wird bei Tätigkeit stark durchwalkt. Nervenzellen aber sind weitgehend von einer wenigsten begrenzten Walkungsfreiheit abhängig. Sie etablieren sich an einzelnen Abschnitten des bewegungsapparats, bilden aber, um optimal als Impulsgeber funktionieren zu können nicht selber Ausläufer, sondern werden von den Muskelzellen ihrerseits „kontaktiert". Die so entstandenen Formen eignen sich besonders für parasitische Lebensformen.

37. Plathelmintenableitung

Neue Entwicklungsmöglichkeiten durch und über die peristaltisch beweglichen Annelidenkonstruktionen führten zu den Plathelminthen. Die eng stehenden Dorsoventralmuskeln auf den Dissepimenten oder in den Coelomsegmenten von annelidenartigen Vorfahren erlaubten eine Abflachung. Biomechanische Metamerie, also enge Verspannung durch dorsoventrale Muskeln, ist immer die Vorbedingung für die Abflachung, wie dies auch für den Übergang zu den Mollusken zu zeigen sein wird. Die Aufnahmemechanismen von beweglicher Beute konnten außer durch eine Rüsselbildung wie bei den Polychaeten auch durch Überkriechen der Beute verbessert werden. Dies wurde bei Abwärtsbiegung des Mundes mit dem umkrempelbaren Mundrand eingeleitet. Wenn sich der Mund in solchen Konstruktionen auf die Bauchseite verschob, wurde die Aufnahme der überkrochenen Nahrung erleichtert.

Die abgeflachte Form wurde leichter stabilisiert, wenn die Coelomräume durch Parenchym gefüllt und dadurch verdrängt wurden. Der primäre Vorteil der Parenchymbildung dürfte in der Dichtstellung der Dorsoventralmuskeln für das Kriechen am Substrat gelegen haben. Je dichter die Muskeln standen, umso weniger vorteilhaft war die Ausformung von Coelomräumen. Die beengten Räume wurden daher durch Parenchym verfüllt.

Der Darm war auch vor der Parenchymatisierung immer schon Teil der Hydroskelettfüllung. Er blieb bei dieser Abwandlung, was er war. In der Enge der Muskelstellung aber übernahmen Aussackungen des Darmes einen Teil der Füllungsfunktion und grenzten so das eher steife Parenchym sekundär wieder ein, ohne die dichte Stellung der formkontrollierenden Muskeln zu behindern. Gleichzeitig konnte die Körperwand, die ja als Muskelgitter vorlag, so weit verändert werden, dass bei Weitung des Muskelgitters in der Wand auch größere Beutetiere aufgenommen werden konnten. Bei Vorhandensein einer Doppelröhre aus äußerem Muskelschlauch um das Coelom und innerem Muskelschlauch mit dem Darm wäre bei aller Verformbarkeit die gleiche Erweiterungsfähigkeit nicht gegeben. An diesem Vergleich der Coelom-Hydroskelettsysteme mit den Parenchymiern wird der konstruktive Vorteil der Parenchymatisierung deutlich.

Dieser Prozess der Parenchymatisierung lief parallel bei den Myzostomiden, aber auch den Hirudineen und den Nemertinen ab. Die letztgenannte Gruppe hat einen besonderen, in einer Flüssigkeitsscheide gut gleitfähigen Rüssel ausgebildet. Er erlaubt den Fang der Nahrung durch Umwickelung mit dem Rüssel und dem anschließendes Überkriechen bei Abstreifen des Rüssels.

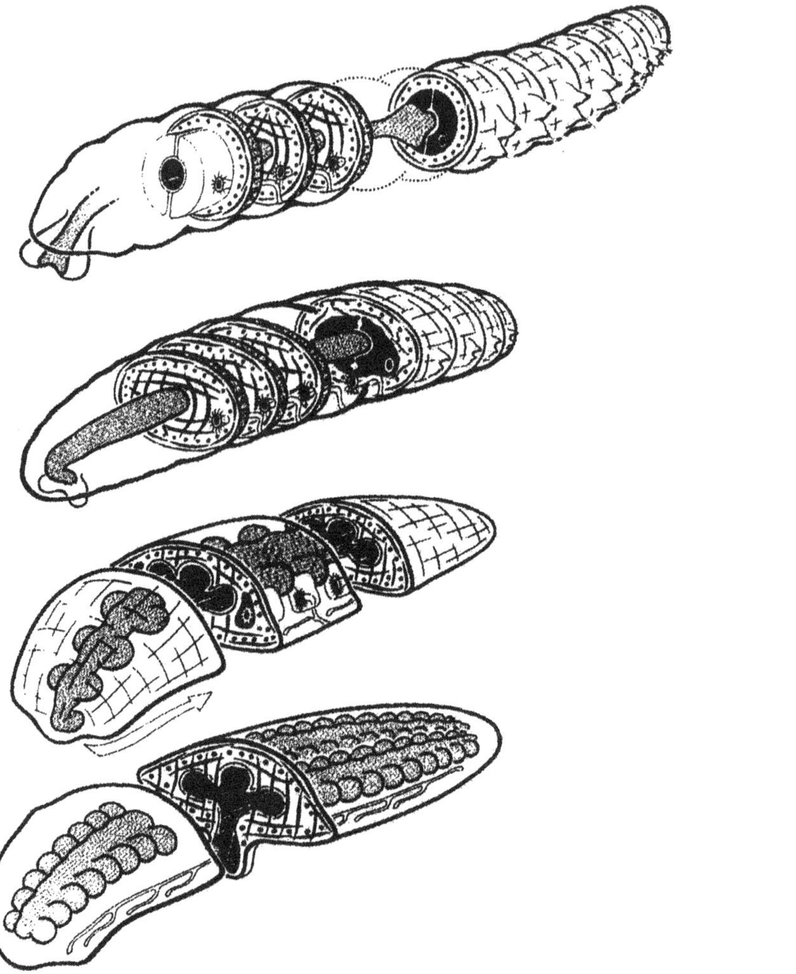

Abb. 37-1: Plathelminthenableitung. Die Plathelminthenkonstruktion, die sich womöglich mehrmals entwickelte, kann von einer annelidenartigen Coelomatenkonstruktion abgeleitet werden. Durch Darmaussackungen und ein Zurückweichen des Coeloms wurde letzteres allmählich funktionell ersetzt. Der Darm, der ja durch seine beiden muskulösen Verschlüsse unter Innendruck steht, wirkt ähnlich wie das Hydroskelett. Segmentale Aussackungen verdrängen das Coelom allmählich ganz, Bindegewebe mit eingelagerter Muskulatur weitet sich ebenfalls aus. Es entsteht allmählich eine Parenchymierkonstruktion mit zahlreichen Darmdivertikekln. Durch diese Umorganisation kann letztlich eine Darmöffnung, der Anus, zurückgebildet und der Schlund mit der Mundöffnung nach ventrad verlagert werden. Durch die Rückbildung des Coeloms bilden sich auch die Exkretionsorgane von Wimpertrichtern zu sog. „Protonephridien" um. Der Etwicklungsvorgang ist von einer kontinuierlichen Abflachung begleitet.

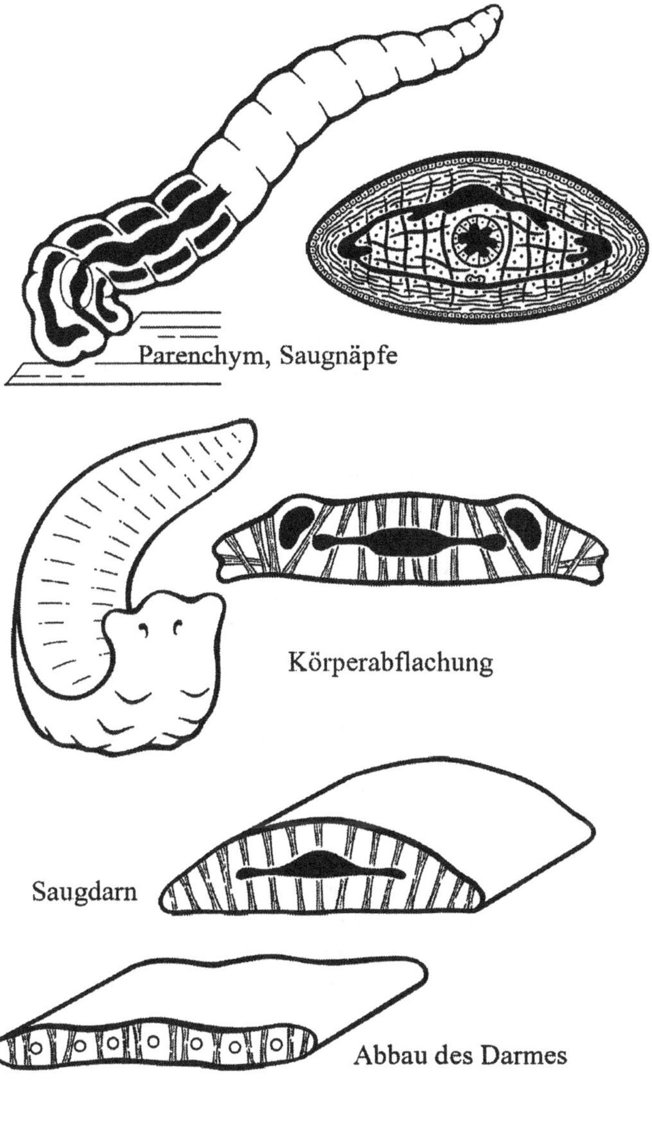

Abb. 37-2: Die totale Abflachung bewirkt eine Verschiebung der Oberflächen-Volumsrelation. Bei geeigneten Lebensräumen und Nahrungsquellen, wie etwa bei Innenparasiten, kann dadurch letztlich auf die Ausbildung des Verdauungstraktes überhaupt verzichtet werden.

38. Die Entstehung der Mollusken

Neben den Plathelminten entwickelten auch die Mollusken ein recht eng stehendes Muskelgitter, das bei Abflachung der Ventralseite das Kriechen auf dem Substrat bei perfekter Adhäsion erlaubt. Aber bei ihnen ist eine Ernährungsform gegeben, bei der nur fein zerkleinerte Nahrung aufgenommen werden kann. Dies macht verständlich, warum der durchgehende Darm erhalten blieb und die Parenchymatisierung sich nicht in gleicher Weise wie bei den Wurmgruppen durchsetzte. Die Parenchymatisierung erfasste nur die Ventralseite, ließ aber den eigenständigen muskulär betriebenen Darmapparat intakt.

Die Mollusken entstanden aus peristaltisch kriechenden Annelidenformen vom Polychaetenzuschnitt. Der wichtigste Transformationsschritt war dabei die Ausbildung des flachsohligen Fußes, der das adhäsive Kriechen erlaubte. Die Voraussetzung dafür war die Metamerie der Vorläufer, weil eine die Ventralseite abspannende und ihre Abflachung ermöglichende Muskulatur bestanden haben muss, um die Entwicklung des Fußes einzuleiten Aus dem Muskelgitter und der Dissepimentverspannung eines metameren Anneliden konnte sich bei Verstärkung auf der Ventralseite sprunglos das dreidimensionale Muskelgitter des Fußes mit differenzierter Bewegungsmöglichkeit und mit der Fähigkeit, die Konturen des Untergrundes nachzuformen, strukturieren. Auf dem mit dem Muskelfuß überkrochenen Wege kann festes Substrat mit seinem Bewuchs und später auch der Belag auf weichem Untergrund abgeweidet werden. Die Radula, die als Mundbewehrung entstand, machte dies möglich. Errante Polychaeten zeigen eine Vielfalt von hilfreichen Mundbewehrungen, so dass die Vorbedingung für die Radulabildung keine exotische Annahme darstellt. Als Raspeleinrichtung bildete sie sich bei Mollusken im engen Zusammenhang mit dem Fuß aus. Nur ein adhäsiv kriechender Fuß gestattete den Einsatz dieses Organs. Eine Konstruktion ohne Anheftungsmöglichkeit hätte sich vom Substrat weggedrückt. Die Radula schloss die Nahrungsquelle des Bewuchses auf fester Unterlage auf.

Aus den skizzierten Transformationen, bei denen die Coelomhöhlen durch das sich ausweitende Muskelgitter stark eingeschränkt wurden, ergab sich eine Konzentration der Bewegung auf die Ventralseite des Körpers, während die Dorsalseite weitgehend ruhiggestellt wurde. Auf der Rückenseite konnte sich die Schale als ein primär gegliedertes, noch wurmförmige Biegungen zulassendes Skelettsystem ausbilden. Es stellt als Stabilisierungseinrichtung eine enorme Ökonomisierung der Molluskenkonstruktionen dar.

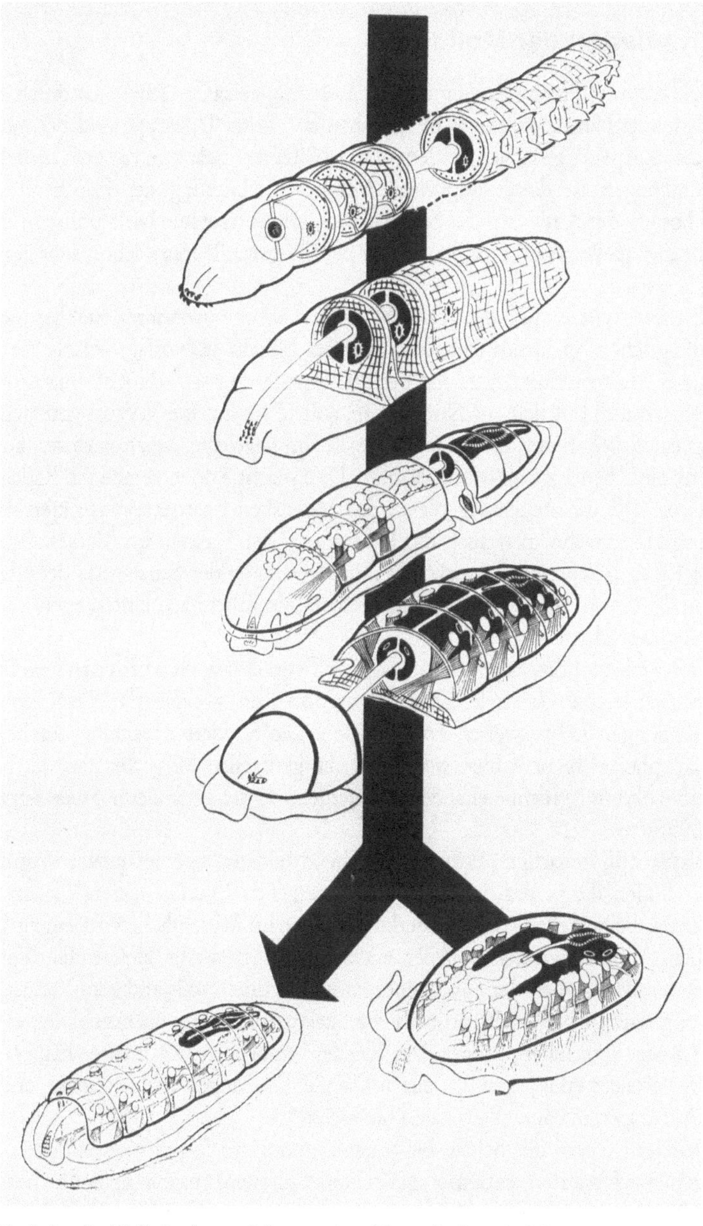

Abb. 38-1: Evolution der Molluskenkonstruktion aus Annelidenvorläufern. Auf dem Chitonenniveau tritt schließlich eine Spaltung ein. Ein Entwicklungszweig führt weiter zu den Amphineuren, d. h. den heutigen Chitonen, und den Solenogastren, ein anderer, bei dem die dorsalen Schalenplatten verschmelzen, führt zu den sog. „Conchiferen", den Mollusken mit einheitlicher Schale.

39. Die Radiation der Mollusken

Die Entwicklung und Herausbildung der Molluskenorganisation kann nur durch Umgestaltung des hydraulischen Apparates zum Kriechen auf fester Unterlage und bei Nutzung der Radula zum Raspeln gedacht werden. Die Nutzung bestimmter gut umschreibbarer Umweltbedingungen ist damit impliziert. Mit der Etablierung der kriechend-raspelnden Mollusken konnte der Aufwuchs des felsigen Substrats zum ersten Male und von da an ständig als Nahrungsquelle genutzt werden. Diese Nahrungsquelle muss schon sehr lange bestanden haben.

Die voll entwickelte Konstruktion der Mollusken konnte nach ihrer Etablierung in einem breiten ökologischen Spektrum eingesetzt werden. Sobald sie vorlag, konnte sie gleichsam versuchen, auf Sedimentunterlagen und eventuell wieder in das Sediment vorzustoßen. Auch der freie Wasserraum bot sich zur Nutzung an, sobald sie nur die Voraussetzungen für seine Eroberung entwickelt hatte, bzw. sobald sie in ihr angelegte organisatorisch-konstruktive Potenzen für die Übergänge aktivieren konnte. Dies macht jedoch gerade die Radiationen der Mollusken aus. Die Möglichkeiten, die in der Molluskenkonstruktion steckten, lassen sich aber nur begreifen, wenn man auch die Einrichtung der Kiemen im Mantelraum im Auge behält. Die Kiemen liegen unter seitlichen Überdeckungen der Schale und des Mantels. Ein Wasserstrom läuft vom Kopf her über die Kiemen und führt nach hinten auch Kot, Exkrete und Geschlechtsprodukte ab.

Auf der Polyplacophorenebene, also ausgehend von den noch wurmförmigen Stadien mit gegliederter Schale, gab es viele Entwicklungspotenzen, welche die Erschließung neuer Umweltbedingungen Lebensweisen ermöglichten. Die Sonderentwicklung der heute lebenden Polyplacophoren braucht hier, wo es auf die generellen Möglichkeiten der Molluskenkonstruktion ankommt, nicht behandelt zu werden, da sie an anderer Stelle ausgeführt ist (Edlinger 1991).

Von polyplacophorenartigen Formen ausgehend bildeten sich sekundäre Wurmkonstruktionen. Wir finden die in das Sediment eingedrungenen Caudofoveaten, die im Hinterabschnitt Kiemen beibehielten, den Vorderkörper aber im Wesentlichen zu einem grabenden hydraulischen Apparat wandelten. Aber auch die auf Bewuchs kletternden Ventroplicata stellen Weiterentwicklungen der Chitonenorganisation unter vollständigem Verlust der Schalenausstattung dar. In beiden Fällen sind die Skelettstrukturen zurückgebildet, es sind also wieder Würmer entstanden, ohne dass wieder Annelidenverhältnisse hätten entstehen können. Der Skelettverlust erlaubte das grabende Eindringen ins Sediment und das sich windende Aufsteigen in bäumchenartigen Gebilden.

Die gegliederte Form der Schale bei polyplacophorenartigen Konstruktionen (nicht bei den heutigen spezialisierten, extrem abgeflachten Chitonen) machte es bei höherer Aufwölbung und Verschmelzung der Schalenspangen zu einer mützenförmigen Einrichtung möglich, dass monoplacophorenartige Systeme mit Serialisierung von Muskeln und Nierenkanälen entstanden. Aus solchen Konstruktionen mit ungegliederter Schale bildeten sich neue Konstruktionen vom Muschel-, Schnecken-, Cephalopoden- oder Scaphopodentyp.

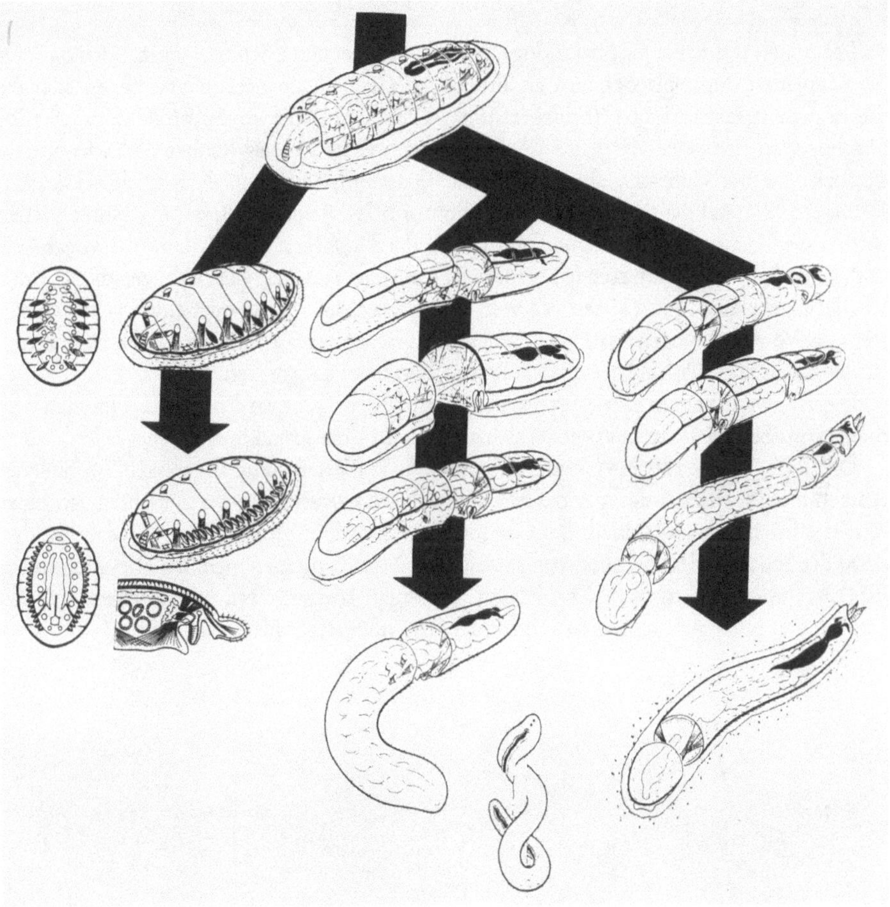

Abb. 39-1: Die Evolution der Amphineura geht von einem Vorfahren mit chitonenartigem Habitus aus. Eine Entwicklungslinie macht vor allem eine starke Abflachung durch, die Kiemen, der Blutkreislauf sowie die Muskulatur, die nach wie vor durch die gegliederte Schale mitorganisiert ist, werden entkoppelt (linke Säule). Durch Verkleinerung der Schalenplatten und allmähliche Rückbildung sowie durch eine Verengung der seitlichen Mantelfurche mit Verschmälerung des Fußes und Reduktion der Kiemen entwickeln sich die Ventroplicaten. (mittlere Säule). Ebenfalls eine Reduktion der Schale machen die Caudofoveaten durch. Der Fuß wird bei ihnen bis auf einen vorne gelegenen Rest zurückgebildet, die Mantelhöhle verschwindet bis auf einen hinten gelegenen Rest mit zwei Kiemen, während sich die Bauchseite „schließt“. Die Tiere leben grabend (rechte Säule).

Die weiterführende Entwicklung brachte im ersten Schritt, nach Fusion der Schalenplatten, Monoplacophoren als urtümliche Conchiferen hervor, von denen sich die Gastropodenkonstruktionen (Edlinger 1988, 1989 a, b), die in Substrat eindringenden Scaphopoden (Edlinger 1991), die Cephalopoden, welche sich als Räuber und schwebende Formen von der Unterlage ablösten (Bonik, Grasshoff, Gutmann & Klein-Rödder 1977; Edlinger 1991) und die Bivalven (Vogel & Gutmann 1980) entwickelten. Bei all ihrer Vielfalt setzten die Gastropoden die Grundentwicklung der Mollusken als auf dem Fuß kriechende und die Radula raspelnd nutzende Formen mit einheitlicher Schale gleichsam geradlinig fort.

Alle abgeleiteten Typen lösten sich vom festen Kriechsubstrat ab oder entwickelten wenigstens die Voraussetzungen dazu. So konnten sich Gastropoden als Räuber etablieren und eine sich ebenfalls allmählich umgestaltende Radula zum Beutefang nutzen.

Die Bivalven nutzten den Wasserstrom, der über die Kiemen läuft, zum Filtrieren aus, drangen ins Sediment vor oder setzen sich auf hartem Untergrund fest.

Die Cephalopoden formten den Fuß in seinem Vorderteil zum Fangapparat, im hinteren Abschnitt zum Trichter um, der das aus dem Mantel ausgestoßene Wasser in der Art eines Rückstoßmechanismus bündelt. Bei Gastropoden kam es in vielen Linien mit der Rückbildung der Schale zur Entstehung von sekundären Wurmkonstruktionen, die aber nicht mehr die Organisationsform von Coelomaten erreichen können, weil die Körperwand ein Muskelgitter bildet und ventral fast immer der Kriechfuß mit Sohle erhalten bleibt.

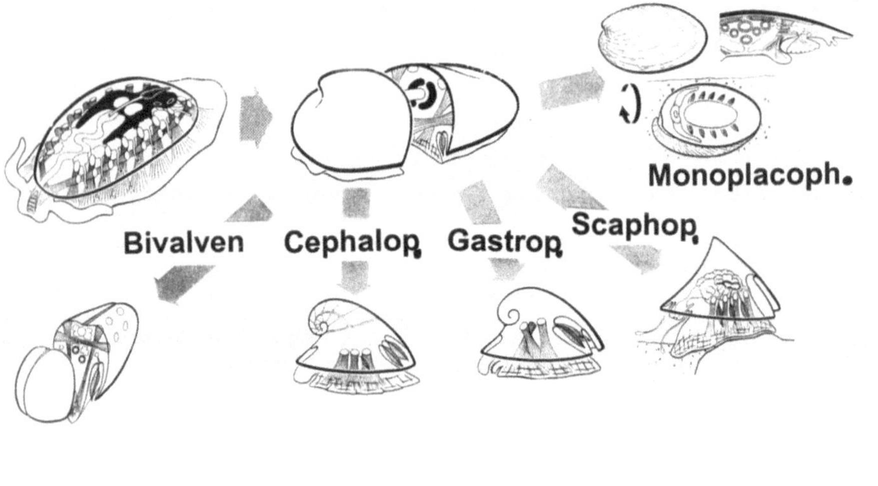

Abb. 39-2: Aus einem monoplacophorenartigen Vorläufer entwickeln sich durch verschiedene Umbildungen der Schale, des Fuß- und Kopfabschnitts sowie des Eingeweidesacks die verschiedenen Gruppen der Conchiferen.

40. Die Entwicklung der räuberischen Lebensweise

Bis zum Ende des Präkambriums gibt es keinerlei Hinweise auf die Existenz räuberischer Formen, die ja auch motorisch höchst effizient hätten sein müssen. Im Gegensatz dazu gab es eine Vielzahl filtrierender Konstruktionen, vor allem solche mit muskelbewehrten Fangorganen.

Ab dem Kambrium trat der Übergang zur räuberischen Ernährung aber in vielen Linien ein. Er geht immer von freilebenden filtrierenden Organismen aus. Fast allen Räuberkonstruktionen ist gemeinsam, dass sie vor dem Übergang zum Beutefang muskelbetriebene Filtrieraktion ausführten. Von der cilienbetriebenen Filtration ergab sich meist kein direkter Übergang zur räuberischen Lebensweise, denn die Kraft und Wirksamkeit der Cilien sowie die Fangmechanismen und Fangmöglichkeiten, die durch ciliengetriebene Einrichtungen eröffnet wurden, waren extrem limitiert. Daher hätte der Übergang zu voluminöserer Beute einen zu großen Sprung bedeutet.

Eine Ausnahme bildeten einerseits die räuberischen Ctenophoren, die den gallertegestützten Körper mit Hilfe von Muskeln so stark erweitern konnten, dass er auch zur Aufnahme von Beutetiere nutzbar war. Aber auch hier ist deutlich, dass die Ausstattung mit muskulär betriebenen Fangorganen, vor allem mit im Wasser nachgezogenen Tentakeln die räuberische Ernährung einleitete. Andererseits konnten die Cnidarier nach dem Sessilwerden durch Weitung des Gastralraumes und des Zugangs zu ihm größere Beutetiere inkorporieren.

Das gleiche Prinzip des Überganges können wir überall erwarten. Nur durch Zuschalten von Muskulatur oder durch Muskularisierung der Nahrungsaufnahmeapparatur können größeren Organismen erbeutet werden. Was für die Entwicklung einer effektiven Fortbewegung schon einmal abgelaufen war, wiederholte sich. Die mikrotubulibetriebenen Mechanismen der Cilien wurden in der Evolution der Tierkonstruktionen durch muskelmotorische Apparaturen ersetzt oder komplettiert. Dafür finden sich bei vielen Konstruktionen Evidenzen.

Die freischwimmenden und mittels Cilien filtrierenden Chordaten stellen die Basis und die Ausgangskonstruktionen für die Wirbeltiere dar. Diese gestalteten zuerst die Filtrieraktion mittels Ausbildung eines Muskelantriebs der Kiemenpumpe effizienter. Mit dem stärkeren Sog des Branchialapparates wurde nicht nur der Wasserdurchstrom intensiviert und damit auch der Fangeffekt gesteigert; es konnte auch zunehmend größere Beute erobert werden.

Bei Agnathen und Gnathostomen gingen mehrfach primitive Cranioten vom effektiven Filtrieren mittels muskulärer Branchialpumpen zur räuberischen Ernährung über. Der Skelettapparat der Agnathen erlaubte die Entwicklung effektiver muskelbetriebener Pumpen verschiedenen Zuschnittes bei Cephalaspiden, Pteraspiden, Drepanaspiden, aber auch den Aufbau muskelbetriebener Fangorgane bei Myxinen und Petromyzonten. Offenbar konnten bei aktiver muskelbetriebener Filtration zunehmend mehr Feinnahrung und auch größere Organismen eingesaugt werden. Mittels muskulärer Einrichtungen ergab sich dann aus entsprechender Umgestaltung das aktive Jagen nach und die Erbeutung von Nahrung.

Die Gnathostomen gingen im Bereich der Cranioten einen bedeutenden Schritt weiter. Sie organisierten den ersten Kiemenbogen, der vorher den Mundrand ausgesteift hatte, zum Kiefer um. Er wurde erst ein Organ, das die Beute am Entkommen hinderte und dann eine Fangeinrichtung. So ergibt sich eine höchst effektive Art der räuberischen Ernährung, welche die weitere Entwicklung der Cranioten bis zu ihrem Übergang an Land bestimmte. Der Kiefer bildete im Zusammenspiel mit dem Antriebsapparat, der seine Leistung verbesserte, und der Ausstattung des Kopfes mit Fernsinnesorganen und Gehirn den Schlüssel zum Erfolg der Wirbeltiere.

Arthropoden, die ihre Beine vorher durch Schlagen und Erzeugung eines Wasserstromes zum Filtrieren in verschiedenen Lebensräumen genutzt hatten, bildeten durch Änderungen der mechanischen Bedingungen bei der ontogenetischen Entwicklung die vorderen Extremitäten zu Fang- und Kaueinrichtungen um. So kam es von der Aufnahme kleindimensionierter Nahrung zur aktiven Erfassung und sogar zur Zerkleinerung größerer Beute. Vorne gelegene Extremitätenpaare erfuhren eine Umgestaltung zu Zangen, Cheliceren, Pedipalpen. Auch hier steht an der Basis der räuberischen Lebensweise eine verbesserte Filtrierleistung, die durch muskulären Antrieb der Beine ermöglicht wird. Muskelbetriebene Extremitäten konnten sich dann als wirksame Fang- und Greiforgane beim Erbeuten etablieren. Dabei erfolgte in verschiedenen Entwicklungslinien eine Tagmabildung im Körperstamm. Dadurch entstand ein fester Rahmen für die Muskulatur der effektiven Bewegungsapparate, sowohl der Fangeinrichtungen wie auch der Laufbeine.

Für die Entstehung predatorischer Ernährung im späten Präkambrium und im frühen Paläozoikum spielte wahrscheinlich noch ein anderer Faktor eine große Rolle.

Weil der Sprung zum Greifen größerer Tiere zu groß gewesen wäre, hätte es diesen Übergang vom filtrierenden Aufnehmen von Cyanobakterien und einzelligen Algen aus nicht geben können. Inzwischen aber hatten sich bei vielen Organismengruppen, vor allem bei den Anneliden und ihren Abkömmlingen, Larvenformen entwickelt, die als planktische bis pelagische Verbreitungsstadien im Wasser schwebten. In Form der Rotatorien gab es pelagisch lebende, miniaturisierte Metazoen. Zudem waren pflanzliche und tierische Einzeller weit verbreitet. Sie dienten als gröber dimensionierte Nahrung. Am wichtigsten für die Komplettierung der Nahrungsketten und für das Einfügen kleinerer bis mittelgroßer Metazoen in sie war möglicherweise, dass sich Arthropoden, vor allem Crustaceen, entwickelt hatten, die als Filtrierer gleichsam auf Zwischenstufen zwischen der Aufnahme von Algen und etwas größer dimensionierter Nahrung arbeiteten. Sie staffelten sich als „gröberes" Plankton, das selbst noch kleinere Formen filtrierend aufnimmt, hinter die Einzeller. Indem sich im Pelagial Pflanzen und Tiere verschiedener Größenklassen etablierten, bildeten sie zusammen mit anderen Organismen gleichsam eine Leitschiene für den vielfach parallelen konstruktiven Übergang vom Filtrieren zum Jagen bzw. zur räuberischen Lebensweise.

Die Entstehung der Annelidenorganisation, bei der der ganze Körper durch die peristaltische Bewegung erfasst wurde, stellte im Grunde parallel zur neuen Lokomotionsform auch den Übergang zu räuberischer Ernährung dar. Von dem sich umkrempelnden Mundrand konnten größere Nahrungspartikel aufgenommen werden. Die Einverleibung war nicht mehr von Cilienarbeit abhängig, sondern wurde durch die Muskelaktion der Hydroskelettkonstruktion bewirkt. Primär wurde größere Dimensionierung der Nahrung und nicht notwendigerweise räuberische Ernährung, allmählich aber auch predatorische Aktion durch Einfangen von kleineren Tieren möglich. Solches Fangen und vielleicht weitgehend undifferenzierte Aufnahme der Nahrung war nicht nur auf Sediment und festem Substrat, sondern auch beim Übergang ins freie Wasser und letztlich im Pelagial möglich. Hilfreich war bei dieser Art der unspezifischen Nahrungsversorgung die Ausgestaltung des Mundapparates zum Rüssel, zum Extrovert, wie er bei den meisten Polychaeten zu beobachten ist.

Natürlich war auch die Rückentwicklung zur Aufnahme von Feinnahrung möglich. Das Vordringen ins Sediment und der Übergang zum tubikolen Leben eröffnete, wie im Zusammenhang mit der Entwicklung der Körperkonstruktion schon dargestellt, in vielen Linien die Möglichkeit des Filtrierens und damit der Aufnahme von Feinnahrung. Sobald aber Anneliden wirkliche Räuber wurden, mussten sie ihren Körper stark umbauen. Die Verkoppelung von Darmrohr und Ummantelung durch Coelomräume begrenzte sehr bald die Größe der Nahrung prototypischer Annelidenkonstruktionen.

Der Übergang zum Verschlingen größerer Beutetiere war bei manchen Wurmkonstruktionen mit der Füllung des Coeloms durch Parenchym verbunden. Bei Plathelminthen, Nemertinen und Hirudineen, in nicht ganz vergleichbarer Form auch bei Myzostomiden, fand parallel die Parenchymatisierung statt. Durch sie wurde die Körperwand über der verschlungenen Beute dehnbar und es konnte Sog ausgeübt werden. Der spezifische Vorteil dieser Umgestaltung lag darin, dass sich die Körperwand weitend über größere Beute legen und dabei wie ein Muskelgitter arbeiten konnte. Sich deformierend und gleichsam kriechend konnten sich Parenchymierkonstruktionen über die Beute schieben.

Natürlich bildeten alle Coelomaten, die zur Aufnahme größerer Nahrung übergingen, die Mollusken, Arthropoden, und auch die Chordaten, einen muskelbetriebenen Darmtrakt aus. Als Annelidendeszendenten ererbten die Mollusken die muskulär betriebene Mundapparatur der Anneliden und formten sie bei Ausbildung der Radula zu einem im Zusammenspiel mit dem Muskelfuß höchst wirksamen Nahrungsaufnahmeapparat um. Der Übergang zu räuberischer Lebensweise war von hier aus in vielen Linien und Dimensionierungen leichter möglich.

Die meisten räuberischen Mollusken gehören zu den Gastropoden. Sie nutzen den beweglichen Mund samt Radula, den konstruktiven Möglichkeiten entsprechend, anders als beim Abweiden der Unterlage.

Die stammesgeschichtliche Entwicklung der Cephalopoden geht ebenfalls von am Substrat kriechenden Formen aus. Diese nutzten den Fuß als Fangorgan, indem sie über die Beute krochen. Mittels der Adhäsionsleistung konnten die sich bildenden Cephalopoden auch dann Beute fangen, als sie sich vom Boden gelöst und zum Schweben, später zum Rückstoß-schwimmen übergegangen waren. Bei den räuberischen Mollusken ist also eine besondere Situation gegeben, weil bei ihnen mit der Ausbildung der muskelbetriebenen Radula, die das Substrat durch muskelbetriebene Aktion abweidete, schon vor dem Übergang zum Beutefang her das Filtrieren aufgegeben wurde.

Letztendlich sind noch die Echinodermen kurz zu behandeln. Bei ihnen darf nicht vergessen werden, dass sie von Chordaten abstammen, die keine muskuläre Ausstattung des Mundrandes besaßen und damit nicht die Möglichkeiten hatten, zu einer räuberischen Lebensweise überzugehen. Die Filtrierfunktion war vom Kiemenapparat auf die sich bei den Hemichordaten herausbildenden Tentakel des Kragenbereichs übergegangen, ohne dass eine Muskularisierung des Mundes hätte eintreten müssen und können.

Nachdem filtrierende und radial organisierte sessile Pelmatozoen zum Abweiden des Bodens übergegangen waren, entwickelten sie sich über Ophiuridenkontruktionen, die den Boden mittels der Tentakel abkehrten oder als Gorgonenhäupter wieder Filtrierer wurden, in Form der Seesterne und Seeigel zu räuberischen Formen weiter, die jedoch fast völlig an den Meeresboden gebunden blieben. Der Übergang zur räuberischen Lebensweise wurde bei den Seesternen möglich, weil der gesamte Körper so weit verformbar war, dass sie mit den Armen relativ große Beute um- und übergreifen und durch die Tentakel festhalten können.

Durch ihre Mundrandverstärkung und die zunehmende Beweglichkeit der Platten um den Mund konnten die Echinoiden bei Nutzung als Zähne zum Abschaben des Bodens übergehen. Diese Art des Nahrungsgewinnes entwickelten sonst nur die Mollusken zu einiger Perfektion. Die Echinoiden können sich mit den Tentakeln am Boden festhalten und so den Nageapparat, der sich in Form der Laterne des Aristoteles ausbildet, wirksam einsetzen. Die vom Molluskenfuß bekannte Adhäsionsfunktion wird durch die Saugfähigkeit der Tentakel wahrgenommen. Gleichzeitig aber fahren die Echinoiden fort, mit ihren Tentakeln, sowie mit zangenartigen Skelett-Muskelapparaten Nahrung aus dem freien Wasser zu fangen. Auch die Echinoidenkonstruktionen könnte man also als teilweise räuberische Konstruktionen werten.

Von Echinoidenkonstruktionen sind die sekundären Wurmkonstruktionen der Holothurien ableitbar, die mit ihrem muskulär ausgestatteten Mundapparat vielfältige Ernährungsweisen erschlossen und auch zu Räubern werden konnten. Sie haben nach Verlust der skelettalen Versteifung die Mundrandbeweglichkeit der Echinoidenvorläufer beibehalten und verdanken dieser Ausstattung zum wesentlichen Teil ihren ökologischen Erfolg. Den Mundrand begrenzende Platten wandelten sich bei vielen Formen zu kieferartigen Einrichtungen, welche die Nahrung zerquetschen.

41. Der Übergang an Land

In engem Zusammenhang mit den Veränderungen der Vortriebseinrichtungen und des Nahrungserwerbs muss auch die Erschließung des Landes durch Metazoen gesehen werden. Zum Übergang ans Land waren nur Formen mit hocheffizienten Propulsoren fähig, welche die filtrierende Ernährungsweise (auch die muskelbetriebene) aufgaben und sich zu Räubern, Partikelfressern oder Rasplern weiterentwickelten. Die Vorbedingungen dazu hatten die Anneliden, die Arthropoden, die Gastropoden, die Vertebraten und auch die Aschhelminthen erreicht. Man muss selbstverständlich unterstellen, dass lange zuvor, sicher in mehreren Schüben die Besiedlung des Landes durch Pflanzen vorangegangen sein muss.

Der Übergang ans Land war und ist den Cephalopoden trotz räuberischer Ernährungsweise und effektivem Bewegungsapparat deshalb verschlossen, weil ihre Atmung an den Durchlauf eines durch Muskelarbeit betriebenen Wasserstromes gebunden bleibt. Auch bei den Muscheln sind Ernährung und Respiration hauptsächlich an den Wasserstrom gebunden, der über die Kiemen läuft. Aus diesem Grunde scheiden sie als Kandidaten für das Leben an Land aus.

Auch die ans Land vordringenden Schnecken besaßen einen inneren Mantelraum, doch war dieser durch die Schale primär ausgesteift und konnte mit seiner inneren Oberfläche, die durch Blutgefäße reich versorgt war, respiratorisch genutzt werden. Da die Radula erhalten blieb, konnte auf festem Land bei gemächlicher adhäsiver Kriechbewegung die Unterlage abgeraspelt werden.

Die Propulsionsmaschine der Chordaten müsste den Übergang zum Landleben für sich allein genommen schon früh durch schlängelnde Fortbewegung ermöglicht haben. Die Unfähigkeit, das feste Substrat zu nutzen, folgte auf dem Chordaten-Acranier- und Agnathen-Niveau aus der Abhängigkeit von Feinnahrung und damit von der notwendigen Durchströmung der Kiemenreuse. Erst die Ausbildung muskulärer Fangapparaturen schuf neue Voraussetzungen. Diese reichten aber ihrerseits wieder nicht zum Übergang ans Land, denn auch die Atmung außerhalb des Wassers musste gesichert sein. Die Tetrapoden brachten in dieses Komplement von Erfordernissen die Lungen ein, die schon vorher bei schwimmenden fischartigen Vorläufern entstanden waren. Immerhin hätten auch kleiner dimensionierte Landwirbeltiere mit Hautatmung entstehen können. Kontraproduktive Mechanismen sind nicht bekannt. Den Übergang hätte auch Schlängelaktion ermöglichen können. Es ist kaum auszuschließen, dass trotz der deutlichen Dominanz der Tetrapoden aalartige Konstruktionen in der von Bonik (1979) angedeuteten Form den Übergang hätten schaffen können. Die uns bekannten Tetrapoden stammen jedoch von fischartigen Vorläufern ab. Diese besaßen zwei paar Flossen, die der Steuerung und dem anhangbewirkten Schwimmen dienten und schon vor dem Übergang an Land „laufende“ Bewegungen und die Fähigkeit zur Abstützung auf dem Substrat entwickelten. Die Extremitäten wurden bei Entstehung der Tetrapodenkonstruktionen sofort als Abstützungen und zum Abhebung vom Boden eingesetzt. Sehr schnell wurde bei Rückbildung der Extremitäten auch die jederzeit gegebene Option des Rumpfschlängelns nach Schlangenart genutzt. Dies führte auf allen

Ebenen der Tetrapoden zur Ausbildung extremitätenloser, also schlangenartiger Formen. Bei Vögeln und Säugern war diese Entwicklung aus leicht einsichtigen Gründen ausgeschlossen.

Im Falle des Übergangs an Land ist und dies gilt nicht nur für die landlebenden Vertebraten - die Grenze zwischen beiden Lebensbereichen sehr schwer zu ziehen und die Markierung für den Vollzug kaum einzuengen. Einmal bildete flaches Wasser, Lagunen und Sümpfe, wahrscheinlich in geographisch hochgradig dezentralisierter Form das Übergangsmedium, sich in radierenden Linien und in geographisch disjunkten Räumen vielfach parallel überschneidend. Die Chance, diese Übergangssituationen geologisch repräsentiert zu finden und im Fossilbefund noch Belege dafür zu sichern, ist vernachlässigbar klein. Hätte man durch Zufall eine einzige Entwicklungslinie, würde man das radierende Streuen im Übergang übersehen und zudem noch die Entwicklung nicht erkennen können. Alle Überschreitungen von Grenzen der scharf gegeneinander abgesetzten Lebensräume verliefen sicher oft parallel und in Abfolgen von Radiationen. Zusammengereihte Formen, die man fossil findet, gehören ganz verschiedenen Ereignisschüben an. Mit Sicherheit spiegeln die Reihen von Fossilien, die normalerweise vorgelegt werden, nichts von dem wider, was sich tatsächlich ereignet, wenn Organisationsformen in neue Bereiche eindringen.

Ein zweiter Punkt spielt ebenfalls mit. Man kann an den jeweils auftretenden frühen amphibischen Formen nicht erkennen, ob noch der alte Lebensraum besiedelt wurde, der neue bereits als Option genutzt oder schon der Übergang vollzogen war. Es war ja eine im Wasser lebende Konstruktion, welche die ersten Schritte ohne spezifische Abwandlungen zu vollziehen, den Übergang schaffte und auch im weiteren Verlauf der Abwandlungen intern konditionierten Transformationen unterlag, die ebenfalls keine Markierung für einen vollzogenen Übergang bieten. Wichtig ist auch, dass in langen Phasen der Entwicklung noch totale Reversibilität bestand.

Im Unterschied zur gängigen Ansicht lässt die Vielfalt von urtümlichen Tetrapoden an einen vielfach parallelen und disjunkten Übergang und an ein frühes radiierendes Streuen der den Übergang vollziehenden Formen in allen Phasen denken.

An der radiierenden Eroberung des Landes waren auch und schließlich an äußerst prominenter Stelle Arthropoden beteiligt. Hier ist es in vielen Linien noch viel schwieriger, an der Organisation festzustellen, ob sie noch im Wasser, im Süß- oder Brackwasser oder schon an Land lebten. Die arbeitende Konstruktion zeigt im Propulsor und in den dem Nahrungserwerb dienenden Einrichtungen keine Unterschiede. Nur Fundbedingungen und/oder Hinweise auf Atemorgange, die nur für das Leben in der Luft geeignet sind, können hier weiterhelfen.

42. Fazit

Die aufgezeigte Entwicklung der Konstruktionen sowie der Nutzung der Außen- und Umräume ist mehrfach erzwungen:

a. Durch die sich staffelnden organisatorisch-konstruktiven Zwänge in den Organismen.
b. Durch die in der Biosphäre gegebenen Invarianzen am biomassemäßig dominierenden Anfang der Nahrungskette.
c. Durch die Ordnung und die Kenntnis des Ablaufes der heute im Meer beobachtbaren Vorgänge.

Die Folge der konstruktiven Stadien und der Eroberung von immer neuen Bereichen der Welt, die damit zu Lebensräumen werden, wurde als zwingend vorgeführt. Leitprinzipien der Rekonstruktion sind die organismisch-konstruktiven Eigenheiten der Lebewesen, die grundlegenden geophysikalischen Bedingungen und der planetare Zusammenhang mit der Energiezulieferung durch die Sonne.

Die Entwicklung des Lebens und der Organisationsformen kann somit auch nur in diesem Rahmen und auf den organisatorisch vorgezeichneten Bahnen verlaufen sein. Die Sequenz der Evolutionsstadien ergibt sich wegen der Eigenständigkeit der Lebensentwicklung allein aus den konstruktiven Möglichkeiten. Es kann nirgends eine feste Verkoppelung von Lebensentwicklung und geologischem Geschehen gesichert und begründet werden. Dies gilt zumindest für die Zeiträume seit der Entstehung der sauerstoffhaltigen Atmosphäre, deren Sauerstoff nach allgemeiner Ansicht durch das Leben selbst, durch die Aktionen der photosynthetisierenden Konstruktionen nach Entwicklung der Photosynthese, generiert worden sein muß. Wann die verschiedenen Schritte der organisatorisch-konstruktiven Ausgestaltung und der Nutzung der geologischen Räume vollzogen wurden, läßt sich nicht aus den Modellen und ihren organisatorisch-konstruktiven Begründungen ableiten. Hier kommen nun die paläontologischen Evidenzen ins Spiel, die als Belege nur bei vorgegebenen Theorien eine Rolle zu spielen vermögen.

Zwar dürfte es schwierig sein, gegen die Fülle von Fossilien und die Belege für ganz andere Phasen der Lebensentwicklung die Vorstellung von Evolution grundsätzlich abzulehnen. Das Fundgut ist inzwischen sehr breit und eindeutig im Hinblick darauf, dass es zu verschiedenen Erdzeiten, die sich geologisch mit einiger Sicherheit markieren lassen, unterschiedliche Organismen gegeben haben muß. Die zeitliche Staffelung der Fossilreste differenter Organismen legt den Gedanken der Evolution vielleicht sogar zwingend nahe.

Wie aber die Evolution verlaufen ist, welche Mechanismen in ihr wirksam gewesen sein müssen, über welche organisatorisch-konstruktiven Stufen der evolutive Transformationsprozess verlaufen muss und in welcher Abfolge die verschiedenen geologischen Räume genutzt werden konnten, das lässt sich dem "fossil record" nicht entnehmen, das kann nur rekonstruiert werden. Diese Rekonstruktionsversuche haben als wissenschaftliche Unternehmung jedoch nur dann einen Sinn, wenn es möglich ist, sie auf zuverlässige organisatorisch-konstruktive Prinzipien, auf die organismisch-konstruktiven Prinzipien lebender Konstruktionen, zu begründen. Diese liegen im Prinzip der Hydraulik, der Kohärenz und der Energiewandlernatur der Lebewesen vor. Man kann heute nicht mehr phylogenetisch ausgerichtete Paläontologie betreiben oder in der Ökologie und Palökologie so tun, als seien die Prinzipien, nach denen Organismen ökologisch aktiv werden und die Räume dieser Welt sowie die Energie- und Materieressourcen nutzen, nicht bekannt. Die Revisionsforderung an die Ökologie ist hier in aller Deutlichkeit zu erheben (Edlinger, Gutmann & Weingarten 1991; Gutmann & Edlinger 1991).

Gleiches gilt für den paläontologischen Bereich. Die Prinzipien, nach denen man die Skelettstrukturen als Teile von organismischen Konstruktionen verstehen und somit über zwischengeschaltete Erklärungen als Evidenzen für die Phylogenese nutzen kann, stehen ebenfalls bereit (Gutmann, Vogel & Zorn 1979 Vogel & Gutmann 1981, 1989, 1990; Vogel 1991; Schmidt-Kittler & Vogel 1991; Gutmann 1991). Die paläontologischen Evidenzen belegen nun aber anhand von fossilisierten Resten, wann welche Stadien durchlaufen waren und bis zu welchem Zeitpunkt organismisch-konstruktive Zusammenhänge sich entwickelt hatten. Damit kennen wir wichtige Markierungen in der geologischen Entwicklung, können die eigenständige organismisch-konstruktive Entwicklung mit der Erdentwicklung korrelieren, ohne dass die Autonomie beider Entwicklungen in Frage gestellt würde. Andere Hinweise als diese für die zeitliche Einhängung der rekonstruierten evolutiven Abläufe ins erdgeschichtliche Geschehen haben wir nicht zur Verfügung.

Die paläontologischen Belege sind, gemessen an den erklärenden Modellen mit der zwingenden Angabe der konstruktiven Sequenzen und der sich aus den konstruktiven Vorbedingungen ergebenden Einsichten in die Nutzungsmöglichkeiten der Außen- und Umräume der Erde, peripher. Die Erklärung läuft von den Rekonstruktionen zu den Fossilien, die im Modell oder relativ zu ihm Beleg- und Evidenzcharakter gewinnen. Von den Fossilien aus kann nichts geschlossen, aus ihnen können keine Folgerungen gezogen werden, nicht nur, weil aus Beobachtungen sich keine Deduktionen ergeben, ein oft eingefordertes Induktionsprinzip ließ sich ja nicht vorzeigen. Würde an den Fossilien selbst die erklärende Erkenntnis gewonnen und auf sie angewendet, man geriete in einen Zirkel, der jede Erkenntnishaftigkeit aufhöbe; jeder, der Fossilien als wichtige Belege nutzen möchte und ihnen einen Erkenntniswert geben will, sollte aufhören, diese Bildungen aus sich selbst erklären zu wollen; gerade durch Vorgabe von Erklärungsprinzipien erschließt sich erst der Erkenntwert von Fossilien.

Nicht über das paläontologische Fundgut begründbar ist die Sequenz der grundlegenden Abwandlungen und der Etablierung der Baupläne. Es ist nicht möglich, die Evolution von Konstruktionen an Fossilien abzulesen, weil die Konstruktionsprinzipien selbst an dichtesten Belegfolgen nicht durch Betrachtung zu ermitteln sind. Die Organisationstypen der Lebewelt etablieren sich als rein weichkörprige Gefüge, bevor Skelett-Strukturen auftreten. Auch kann von paläontologischen Funden aus nicht die organisatorisch-konstruktive Breite der verwirklichbaren Formen begründet werden. Besitzen wir Belege für Radiationen in einem Strauß von Vielfalt, so verstehen wir das, was die Vielfalt und die Grundlage der Radiationen bildet, nur über die vorgegebenen konstruktiven Einsichten. Vielfalt, auch in den Radiationen, erklärt sich nie von selbst und aus sich selbst.

Immerhin wird es möglich, auf Grund der Rekonstruktion der Folge der evolutiven Transformationen und des Nachweises, auf welcher organismisch-konstruktiven Grundlage die verschiedenen marinen und geologisch-geographischen Räume genutzt werden konnten, die Modelltheorien der Geologie und die Mechanismen der Lebensentwicklung in Beziehung zu setzen und so einer Gesamtgeschichte der Erde und des Lebens auf ihr nahezukommen. Doch hat es keinen Sinn, sich über die Perspektiven dieser Art der Geschichtsschreibung zu täuschen. Es besteht schon kaum eine Möglichkeit, die verschiedenen Entwicklungslinien des Lebens in eine notwendige wechselseitige Beziehung zu setzen. Man könnte nur sehr schwer begründen, wie etwa die Evolutionsschritte bei der Ausbildung der Molluskenkonstruktionen mit dem Entwicklungsverlauf der Chordaten und Vertebraten oder den Transformationsschritten in der Cnidarierevolution synchronisiert gewesen sein sollten. Die nutzbaren Räume und Nahrungsquellen lagen lange vor der Entstehung der genannten Organisationstypen vor; ihre Nutzung durch jede der konstruktiven Lösungen war gesondert möglich; eine Verquickung existiert nicht. Hochgradige Autonomie der Entwicklung liegt nicht nur in der Lebensentwicklung insgesamt, sondern auch in der Entfaltung der einzelnen konstruktiven Entwicklungsbahnen.

Jedes Bauplangefüge entwickelte sich gleichsam für sich selbst, weitestgehend immunisiert von den Entwicklungsbahnen anderer Baupläne und ohne durch die in parallelen Linien erreichten Stadien bestimmt zu sein.

Dies hängt damit zusammen, dass die Abfolge der Konstruktion einerseits von den die Sequenzen bestimmenden internen Prinzipien, andererseits von der Grundausstattung der Biosphäre ihren größeren Räumen und grundlegenden Energiequellen abhängt. Für das Auftreten der Grundbaupläne und für deren Entfaltung und Aufzweigung in Untertypen sind praktisch nur die generellen Mechanismen in der Megamaschine ‚Biosphäre', nicht aber bestimmte erreichte Stufen und Abläufe in anderen Stammlinien bestimmend. Über weite Strecken verlaufen die verschiedenen konstruktiven Entfaltungen in voller Unabhängigkeit voneinander. Das Auftreten radiativer Entfaltungen wird ebenfalls durch das erreichte Organisationsniveau bestimmt.

Die generellen geologischen Bedingungen sowie die nutritiven Voraussetzungen für die Ausbildung der verschiedenen Organisationstypen sind ja permanent und schon früh in der Erdgeschichte gegeben. Die so oft beschworene Koevolution bildet eher eine Ausnahme und verschränkt nur wenige Entwicklungslinien, aber keine, die organisatorisch für die Erklärung von Bauplänen ins Gewicht fallen, miteinander. Koevolution ist nirgends außer bei der symbiontischen Verkoppelung von Prokaryonten mit komplexeren Organismen und in vielen Phasen der Endosymbiogenese von bauplanbestimmender Bedeutung (Margulis 1970 - 1990). Aber diese endosymbiogenetische Koevolution findet immer wieder neu statt und lässt sich historisch gerade nicht festlegen. Wichtig ist, dass die in der Endosymbiogenese sich zeigende Koevolution nicht diejenige des Darwinismus ist, weil nach Maßgabe der Konstruktionslehre aktive Systeme zusammentreten, im Gefolge aktiver organisatorisch bestimmter

Lebensleistung. Die abgestimmte Entwicklung kann dann ebenfalls nur nach Maßgabe der beiden (oder mehrerer) verkoppelter Organisationstypen verlaufen.

Coevolution bestimmt gelegentlich, wie bei Insekten das Ausmaß der Radiation; die Grundorganisation der Insekten oder auch die grundlegende Ausgestaltung der verschiedenen Ordnungen und Familien dieser Tiergruppen werden nicht durch spezifische coevolutorische Bezüge festgelegt. Ähnliches gilt für andere Fälle von sogenannter Coevolution.

Nur in wenigen kurzen Phasen der Erdgeschichte existiert die Voraussetzung der coevolutorischen Verkoppelung. Gleiches gilt für die Wechselbeziehung von geologischer Geschichte und Lebensentwicklung. Beide laufen über lange Phasen unvermittelt nebeneinander her. Nie mehr ergeben sich nach Einsicht in die Konstruktionsgegebenheit lebender Organisation und ihrer Evolution notwendige Querverbindungen der Art, wie sie einstmals die Lyellschen Erwartung der Ausstattung von bestimmten Ablagerungsbedingungen mit spezifischen Fossilien unterstellt hat. Überhaupt kann keine Rede mehr davon sein, dass der Wandel im geologisch faßbaren Geschehen die Triebfeder der Evolution dargestellt haben könnte. Auch treibt die Erdentwicklung die Lebens- und Organisationsentwicklung nicht wie Transmissionsriemen (Edlinger, Gutmann & Weingarten 1991).

Die Evolution des Lebens läuft hochgradig autonom der geologischen Entwicklung parallel und ist nicht oder nur ganz unbedeutend mit ihr verzahnt. Vielmehr bietet die Erde mit ihren Abläufen dem Leben eine permanente und hochgradig invariante Grundlage, ein veritables Substrat mit nahezu gleichförmigen Bedingungen. Die Entwicklung der irdischen Lebensräume wird in vieler Hinsicht durch das Lebensgeschehen beträchtlich beeinflußt; dagegen wahrt die Lebensentwicklung eine hochgradige Unabhängigkeit vom geologischen Geschehen. Im Rahmen der Gaia-Theorie von Lovelock, der sich L. Margulis 1990 angeschlossen hat und der geophysiologischen Bioid-Konzeption von Krumbein und seinen Mitarbeitern (Krumbein 1984; Krumbein & Lapo 1992; Krumbein & Schnellhuber 1990), die in der Tradition von Vernadsky stehen, wird der starke bestimmende Einfluß, ja das konstituierende Mitwirken von Organismen an der Zusammensetzung der Atmosphäre, der Wirkung auf das Ablagerungsgeschehen durch Stromatolithenbildung betont; ein starker Einfluß auf die Verwitterungsvorgänge sowie die Zerstörung von abiotischen und biogenen Ablagerungen wird der Tätigkeit von Organismen, bevorzugt von Bakterien zugeschrieben. Die Erdoberfläche mit weiten Bereichen mariner und terrestrischer Natur, die Atmosphäre mit ihrer Gaszusammensetzung, die Komposition von Gasen und Stoffen in den marinen und fluviatilen und lakustrischen Wasserkörpern erscheint nicht nur durch Lebewesen beeinflußt, sondern im Rahmen der Biosphäre als Teilgeschehen in einem `Gaia' bezeichneten Superorganismus. Es ist also eher so, dass das Leben in seiner Entwicklung die Erde oberflächlich in der atmosphärischen Lage und in den Wasserbedeckungen der Hydrosphäre, aber auch der terrestrischen Oberfläche bearbeitet, während die Entwicklung der komplexen Organismen gleichsam gleitend über das plattentektonische Geschehen hinwegläuft.

Mit Invarianz der geologischen Entwicklung ist nicht Konstanz der Bedingungen gemeint; auch wird nicht Dynamik und prozesshafte Entfaltung des geologischen Geschehens abgestritten oder seine gerichtete irreversible Entwicklung über bestimmte geologische Konfigurationen in Abrede gestellt. Ganz im Gegenteil. Im Ablauf der geologischen Entwicklung bieten sich im Wandel immer wieder die gleichen Bedingungen dar, im Wandel reißen generelle Lebens- und Existenzbedingungen nicht ab (Edlinger, Gutmann & Weingarten 1991).

Die geologische Entwicklung in der Form, wie sie die Theorie der Plattentektonik vorführt, spannt einen generellen Rahmen für die Lebensentwicklung auf, der bei aller Dynamik in der Umgestaltung relativ zu den Anforderungen, die das Leben im Hinblick auf seine Erhaltung und Weiterentwicklung hat, nur Invarianzen liefert.

Die geologische Entwicklung der Kontinente, Gebirge, Ozeane und Meere lässt sich natürlich als Ablauf rekonstruieren. Invarianz besteht im Hinblick auf die Erdgeschichte nicht nur in Relation zur Lebensentwicklung.

Die Etablierung und Evolution der lebenden Organisation bedarf in ähnlich abgehobener Form der Begründung auf eigenen biologiespezifische theoretische Grundlagen.

Ganz deutlich wird, dass entscheidende Bedingungen für die Entwicklung des Lebens, seiner verschiedenen Organisationsstufen und seiner Erhaltungseinflüsse von der lebenden Organisation selbst hergestellt wurden. Vielfach wird nun auf diese Aspekte als auf Außen- und Umweltfaktoren als Mechanismen verwiesen, die im Sinne der Anpassung die Evolution richten.

Aber genau dieser darwinistische Gedanke ist zurückzuweisen. Natürlich gibt es externe Bedingungen, Sauerstoffbildung, Photosynthese durch Cyanobakterien, Stabilhaltung des O_2 in der Atmosphäre. Wie jedoch und von welcher Organisationsstufe aus, diese Bedingungen - wie auch andere invariante Gegebenheiten auf der Erde - genutzt werden können, ergibt sich aus den konstruktiven Eigenheiten der evoluierenden Konstruktionen. Auch jede effizientere Nutzung erfolgt immer gerichtet und bestimmt durch die Anforderung der inneren Organisation der Energiewandler. Die geologischen Belege für das Auftreten von Sauerstoff, die Kalkabscheidungen in Stromatolithen, lässt sich nur vom Konstruktions- und Physiologieverständnis her erklären; nicht umgekehrt.

Solche Entwicklung adaptationistisch zu nennen, ergibt keinen Sinn, weil eben dann die internen Bedingungen übersehen werden. Außerdem ist vom adaptationistischen Verständnis der Evolution aus der Ablauf der Evolution, die Nutzung der Außenbedingungen, das Hineinevoluieren der Konstruktion, die sich nach Maßgabe interner Prinzipien ausformten, in die verschiedenen Lebensräume nie begründet worden. Wer organismische Strukturen als Anpassung bezeichnet, hat sich schon von der wirklichen Aufgabe der Erklärung entbunden.

Die Frage, ob tubikole Würmer oder grabende Formen an das Sediment oder das Benthos angepasst sind, ist völlig sinnlos und abwegig, wie das Problem, ob die Erde an die Sonne oder das Weltall angepasst seien. Gefragt sind die Vorbedingungen und der durch die interne Organisation gerichtete Abwandlungsweg der Entwicklung, die zur Nutzung dieser Räume führte. Im Falle der Erde und der Sonne sind die Entstehungswege und die sich verwirklichenden Mechanismen zu begründen. Ist es zu viel verlangt, das gleiche für die Biologie zu fordern? Ist es nicht gerechtfertigt, nach der Begründung für die Möglichkeit der Fossilisierung von Tieren zu fragen; spricht nicht alles für die Berücksichtigung der Begründung, wie und bei welchen Vorbedingungen tierische Lebewesen zum Graben und zur tubikolen Lebensweise übergehen können.

Sollte man nicht einsehen können, dass nicht am Bestand erkennbar ist, wie eine Entwicklung verlief, dass vielmehr der Ablauf von den Vorbedingungen her begründet werden muss und zwar in Modellen, die zu Evidenzen in Beziehung zu setzen sind. Aus dem Konstatieren der Anpassung ist eben nicht zu erschließen, worin die Bedingungen dafür lagen, dass Leben im Sediment und in der Röhre möglich war. Beschwörung von Anpassung und Angepasstheit besagt absolut nichts, ist nur leere Rede.

Die Verschränkung von Erd- und Lebensentwicklung.

Eigenständigkeit der erdgeschichtlichen Entwicklung und Eigengesetzlichkeit der evolutiven Abläufe bedeutet nicht, dass beide nichts miteinander zu tun hätten. Natürlich ist das Leben an die geologische Unterlage, die ozeanisch-marinen und atmosphärischen Bedingungen gebunden, die weitgehend stabil sind und, wie schon begründet, Invarianzen, über nicht total konstante Bedingungen garantieren. Wie auf einem Tablett mit differierenden Bereichen entwickelt sich das Leben; welcher Bereich Lebensbereich wird, bestimmt sich durch das Stadium der Evolution der lebenden Konstruktionen.

Will man spezielle Beziehungen zwischen Erdentwicklung und Evolution darstellen, so muss man sie auch besonders begründen. Sie dürfen nicht als selbstverständlich unterstellt werden, weil ja in der Erdentwicklung zwei unverkoppelte Geschehensstränge weitgehend unabhängig voneinander ablaufen, sich begleiten; die Begründung für spezifische Verkoppelung von Lebens- und Erdentwicklung ist nicht durch Verweis auf das Vorfinden und durch eine selbstverständliche, letztlich deterministische Verbindung zu liefern.

Natürlich ist weiterhin, auf veränderter ökologischer Grundlage paläoökologische Rekonstruktion möglich; aus dem Zusammenspiel von verschiedenen fossilen Belegen können bestimmte paläogeographische und ökologische Bedingungen rekonstruiert oder andere ausgeschlossen werden. Nur gibt es von diesen Einsichten aus keinen Schritt zurück zur Begründung der evolutiven Transformation der lebenden Konstruktionen, kein Folgern der evolutiven Abläufe aus dem paläontologischen Befund, keine Ableitung der evolutiven Triebkräfte aus der geologischen, in Umweltveränderung sich ausdrückendem Dynamik.

Auch eine Abfolge von Formationen, eine in Schichtpaketen sich darstellende Sequenz von ökologischen und paläogeographischen Bedingungen reflektiert ein geschichtliches Geschehen, eine Abfolge von Ereignissen. Aber diese Abfolge ist eine geologische, vielleicht biofazielle und nur indirekt eine evolutive, denn wenn unter verschiedenen Bedingungen differente Organismen leben und prosperieren, erfolgt eine Ausbeutung nach Maßgabe der geologischen und geographischen Bedingungen. Es wandern die Organismen aus angrenzenden Räumen zu, die im neuen Bereich ihre Lebensmöglichkeiten finden, sobald sich die Verbindungen ereignen. Die einwandernden Organismen entwickeln diese ihre

Fähigkeit nicht neu; sie evoluieren nicht, sie bringen sie mit, weil sie nach Maßgabe ihrer Konstruktion und ihrer Leistungsfähigkeit eindringen. Die evolutive Entstehung und Wandlung, die ja immer nach Maßgabe der organismisch-konstruktiven Vorbedingungen abläuft und für die jederzeit die entsprechend nutzbaren Außenbedingungen vorliegen, hat mit den geologischen Veränderungen nichts zu tun, bietet nur den Produkten des Evolutionsprozesses die Nutzungsräume. Die Vorstellung, dass jeweils sich ereignende geologische Transformationen und die Ausweitung von Lebensräumen die Bedingungen der Evolution erbrächte, ist verfehlt, weil eben diese Vorbedingungen in vielleicht variabler Extension sich immer ereignen, es aber zumindest keine theoretische Begründung dafür gibt, dass die Nutzung organismischer Potenzen vom Ausmaß geologischer Veränderungen abhängen müsse.

Natürlich kann die Geologie weiterhin Fossilien zur Charakterisierung der Ablagerungen nutzen, aus dem Fossilbestand Hilfen für die Rekonstruktion der Ablagerungsbedingungen gewinnen. Stratigraphie lässt sich auf Differenzen im Fossilbestand begründen. Nicht sinnvoll ist der Versuch, die Verkoppelung geologischer und paläontologischer Befunde in dem üblichen Sinne vorzunehmen und den Erwägungen über die Evolution der Organisationsformen zu Grunde zu legen oder von paläontologischen Kenntnissen aus die Mechanismen der Nutzung der Umweltbedingungen abzuleiten.

Durch die geographische Situation und das geologische Geschehen können Entwicklungen, die in bestimmten Bereichen angelaufen sind, abbrechen oder leerlaufen lassen. Durch großräumige Veränderungen können Entwicklungen, die in bestimmten Bereichen begonnen haben, abgeschnitten werden. Großräumige Veränderungen können zur Isolierung von Linien oder von ganzen Radiationsschüben führen. Solche Ereignisse lassen sich nur durch geologische und paläogeographische Studien, doch immer auf der Grundlage plattentektonischer Vorgänge, erschließen und rekonstruieren. Das Enden von Entwicklungslinien wird natürlich, da das geologische Geschehen in seiner Dynamik nie stillsteht, unentwegt und immer wieder erfolgen. Als Konsequenz der Trennung von größeren marinen Bereichen können sich gesonderte, teilweise übereinstimmende, weil von gleicher Grundorganisation ausgehende Radiationen ereignen. Aber alles dies gehört zum dauernden Spiel der Entwicklung, zum normalen Geschehen mit der unendlich oft sich wiederholenden Beendigung von Entwicklungslinien.

Konstruktiv ist die Bedeutung geologischer Veränderungen für die Evolution von Organisation gering, wenn wir beachten, dass erfolgreiche Transformation und die Entwicklung neuer Konstruktionen samt der so eröffneten Radiationsmöglichkeiten sich wiederholt ereignen und weit in alle nutzbaren Räumen ausbreiten. Weiterentwicklungen der konstruktiven Gefüge dürften vielfach unabhängig und repetierend erfolgen; konstruktive Optionen und erfolgreiche Transformationsschritte stellen nicht Wege für historisch einmalige Abläufe dar, sondern sind potentiell vielfach sich ereignende Angebote für Transformationen, die geographisch dezentral und beim Verharren der Ausgangskonstruktionen zeitlich längere Zeit offen bleiben, durch geologisches Geschehen also letztlich nicht zu verhindern sind.

Nur eine historistische Sicht von Evolution, die überall Entwicklungslinien vermutet, nicht aber die vielfache Nutzbarkeit der gleichen konstruktiven Wege bei immer wieder sich bietender Außenbedingung ins Auge fasst, wird den geologischen Abläufen auch einen wirklich verhindernden Einfluss zumessen. Eine solche Sicht ist jedoch konstruktionsmorphologisch nicht haltbar. Konstruktionsmorphologisch sind historische Einmaligkeiten nicht zu erwarten, zudem auch nicht zu begründen, weil jede Begründung beliebig oft gilt. Konstruktive Möglichkeiten stehen permanent offen und die Außenweltoptionen fehlen nie total oder für lange Zeit. Damit sinkt die Bedeutung destruktiver Einflüsse des geologischen Geschehens, das zudem niemals eine positive Erklärung abwirft.

Anders ist die Lage bei globalen Ereignissen, die zu Massenextinktionen führen. Im Streit um die Gründe für Auslöschung von Faunen und Floren neigt sich die Waage zugunsten von vulkanischen Abläufen, die durch Auswurf von Staub in die höheren Schichten der Atmosphäre die Energieeinstrahlung stark beeinflussen, also vermindern können. Die entsprechende, als Grundlage der Extinktion vermutete Wirkung von Meteoreinschlägen verliert an Überzeugungskraft (Alvarez, Asaro &Cortillot 1990).

Solche Massenextinktionen stellen Verstärkungen der Entwicklungsunterbindungen in relativ kurzen Zeiten dar, bilden Verstärkungen und Vermehrungen der Entwicklungsabbrüche, die sowieso permanent stattfinden. Sie können nur geologisch-paläontologisch leichter nachgewiesen werden; die Erklärung auch für Extinktion kann nur über Ökosystemaspekte begründet, oder plausibel gemacht werden. In solchen Begründungen werden dann energetische, ökologische und konstruktionsmorphologische Aspekte eine unverzichtbare Rolle spielen.

Paläontologisch belegbare weitere Entwicklungen und Radiationen können dann in eine zeitliche Beziehung zu den globalen Ereignissen gebracht werden. Solche Aspekte mögen zur Rekonstruktion der Naturgeschichte gehören. Vorsicht sollte walten bei der Erklärung und Begründung von phylogenetischen Abläufen.

Massenextinktion mag Freiraum schaffen für neue Entwicklungslinien. Da aber die konstruktiven Bedingungen für die Nutzung der Freiräume schon vorher vorhanden gewesen sein müssen, kann auch die Vorentwicklung von Radiationen nur schon vorher abgelaufen gewesen sein; die Massenextinktion konnte Freiraum für Radiationen schaffen oder eine sonst unauffällige Radiation deutlich an einer größeren Menge von fossilisierbaren Organismen erkennbar werden lassen. Zur Erklärung von Entwicklung und zur Begründung von organisatorischer Abfolgen samt Radiationen sollte man solche Aspekte nicht anführen.

Man kann natürlich versuchen plausibel zu machen, dass den Extinktionen vorangehende Entwicklungen durch vorhandene Formen gehemmt oder eingegrenzt waren. Aber eine strikte Theorie für solche Aussagen gibt es nicht. Vor allem sollte nicht gestattet sein, ablaufende Entwicklung durch Freigabe von Lebensbedingungen zu begründen. Umweltrelationen schaffen sich Organismen selbst durch ihren konstruktiven Wandel. Dabei gibt es Konflikte mit anderen Organismen, aber solche Negativaspekte vermögen nicht positiv Entwicklungspotenzen zu begründen oder Entwicklungsmöglichkeiten als nicht realisierbar verständlich zu machen.

Das evolutive Geschehen windet sich meist hochgradig, wenn nicht sogar völlig eigenständig und an den geologischen Abfolgen nicht erfahrbar oder nur indirekt (nach Maßgabe der Rekonstruktion) belegbar, durch das geologisch-paläogeographische Geschehen. Von der Erklärung der Konstruktionen und ihrer evolutiven Entwicklung lässt sich begründen, warum Organismen in einen sich bildenden Umweltbereich einzuwandern vermögen, oder durch die geologischen Bedingungen aus ihm verdrängt werden. Paläobiologie und Paläoökologie bedarf, wenn sie mehr sein soll als Indizierung von geologischen und ökologischen Bedingungen in unterschiedlichen Phasen der Erdentwicklung der Begründung von den Konstruktionen her (Schäfer 1980). Von der Fundsituation und von den geologischen Bedingungen aus kann die Biologie Organismen nicht erklären.

Ohne Fossilbelege würde sich keine Verklinkung von Erdgeschichte und Lebensgeschichte herstellen lassen. Phylogenetik wäre noch immer möglich, die Abfolge der organismischen Konstruktionen könnte rekonstruiert und zum Teil mit Bezug auf fossile Belege untermauert werden. Nur wären die spezifischen Aspekte der geologischen Geschichtlichkeit nicht aufschließbar.

Wenn in der Tat die stratigraphische Abfolge die Phylogenese belegen sollte, was in einzelnen Fällen nicht auszuschließen ist, dann kann die Legitimierung nur aus der Begründung der Abfolge, aus den organisatorisch-konstruktiven Bedingungen abgeleitet werden. In den meisten Fällen wird die stratigraphische Abfolge Wanderungswellen der Organismen, teils als Folge von Wandlungen in den Umweltverhältnissen, teils als Ausdruck der Eigendynamik des Populationsgeschehens, reflektieren. Leben ist auch auf der ökologischen Ebene Wandel und Dynamik. Fluktuation findet allenthalben statt, indiziert nicht notwendigerweise Veränderungen in den äußeren Bedingungen.

Nur in einem altmodisch-deterministischen Weltbild darf man glauben, dass es eine zwingende zahnradhafte Verkoppelung von Außenweltbedingungen, innerer Organisation der Lebewesen und Besiedlung der Umwelt geben müsste. Nicht die Beobachtungen irgendwelcher Art zwingen uns zur Annahme der festen Verzahnung und Verklinkung der evolutiven Wandlungen auf der Ebene der kleineren Taxa; es ist das deterministische Weltbild des 19. Jahrhunderts, das hier unangemessene Erwartungen erzeugend, nachwirkt. Dieses deterministische Weltbild wurde in der Physik im Zusammenhang mit der Quantenphysik zu Grabe getragen, es stirbt in Biologie und Paläontologie mit der Einführung einer organismisch-konstruktiv begründeten Vorstellung von Evolution. Zum Determinismus gesellt sich in der Systematik und Paläontologie der Historismus in der Form, dass alle Entwicklungen primär einmal als monophyletisch, als nur einmal über enge Entwicklungsbahnen verlaufen angesehen werden. Man erwartet nicht vielfach Exploitierung von Außen- und Umweltsituationen durch vielfach parallele Entwicklungen von Konstruktionen. Die Konstruktionstheorie gibt Begründungen für Transformationsläufe an, die von vornherein als naturwissenschaftliche Erklärungen die Möglichkeit abschneiden, als Einmalerklärung zu dienen.

Die Organismische Konstruktionslehre geht von der hochgradigen Eigenständigkeit der Lebensentwicklung aus, bezweifelt nicht, dass Leben sich nach eigenen inneren Bedingungen in die externen Verhältnisse einfügt und einklinkt und zwar als aktives, organisatorisch-konstruktiv bedingtes Geschehen. Alles organisatorische Geschehen dürfte vielfach parallel und repetierend verlaufen. Für die feineren Differenzierungsverläufe ist hochgradiges Fluktuieren zu unterstellen, permanentes Auftreten von Gruppierungen in den Populationen und Zerlegungen der Populationen in Arten, bei lockerer unablässig fluktuierender Beziehung zu äußeren Bedingungen in den Lebensräumen und den geologischen Abläufen.

Die Bedrohung für eine adaptationistisch verfaßte Paläontologie

Die Lebensentwicklung bemerkt, da sie nach eigenen Prinzipien verläuft, die Dynamik und Umgestaltung der großen Räume dieser Erde überhaupt nicht. Diese Einsicht widerspricht in nichts der wohlbekannten Tatsache, dass geologische Entwicklungen und Ereignisfolgen durch ihre Umgestaltungen evolutionäre Entwicklungslinien zerstören können und dass geologische Wandlungen Räume für die Evolution aufziehen können. Aber diese Ereignisse finden dauernd statt, ereignen sich in mehr oder minder gleicher Form immer wieder, auch dann, wenn geologisch nichts passiert; das geologische Geschehen liefert in seiner Invarianz genau die für die Autonomie der Lebensentwicklung erforderlichen Bedingungen, die das Leben nach Maßgabe seiner Wirkstruktur in sich entfaltenden Entwicklungslinien nutzen kann. Zudem erklären Zerstörungen von Entwicklungslinien durch geologische Großereignisse nicht den Aufbau und die evolutive Durchgestaltung von Organismen im weiteren Ablauf der Evolution. Die Kenntnis der geologischen Abläufe gestattet es gerade nicht, die notwendige Folge der organisatorischen Transformationen abzuleiten, noch auch kann die Art der Nutzung von Außen- und Umweltbedingungen durch evoluierende Konstruktionen von den geologischen Bedingungen her begriffen werden. Diese sind cum grano salis immer gleich.

Erst durch Begründung der evolutiven Stadien wird es möglich, schlüssig zu zeigen, wie und in welcher Abfolge geologische Räume auf Grund der erreichten Organisation zu Lebensräumen wurden und wie sich in den Lebensräumen die Organisationsformen miteinander verkoppelten. Was aber wie zum Lebensraum wird, ergibt sich aus der Entwicklung der Organismen; dass die geologischen Bereiche jederzeit vorlagen und seit dem frühen Präkambrium im dynamischen Ablauf der Plattentektonik bestehen blieben bzw. sich in immer neuen Schüben wiederholt bildeten, das kann nur die Geologie begründen. Der Evolution der Organismen bot die Erde immer die Bedingungen an, die sie nach Maßgabe der evolutiven Entwicklung und bestimmt durch deren Eigenständigkeit nutzen konnte.

Die vorgelegte Rekonstruktion bietet nur einen groben Rahmen und begründet die Möglichkeiten der Nutzung der Erdräume, die sich dann ergeben, wenn bestimmte konstruktive Bedingungen erreicht waren. Zwar stehen diese Modelle als Theorien der Kritik und vielleicht der Revision offen, doch dürfte an den theoretischen Prinzipien und vielen Teilbegründungen ein Zweifel schlicht nicht möglich sein.

Weiterführende Forschung hätte nun, immer von den verschiedenen konstruktiven Bedingungen ausgehend, die sich aufspaltende Entwicklung der Evolutionsbahnen zu rekonstruieren. Dabei besteht kein Zweifel daran, dass es möglich sein muss, bis auf die Ebene der mittleren taxonomischen Einheiten vorzudringen und was noch bedeutender ist, in verschiedenen geologischen Zeitphasen die radiativen Ausbreitungen und Aufspaltungen zu begründen. Dabei kann das paläontologische Fundgut eine neue Bedeutung gewinnen, indem es die Evidenzen dafür abgibt, wie auf verschiedenen Levels unter Nutzung der erreichten Organisation mit ihren konstruktiven Bedingungen Diversität sich ereignen konnte und wie Schübe von Utilisierungen verschiedener Umweltbedingungen sich zu ereignen vermochten.

Gleichzeitig wird dabei besser verständlich, welche konstruktiven Einheiten dazu führten, dass viele Entwicklungslinien, oft ohne Radiation, vielfach die Plattform für Radiationen liefernd, über lange Zeiträume durchhielten. Das Moment der Stagnation im Evolutionsgeschehen, Stasis als wesentlicher Aspekt von Evolution, wird so zum wissenschaftlichen Problem.

So sehr sich nun die Grundprinzipien der Evolution aus den organismisch-konstruktiven Eigenheiten der Lebewesen ableiten lassen, so wenig ist damit die Geschichte der Lebewesen schon geklärt. Die Erforschung der Radiationen wird das Ausmaß von konstruktiv möglichem Spiel der Organisation hervortreten lassen. Es wird noch deutlicher die Beziehung zwischen reversiblen Veränderungen, Stößen von nicht weiterführenden Radiationen und Durchstiegen über irreversible Transformationen zu neuen organisatorischen Levels sich darstellen lassen. Auch ist zu prüfen, wie im Ablauf der Evolution immer wieder symbiontische Verkoppelungen sich ereignen.

Wichtig ist jedoch, dass immer von den konstruktiven Prinzipien der Organisation ausgegangen wird und dass bei Nutzung der Konstruktionsprinzipien als Erklärungsmechanismen das fossile und rezente Fundgut aufgeschlossen wird. Dabei darf es nicht stören, wenn die Fossilkenntnisse und die Kenntnis der sogenannten rezenten Vielfalt im Hinblick auf Umfang und Differenziertheit jederzeit weit vor den immer vereinfachenden Erklärungsmöglichkeiten der Konstruktionsmorphologie liegen. Dieser Zustand ist normal und zwar in jeder Wissenschaft. Auch in Physik und Astronomie sind mehr Erscheinungen bekannt, als durch Theorien erklärt werden können. Theorien, die Situationen oder Abläufe erklären, stellen immer Modelle für komplexere Beobachtungen dar. Dennoch wird niemand die Diversität der Phänomene zum Kriterium adäquater Erklärung machen, weil nur die Stringenz der Erklärung und der Prüfung zählen. Gleiches ist für die Biologie und die Paläontologie zu fordern.

Neue und alte Fossilien können Probleme aufwerfen, aber die Erklärung kann nur von den Konstruktionsprinzipien in schon erklärten Bauplänen aus gelingen. Fossilmaterial für dessen Grundorganisation nicht die Prinzipien bekannt sind, ist durchweg als „enigmatic" anzusehen; keine noch so genaue Beschreibung kann zu irgend einer Erkenntnis führen.

Auf allen Stadien der Entwicklung und in allen Entwicklungsbahnen der verschiedenen Konstruktionstypen ereignen sich nun oft und vielfach sehr unübersichtlich hintereinandergestaffelte Radiationen. Auch hierfür liefert die Paläontologie die Belege. Jedoch verstehen wir die Radiationen, das was produktiv vor sich geht, wenn Vielfalt entsteht, nur dann, wenn wir die radiierenden Konstruktionen, die der Aufspaltung unterliegen, vorher in ihrer Grundorganisation verstanden haben, so dass uns Radiation als Variation von organisatorischen Prinzipien erscheint. Ohne eine vorangegangene Erklärung von Bauplänen sehen wir nur nicht erklärte und nicht verstandene Vielfalt, die uns nicht von sich aus und aus ihren Umweltbeziehungen die spezifischen organisatorischen Eigenheiten der Organismen verrät. Im Laufe der Radiationen werden verschiedene Lebensräume differenziert ausgenutzt. In welcher Weise dies geschehen kann, ist ebenfalls nur aus vorher gesicherter Konstruktionskenntnis der Aspiranten für geologische Bereiche abzuleiten.

Es könnte sich nun die Vorstellung einschleichen, auf der Ebene der Radiationen gebe es ein determinierendes Mitspielen der Außen- und Umweltbedingungen. Aber auch dieses Mitspielen ist durch die konstruktiven Vorbedingungen festgelegt und bestimmt, ereignet sich im Rahmen dessen, was die Konstruktionen zulassen. Der Aufbau der Konstruktion ist aber immer weitgehend durch die invarianten organismisch-konstruktiven Bedingungen und durch die organisatorisch-konstruktiven Vorläuferstadien bestimmt, die oft andere Lebens- und Umweltbereiche bevölkert, also nach Maßgabe ihrer internen Organisation genutzt haben. Es ergibt keinen Sinn, von der Vorstellung auszugehen, es seien Umweltbedingungen, welche die Differenzierungen in Radiationen auslösen. Jederzeit ist die Welt so gestaltet, dass sich Bereiche für Radiationen jeder Art aufziehen, ob sie genutzt werden, hängt an der organisatorischen Entwicklung.

Ob nun Außenweltbedingungen, stark untergliederte Räume oder große Bereiche, die sich der Besiedlung öffnen, das Differenzierungsgeschehen beschleunigen und damit im Hinblick auf Vielfalt und Differenzierung determinierend wirken, ist theoretisch durchaus unklar und unsicher. Natürlich streitet niemand ab, dass neue weite Bereiche, etwa nach Transgressionen, mehr Individuen und lebende Aktivität zulassen; dass aber das evolutive Geschehen hochgradig autonom, mit inneren Möglichkeiten spielend und durch interne konstruktive Bedingungen gerichtet verläuft und so, in hochgradiger Unabhängigkeit von der geologisch bestimmten Entwicklung der Lebensräume Vielfalt und Differenzierung erzeugt, dies ist der Aspekt, der vom heute vorherrschenden Induktionismus in Biologie und Paläontologie übersehen wird. Auch die Produktion von Vielfalt und divergierenden Linien ereignet sich nach Maßgabe interner Bedingungen und durch intern erzeugte Weichenstellung. Wer behauptet, es führe Transgression mit der Bedeckung großer Bereiche zu neuer Vielfalt, dem fällt die Aufgabe zu, dies über die Konstruktionseigenheiten der Organismen theoretisch zu begründen und zwar nicht induktiv, sondern von den theoretischen Bedingungen aus. Derartige Begründungen fehlen jedoch.

Eine grundlegende Einsicht in nichthistorische Aspekte der Evolution und Nutzung von Lebensräumen muss besonders betont werden. Lebende Organisation kennt nicht nur die genügend betonten organisatorisch-konstruktiven Aspekte und Prinzipien, die als Invarianzen bei allem Wandel durchhalten. Es ist auch zu beachten, dass gewisse Mechanismen, vielleicht alle Trends zum Übergang zu bestimmten Lebensweisen und in verschiedene

Umweltbedingungen immer wieder ablaufen, gleichsam auf verschiedenen Ebenen repetiert werden.

Verdeutlicht wurde dies am Immerwiederentstehen von Endosymbionten im Rahmen größerer Organismen, an der vielfach genutzten Möglichkeit im marinen Bereich in den Boden einzudringen, in der vielfach gesonderten Entwicklung von Formen, die auf festes Land vorstoßen und am Immerwiederzurückgehen von Landtieren ins Wasser. Man muss Leben als total dynamisch ansehen und als bestrebt, immer wieder gleiche oder ähnliche ökologische Übergänge zu vollziehen, alte und neue Lebensräume immer wieder neu zu nutzen.

Verständlich wird dies aus der Natur der Organismen, aus ihrem Wirken als energiewandelnde Konstruktionen, die im Überdruck der Reproduktivität alle Bereiche, die ihren Konstruktionen zugänglich sind oder werden, ausnutzen.

Der Paradigmawechsel

Gemessen an der vorgelegten Darstellung wird deutlich, was sich die traditionelle Morphologie und Homologienforschung mit ihrer Formenreihung nach Maßgabe steigender Komplexität, die adaptationistische Evolutionslehre und die Ökologie angetan haben, was sie an Erkenntnissen und Einsichtsmöglichkeiten verspielt, ja unterbunden haben, indem sie einem längst überholten Induktivismus frönten, sich strenge theoretische Begründungen ihrer Methoden versagten, glaubten aus Beobachtungen und Vergleich zu den entscheidenden Einsichten kommen zu können (A. Remane; Osche; J. Remane).

Die detaillierten Aufnahmen der Verteilung der Organismen in den Lebensräumen, sowie die Konzeption der Anpassung ergeben eben keine Einsichten in die Vorbedingungen des Eindringens und Lebens in Lebensräumen und machen nicht verständlich, wie Lebensmöglichkeiten durch die Organismen und die Leistungsfähigkeit ihrer Konstruktionen erschlossen werden. Vor allem wird deutlich, dass detaillierte Beobachtungen und Bestandsaufnahmen keine wirklichen Einsichten erbringen. Sie vermehren die Kenntnisse und werfen vielleicht Fragen auf. Mit der Akkumulation des Wissens wird es jedoch zunehmend schwieriger, neue Probleme zu sehen und Lösungen zu finden, die immer eine theoretische Begründung fordern. Mit dem Nachweis, dass Lebewesen energiewandelnde Konstruktionen sind, besteht die verbindliche Forderung an Ökologie, Paläontologie, auch ihre Erklärungen auf die organismisch-konstruktiven Grundlagen lebender Organisation zu begründen. Es gibt keinen Punkt, an dem die organismische Konstruktionslehre und das Hydraulikprinzip irrelevant würden, oder die Umwelt beginnen könnte, die lebende Organisation zu determinieren.

Die organismische Konstruktionslehre gestattet nicht eine Teilung der Welt in der Weise, dass man die Konstruktionsverhältnisse der Baupläne organisatorisch-konstruktiv begründet, für das Kleinspiel aber Anpassung am Werk sieht. Die theoretische Revision und Neubesinnung ist bis auf die Artebene herunter zu verfolgen, es ist total der Lyellismus und der darwinistische Adaptationismus zu beseitigen, weil er sich bei materiell-energetischer Begründung lebender Organisation nicht halten und theoretisch nicht untermauern lässt. Mit dem Determinismus und Adaptationismus dürften zwei Gespenster des 19. Jahrhunderts verschwinden. Es ist der Darwinismus als Forschungsgegenstand an die Biologie- und Paläontologiegeschichte weiterzureichen und dort zu verwalten.

Wirkliche Erkenntnis muss immer auf Gesetzmäßigkeiten und Prinzipien begründet sein und empirische Belege nur nach Maßgabe der strikten theoretischen Vorgaben nutzen. Durch den in weiten Bereichen der Biologie und Paläontologie fest verwurzelten Induktivismus kommt es, angesichts der Hoffnung, Vermehrung des Wissens liefere beim Weiterarbeiten automatisch die theoretischen Einsichten, zu erkenntnishindernden Materialansammlungen.

Auch für die Komplizierung der Morphologie der für abgeleitet und weiterentwickelt gehaltenen Organisationsformen wird im Rahmen der überkommenen Morphologie keine Begründung vorgeführt. Es wird dann auch nicht verstanden, dass vorher sessil gewesene Organismen, oder solche, die tubikol gelebt hatten, nicht einfach zu Totalpropulsoren und „höher" entwickelten Konstruktionen werden können. Sekundär freilebende Formen bleiben organisatorisch immer durch die präzedente Lebensweise gekennzeichnet. Für alle wirklichen Neuerungen der Konstruktionen und für das Eindringen in neue Lebensräume ist aber freie Beweglichkeit der Konstruktionen durchweg als Vorbedingung gefordert. Sessilität, Eindringen ins Sediment setzen immer bestimmte konstruktive Eigenheiten schon voraus. Sessilität, tubikoles und grabendes Leben stellen abgeleitete Lebensweisen dar, für die die Vorbedingungen immer in Vorkonstruktionen mit einer anderen Lebenssituation liegen müssen. Der Übergang ins Sediment und zur fixosessilen Lebensweise erfordert hohe Leistungsfähigkeit der freibeweglichen Vorläuferkonstruktionen.

Diese Postulate unterscheiden die stammesgeschichtlichen Rekonstruktionen auf Basis der Organismischen Konstruktionslehre von denen, die auf den „klassichen" Methoden der Formenreihung aufbauen und denen im Grunde die wissenschaftliche Stringenz fehlt. In diesen Formenreihungen liegen implizierte Aussagen über Abfolgen der (unerklärten) Entwicklung im Lebensraum vor, die jede rationale Aussage unmöglich machen. Daher erscheint es unerlässlich die wichtigsten Abrisspunkte zu einfach verfestigten Grundrissvorstellungen zu markieren.

a) Aufzugeben ist die Ableitung der Vielzeller von Einzellern in irgendeiner Form, wie dies bisher üblich war. Die Radikalisierung über die älteren Darstellungen von Bonik, Grasshoff & Gutmann 1977, Gutmann & Bonik 1981, Gutmann 1988 hinaus ist damit deutlich. Von polyenergiden, eher vielzelligen Konstruktionen wären also die Einzeller herzuleiten. Es entfällt jede Sinnhaftigkeit der Reihung Protozoen - Metazoen.
b) Die Schwämme treten mit ihrer Sessilität und sicheren Polyphylie aus dem Evolutionsablauf der Metazoen heraus, sie müssen frühe Gallertoidkonstruktionen sein. Sie markieren konstruktive Optionen der kanaldurchzogenen Gallertoidstufe ohne eine nutzbare propulsorisch muskuläre Beweglichkeit.
c) Jede Unterstellung, grabende oder tubikole Formen könnten frühe Stadien welcher Gruppierung auch immer sein, muss zurückgewiesen werden. Graben und Tubikolie setzen als Grundlage für das Eindringen ins Sediment hohe Effizienz von Weichkörpersystemen voraus, es scheiden alle grabenden Würmer, alle oligomeren

Formen oder solche mit einheitlichem Coelom aus dem Vorfeld der höheren Coelomaten aus, die so lange dominant gewesenen Oligomerietheorien für die Coelomentstehung kommen auch aus ökologischen Gründen in Wegfall. Kaum ein anderes traditionelles Konzept stellt eine so gravierende Einsichtsbarrikade bereit wie die Unterstellung tubikole grabende Formen könnten primitiv sein.

d) Zurückzuweisen ist auch jeder Versuch, flach am Boden kriechende Formen für urtümlich zu halten. Dabei wird ebenfalls übersehen, dass es hohe Formkontrolle erfordert, sich dem Substrat anzugleichen. Auch in diesem Punkte liegen in vielen Ansätzen, Larven für Vorstadien von Bauplänen zu halten, grobe Hindernisse für ein sinnvolles Verständnis der Phylogenese vor.

e) Wesentlich ist das neue Verständnis der propulsierenden Mechanismen mittels Cilien. Eine solche begründete Vorstellung hat sich nie wirklich etablieren können, weil Flagellaten mit ihrem einzigen Flagellum oder einer kleinen Zahl dieser Antriebseinrichtungen für urtümlich gehalten wurden. Eine Begründung für die Vermehrung der Cilien wurde aber nie gegeben. Eine große Zahl gleicher Bildungen muss durchweg auf allen Stufen der Evolution als urtümlich in Ansatz gebracht werden. Primärer Antrieb mittels einer kompletten Cilienbedeckung wird so zur zwingenden Forderung.

f) Die Erfordernis von Totalpropulsorik gilt auch auf der nächsten Ebene beim Übergang zu den gallertoidgestützten und kanaldurchzogenen Metazoen an der Wurzel der Coelomaten; die konstruktiv zwingende Überleitung vom Cilienantrieb zum muskelmotorischen Antrieb schließt jede zelluläre Aggregation, jede Verkoppelung von Subelementen und jede Oligomerie, also primär weniggliedrige Organisation, aus.

g) Jede Vorgabe, welcher Klassifikation auch immer und welcher Systematik, muss aufgehoben sein, wenn eine sinnvolle Rekonstruktion des Ablaufes der Phylogenese gelingen soll. Nur noch über modellhafte Rekonstruktionen können, ohne jede Unterstellung von Monophylie an irgendeiner Stelle, systematische Gruppierungen nach Maßgabe organisatorisch-konstruktiver Begründungen hergeleitet werden.

h) Die Entwicklung der wirklich grundlegenden organisatorischen Prinzipien und konstruktiven Mechanismen wie Cilien, Coelom, muskelmotorische Propulsion können nur bei freiem Agieren im freien Wasser entstehen; jede Verminderung von Aktion und Motorik markiert sekundär erreichte Lebensweisen und ist abgeleitet. Sessilität, sowie tubikole und grabende Lebensweisen stellen Reduktion der vollen Aktivität dar; diese Lebensweisen können nicht vorbedingend für die organisatorischen Neuentfaltungen in der Entwicklung der Baupläne und in der Eroberung neuer Lebensräume sein.

j) Bei sekundärem Vordringen ins Pelagial oder andere Lebensräume bleiben die Konstruktionen immer durch wesentliche organisatorische Eigenheiten der Vorstadien gekennzeichnet, können nicht mit ursprünglich freilebenden Formen verwechselt werden.

Erkennbar ist dies an den Cnidariern mit ihrem radial organisierten Medusen (Grasshoff 1986, 1991), den Tunikaten, die aus der Seescheidenorganisation die Konstruktionen der Salpen, Pyrosomen und Copelaten hervorgehen lassen (Gutmann & Bonik 1981). „Sekundäre" Würmer aus dem Bereich der Mollusken, Solenogastren, sowie viele Nacktschnecken, bleiben immer in ihren konstruktiven Eigenheiten durch ihre Vorläuferkonstruktion stigmatisiert (1989).

Cirripedier bleiben immer als Arthropoden erkennbare Derivate frei beweglicher Organismen. Niemand wird auf die Idee kommen, sie als Vorfahren der freilebenden Crustaceen anzusehen. Wie aber ist es zu begreifen, dass man Cnidarier für urtümlich hält und als Vorformen der Coelomaten begreift? Wie ist es möglich, dass man Tentakulaten und Hemichordaten, einfach gegliedert erscheinende Würmer, für urtümliche Stufen der Coelomaten hält, zumal die komplexen Coelomatenkonstruktionen in der Metameriereduktion alle Übergänge zu interner Vereinfachung schon zeigen?

Die wirklich entscheidenden konstruktiven Abwandlungen und die Abfolge der Nutzungen von Umweltbedingungen sind nicht durch Formenvergleich, Formenreihensequenzen von vermeintlichem Einfach zu Kompliziert zu ermitteln. Es sind die Methoden der Morphologie und der Ökologie, die verworfen werden müssen, wenn wirkliche Erkenntnisse und Erklärungen für die Nutzung von Lebensräumen durch die verschiedenen Organisationstypen gesucht werden sollen und begründete Rekonstruktionen bestimmend sein sollen.

Mit der neuen Theorie der lebenden Organisation, die hier zum ersten Male voll auf die paläontologischen Belege der Lebensentwicklung und die frühen Phasen der organisatorischen Entwicklung in Ansatz gebracht wird, setzt ein tiefgreifender Paradigmawechsel in den Biowissenschaften ein. Er erfordert ein schmerzhaftes Umdenken, stellt vor allem auch die Bewertung fossiler Funde auf eine neue Basis. Gleichzeitig liegt offen auf der Hand, dass von der Entwicklung der Geologie her eine Neubestimmung und Abkoppelung von der Rekonstruktion geologischer Verhältnisse erforderlich geworden ist.

Die Geologie hat in den Mechanismen der Plattentektonik ihren eigenen und überzeugenden theoretischen Rahmen, der darin modern ist, dass er dynamische Abläufe, Prozesse und Transformationen mit ihren Trieb- und Leitmechanismen beschreibt und begründet (Cohen; Ziegler; Hsü). Dabei spielt die Sicherung der Irreversibilität eine große Rolle. In zunehmend breiterer Front gliedert sich die geologische Forschung in allen ihren Teiltraditionen in die vorgelegte Megatheorie ein. Unter dem Einfluss von neuen Forschungsergebnissen und als Folge sich verfeinernder Durchstrukturierung der Theorie unterliegt der theoretische Rahmen der Plattentektonik selbst einem Wandel.

Dass es zu dieser Theoriendynamik kam, brauchte Zeit, setzte die Überwindung von Widerständen voraus und erforderte eine vielstufige theoretische Neubestimmung der Forschung.

Eine entsprechende Rahmentheorie liegt für die Biologie und die Entwicklung des Lebens in Form der Konstruktionsmorphologie und der organismisch zentrierten kritischen Evolutionstheorie vor. In der Grundstruktur ist auch diese Theorie dynamisch und prozesshaft, gewinnt ihre Erklärungen aus energetischem Trieb und der Limitation des Geschehens durch eigenständige biophysikalische Zwänge und Mechanismen. Ganz entscheidend sind in diesem Theorienrahmen die Begründungen der Irreversibilität. Diese neue Theorie löst den Darwinismus ab, beseitigt die letztlich statische Vorstellung der festen Zuordnung von Organismus und Lebensbedingung. Die Evolution der Organismen als Konstruktionen leitet sie von der Aktion der Lebewesen selbst ab und basiert die Vorbedingungen für die Nutzung der Räume der Erde durch Organismen auf deren organismisch-konstruktiven Eigenheiten (Edlinger, Gutmann & Weingarten 1991; Gutmann & Edlinger 1991). Als Paradigma der Forschung in Morphologie, Paläontologie und Ökologie wäre die organismische Konstruktionslehre und die organismuszentrierte Evolutionstheorie erst noch zu entdecken und in den Forschungsbetrieb einzubringen.

Gleichzeitig löst die Konstruktionstheorie der Organismen und die organismisch zentrierte Theorie der Evolution eine Forderung ein, die sich aus der Neubegründung der Geologie schon ergeben hatte, ohne dass dies bisher bemerkt worden wäre. Die Theorie der Plattentektonik hatte nämlich in hohem Maße die Geologie von der Paläontologie und ihren phylogenetisch-evolutiven Forschungsstrategien abgekoppelt, ihr teilweise den Boden entzogen. Nun kann die Paläontologie nachziehen und sich ihre Eigenständigkeit auf neuer theoretischer Ebene zurückholen, indem sie auf einer organismischen Konstruktionslehre aufbaut.

Sowohl die Geologie auf der einen Seite wie die Biologie und die Paläontologie auf der anderen Seite haben ihre je eigenen Megatheorien: die Theorie der Plattentektonik bestimmt die Geologie, die auf Hydraulik und Kohärenz gestützte Konstruktionslehre samt der auf sie begründeten Kritischen Evolutionstheorie übergreift die Gesamtheit lebender Organisation. Beide Erklärungsbereiche der Natur stehen in lockerer Verbindung. Jede Beziehung zwischen beiden Theoriebereichen bedarf der Begründung, keine geologisch-organismische Beziehung darf als selbstverständlich unterstellt und vor allem nicht auf traditionsdarwinistische Postulate gestützt werden.

43. Literatur

Adoutte, A., G. Balavoine, N. Lartillot, O. Lespinet, B. Prud'homme & R. de Rosa (2000): The new animal phylogeny, Reliability and implications. - Proceedings of the National Academy of Sciences (U.S.A.) 97, 4453-4456.

Aguinaldo, A. M. A., J. M. Turbeville, L. S. Linford, M. C. Rivera, J. R. Garey, R. A. Raff & J. A. Lake (1997): Evidence for a clade of nematodes, arthropods and other moulting animals. - Nature 387, 489-493.

Alberch, P. (1982): The Generative and Regulatory Roles of Development in Evolution. - In: Mossakowski, D. & G. Roth (Eds.): Environmental Adaptation and Evolution, 19-36. Stuttgart/New York, G. Fischer.

Alberts, B., D. Bray, J. Lewis, M. Raff, K. Roberts & J. D. Watson (1986): Molekularbiologie der Zelle. - Weinheim, VCH.

Aleshin, V. V., I. A. Milyutina, O. S. Kedrova, N. S. Vladychenskaya & N. B. Petrov (1998): Phylogeny of Nematoda and Cephalorhyncha derived from 18S rDNA. - J. Mol. Evol. 47, 597-605.

An der Heiden, U., G. Roth & H. Schwegler (1985). Die Organisation der Organismen, Selbstherstellung und Selbsterhaltung. - Funct. Biol. Med. 5, 330-346.

Anderson, C. L (1998): Phylogenetic relationships of the Myxozoa. - In: G.H. Coombs, K. Vickerman, M.A. Sleigh & A. Warren (eds.): Evolutionary Relationships among Protozoa. London, Chapman & Hall, 341-350

Anderson, C. L., E. U. Canning & B. Okamura (1998): A triploblast origin for Myxozoa? - Nature 392, 346-347.

Annett, M. (1972): The distribution of manual asymmetry. - Brit. J. Psychol. *63*, 343-358.

Ax, P (1976): Entscheidungsprozesse der phylogenetischen Systematik bei Merkmalen ohne erkennbaren Anpassungswert. - Verh. Dtsch. Zool. Ges. 69 Jahresvers. , 227.

Ax, P. (1984): Das phylogenetische System. - Stuttgart/New York, G. Fischer.

Balavoine, G (1997): The early emergence of platyhelminths is contradicted by the agreement between 18S rRNA and Hox genes data. - C.R. Acad. Sci. Paris, Sciences de la vie. Life Sciences 320, 83-94.

Balavoine, G (1998): Are Platyhelminthes coelomates without a coelom? An argument based on the evolution of Hox genes. - American Zoologist 38, 843-858.

Balavoine, G. and A. Adoutte (1998): One or three cambrian radiations? - Science 280, 397-398.

Bauer, E. (1935 a): Inhalt und Methode der theoretischen Biologie. - In: Timiriasoff-Institut (Hrsg.): Probleme der theoretischen Biologie, 323-346. Moskau/Leningrad, INRA Verlagsgenossenschaft.

Bauer, E. (1935b): Der Gegensatz der „äußeren" und „inneren" Arbeit in den lebenden Systemen. - In: Timiriasoff-Institut (Hrsg.): Probleme der theoretischen Biologie, 347-367. Moskau/Leningrad, INRA Verlagsgenossenschaft.
Benderoth, G., Edlinger, K. & W. F. Gutmann (1995): Lebende Organisation im Rahmen der Megamaschine. - In: Gutmann, W. F. & M. Weingarten [Hrsg.], Die Konstruktion der Organismen. II. Struktur und Funktion. - Aufsätze u. Reden Senckenb. naturf. Ges. 43, 149-178, Frankfurt a. M.
Bereiter-Hahn, J., 0. R. Anderson & W.-E. Reif (eds.) (1987): Cytomechanics. The Mechanical Basis of Cell Form and Structure. - Berlin/Heidelberg/New York/London/Paris/Tokyo, Springer.
Bereiter-Hahn, J. & R. Strohmeier (1987):Hydrostatic Pressure in Metazoan Cells in Gulture, lii involvement in Loeomotion and Shape Generation. - In: Bereiter-Hahn, J., O. R. Anderson, & W.-E Reif, (Hrsgb)., Cytomechanics. The mechanical Basis of cell Form and Structure, 261-270. Berlin/Heidelberg/New York/London/Paris/Tokyo, Springer.
Bereiter-Hahn, J. (1977): Die Zelle ein Pneu? - In: Institut f. leichte Flächentragwerke Stuttgart (Hrsg.): IL 9, Pneus in Natur und Technik, 152-157, Stuttgart.
Bereiter-Hahn, J. (1977): Die Zelle ein Pneu? - In: Institut für leichte Flächentragwerke Stuttgart (Hrsg.): Pneus in Natur und Technik. - IL 9,. Univ. Stuttgart Stuttgart., 152-157.
Bereiter-Hahn, J. (1991): Cytomechanics and Biochemistry. - In: Schmidt-Kittler, N. & K. Vogel (eds.): Constructional Morphology and Evolution., 81-90. Berlin/Heidelberg, Springer.
Bergson, H. (1982): Materie und Gedächtnis. - Frankfurt a. M.,/Berlin/Wien, Ullstein.
Bergson, H. (1985): Denken und schöpferisches Werden. - Frankfurt a. M., Syndikat
Bertalanffy, L. v. (1932): Theoretische Biologie I. - Berlin, Bornträger.
Bertalanffy, L. v. (1934): Theoretische Biologie II. - Berlin, Bornträger.
Bertalanffy, L. v. (1949): Das biologische Weltbild. - Bern, A. Francke AG. Verl.
Bertalanffy, L. v. (1968): General System Theory - Foundations, Development, Applications. - New York, Braziller.
Bertalanffy, L. v., W. Baier & R. Laue (1977): Biophysik des Fließgleichgewichtes. - Braunschweig, Vieweg.
Bissell, M. I. & J. Aggeler (1987): Dynamic reciprocity, how do extracellular matrix and hormones direct gene expression? - In: Cabot, M. C. & W. L. McKeehan (Hrsg): Mechanisms of signaltraniduction by hormones and growth factors, 251-262. New York, Liss.
Blechschmidt, E. (1970): Vom Ei zum Embryo. - Reinbek bei Hamburg. Rowohlt.
Bock, W J. (1978): Towards an ecological morphology. - Vogelwarte 29 (Sonderheft): 128-135.
Bock, W J. (1980): The Definition and Recognition of Biological Adaptation. - Amer. Zool. 20, 217-227.
Bock, W. J. (1977): Adaptation and the Comparative Method. - In: Hecht, M. K., Goody, P. C. & B. M. Hecht (eds.): Major Patterns in Vertebrate Evolution, 57-82. New York/London, Plenum Press.

Bock, W. J. (1979): The synthetic explanation of macroevolutionary change - a reductionistic approach. - Bull. Carnegie Mus. 13, 20-69.
Bock, W. J. (1980). - The Definition and Recognition of Biological Adaptation. - Amer. Zool. 20, 217-227.
Bock, W. J. (1988): The nature of explanations in morphology. - Amer. Zool. 28 (1): 205-215.
Bock, W. J., 1989 , Organisms as Functional Machines, A Connectivity Explanation. - Amer. Zool. 29, 1119-1132.
Bock, W.J. (1977): Adaptation and the Comparative Method. - In: Hecht M. K., Goody, P.C. & B. M. Hecht (Eds.): Major Patterns in Vertebrate Evolution, 57-82. New York/London, Plenum Press.
Bock, W. J. (1989): Organisms as Functional Machines, A Connectivity Explanation. - Amer. Zool. 29, 1119-1132.
Bonik, K. (1977): Quantitative Aspekte hydraulischer Systeme in Metazoen-Konstruktionen. 1. Die Statik von Hydroskelett-Konstruktionen. - Cour. Forsch.-Inst. Senckenberg, 23, Frankfurt a. M.
Bonik, K. (1978 a): Quantitative Aspekte hydraulischer Systeme in Metazoen-Konstruktionen. ll. Die Evolution des Chorda-Wirbelsäulen-Myomeren-Apparates als Ergebnis der Interaktion zweier verkoppelter hydraulischer Systeme. - Cour. Forsch.-Inst. Senckenberg., 32, Frankfurt a. M.
Bonik, K. (1978 b): Quantitative Betrachtung zur Gallertoid-Hydroskelett-Theorie. - In: Schäfer, W. (Hrsg.): Evoluierende Systeme 111. - Aufsätze u. Reden senckenb. naturf. Ges. 29, 22-3 8. Frankfurt a. M., W. Kramer.
Bonik, K. (1978 c): Die Entstehung der Kieselalgen - Ein stammesgeschichtliches Modell. 1. - Natur u. Museum 108, 267-273. Frankfurt a. M., W. Kramer.
Bonik, K. (1979): Die Entstehung der Kieselalgen - Ein stammesgeschichtliches Modell. 11. - Natur u. Museum 109, 1-9. Frankfurt a. M., W. Kramer.
Bonik, K. (1981): Evolutionsbiologie und Systematik, Versuch einer Synthese. - Aufsätze u. Reden senckenb. naturf. Ges. 30. Frankfurt a. M., W. Kramer.
Bonik, K., M. Grasshoff, & W. F. Gutmann(1978 a): Warum die Gastraea-Theorie Haeckels abgelöst werden muss. - Natur u. Museum 108, 106-117. Frankfurt a. M., W. Kramer.
Bonik, K., M. Grasshoff, & W. F. Gutmann (1976 a): Die Evolution der Tierkonstruktionen. 1 und 11. - Natur u. Museum 106, 129-143. Frankfurt a. M., W. Kramer.
Bonik, K., M. Grasshoff, & W. F. Gutmann (1976 b): Die Evolution der Tierkonstruktionen. VI. - Natur u. Museum 106, 178-188. Frankfurt a. M., W. Kramer.
Bonik, K., M. Grasshoff, & W. F. Gutmann (1976 c): Die Evolution der Tierkonstruktionen. IV. Die Entwicklung der Ringelwürmer und ihre Aufgliederung in Vielborster, Wenigborster und Egel. - Natur u. Museum 106, 303-316. Frankfurt a. M., W. Kramer.
Bonik, K., M. Grasshoff, & W. F. Gutmann (1977a): Die Evolution von Tierkonstruktionen. V. Die Entwicklung des Zentral-Nerven-Systems in Abhängigkeit von der Biomechanik der Rahmen-Konstruktion (Bauplan). - Cour. Forsch.-Inst. Senckenberg 22, 1-66. Frankfurt a. M.

Bonik, K., M. Grasshoff, & W. F. Gutmann (1977 b): Funktion bestimmt Evolution. - Umschau 77 (20): 657-668.
Bonik, K., M. Grasshoff, & W. F. Gutmann (1977c): Funktion bestimmt Evolution. - Umschau 77 (20): 657-668.
Bonik, K., M. Grasshoff, & W. F. Gutmann (1978a): Die funktionelle Bedeutung der Metamerie in der Embryonalentwicklung der Gliedertiere. - Natur u. Museum 108, 334-344. Frankfurt a. M., W. Kramer.
Bonik, K., M. Grasshoff, & W. F. Gutmann (1978 b): Die funktionelle Bedeutung der Metamerie in der Embryonalentwicklung der Gliedertiere. - Natur u. Museum 108, 334-344. Frankfurt a. M., W. Kramer.
Bonik, K., M. Grasshoff, & W. F. Gutmann (1979 a): Die Evolution der Zellteilung in den frühen Embryonalstadien. - Natur u. Museum 9, 52-59. Frankfurt a. M., W. Kramer.
Bonik, K., M. Grasshoff, & W. F. Gutmann (1979 b): Die Evolution von Larven als Verbreitungsstadien bodenlebender Meerestiere. - Natur u. Museum 109, 70-79. Frankfurt a. M., W. Kramer.
Bonik, K., M. Grasshoff, & W. F. Gutmann (1979 c): Die Evolution von Larven als Verbreitungsstadien bodenlebender Meerestiere. - Natur u. Museum 109, 70-79. Frankfurt a. M., W. Kramer.
Bonik, K., M. Grasshoff, & W. F. Gutmann (1979 d): Selektionszwänge in der Ontogenese - Die Entwicklung dotterreicher Eier. - Natur u. Museum 109, 268-278. Frankfurt a. M., W. Kramer.
Bonik, K., M. Grasshoff, & W. F. Gutmann (1979 e): Statement zur Hydraulik im Tierkörper. - Inst. F. leichte Flächentragwerke (IL) 19, 159-160. Stuttgart, Univ. Stuttgart.
Bonik, K., W. F. Gutmann, & R. Haude (1978): Stachelhäuter mit Kiemenapparat, Der Beleg für die Ableitung der Echinodermen von Chordatieren. - Natur u. Museum 108, 211-214. Frankfurt a. M., W. Kramer.
Bonik, K., W. F. Gutmann & D. S. Peters (1977): Optimierung und Ökonomisierung im Kontext der Evolutionstheorie und phylogenetischer Rekonstruktionen. - Acta biotheoretica 26 (2): 75-119.
Bonik, N. & C.Levinthal (1980). Growing optic nerve fibcrs follow neighbors during embryogcncsis. - Proc. Nat. Acad. Sci, USA. 4374-4378.
Boore, J. L. & W. M. Brown (2000): Mitochondrial genomes of Galathealinum, Helobdella, and Platynereis, Sequence and gene arrangement comparisons indicate that Pogonophora is not a phylum and Annelida and Arthropoda are not sister taxa. - Molecular Biology and Evolution 17, 87-106.
Briggs, D. E. G., D. H. Erwin & F. - J. Collier (1994): The Fossils of the Burgess Shale. - Washingthon, D.C., Smithsonian Institution Press.
Brooke, M. D (1999): How old are animals? Trends in Ecology and Evolution 14, 211-212.
Brusca, R. C. & G. - J. Brusca (1990): Invertebrates. - Sunderland(Mass.), Sinauer Associates.
Buffon, J. L. L. (1749-1788): Histoire naturelle, generale et particulière. 36 Vol. - Paris.

Burden, S. (1977): Development of neuromuscular junction in the chick embryo, the number, distribution and stability of acetylcholine receptors. - Dev. Biol. 57, 317-329.
Carranza, S., J. Baguña & M. Riutort (1997): Are the platyhelminthes a monophyletic primitive group? An assessment using 18S rDNA sequences. - Mol. Biol. Evol. 14, 485-497.
Carroll, S. B., J. K. Grenier & S. D. Weatherbee (2001): From DNA to Diversity. Molecular Genetics and the Evolution of Animal Design. - Malden(Mass.), Blackwell Science.
Cavalier-Smith, T., M. T. E. P. Allsopp, E. E. Chao, N. Boury-Esnault & J. Vacelet (1996): Sponge phylogeny, animal monophyly, and the origin of the nervous system, 18S rRNA evidence. - Can. - J. Zool. 74, 2031-2045.
Chapman, G. (1949): The mechanism of opening and closing of *Calliactis parasitica*. - J. mar. biol. Ass. U. K. 28, 641-649.
Chapman, G. (1950): Of the movement of worms. - J. exp. Biol. 27, 29-39.
Chapman, G. (1953): Studies of the mesogloea of coelenterates. 1. Histology and chemical properties. - Quart. J. micr. Sci. 94 , 155-176.
Chapman, G. (1958): The hydrostatic skeleton in invertebrates. - Biol. Rev. 33- 338-354.
Chapman, G. (1975): Versatility of Hydraulic Systems. - J. Exp. Zool. 194, 249-270.
Chen, J.-Y., P. Oliveri, C.-W. Li, G.-Q. Zhou, F. Gao, J. W. Hagadorn, K. - J. Peterson & E. H. Davidson (2000): Precambrian animal diversity, Putative phosphatized embryos from the Doushantuo Formation of China. - Proceedings of the National Academy of Sciences (U.S.A.) 97, 4457-4462.
Clark, R. B. (1964): Dynamics in Metazoan Evolution. - Oxford, Clarendon Press.
Clark, R. B. (1977): Phylogenetic reconstruction. - Verh. Dtsch. Zool. Ges. 1977, 175-183.
Clark, R. B. (1977): Phylogenetic reconstruction. - Verhdl. dt. zool. Ges. 1977, 175-183. Stuttgart, G. Fischer.
Clark, R. B. (1980): Natur und Entstehung der metameren Segmentierung. - Zool. Jb. Anat. 103, 169-195.
Collins, A. G (1998): Evaluating multiple alternative hypotheses for the origin of Bilateria, An analysis of 18S rRNA molecular evidence. - Proceedings of the National Academy of Sciences (U.S.A.) 95, 15458-15463.
Conway Morris, S. (1992): Early metazoan evolution, First steps to an integration of molecular and morphological data. - In: Bengtson, S. (ed.): Early Life on Earth. 84th Nobel Symposium, Karlskoga, Sweden, May 16, 1992, 450-459., New York, Columbia University Press
Conway Morris, S (1993): The fossil record and the early evolution of the Metazoa. - Nature 361, 219-225.
Conway Morris, S (1998): The Crucible of Creation, The Burgess Shale and the Rise of Animals. - Oxford/U, Oxford University Press,.
Darwin, Ch. (1899): Über die Entstehung der Arten durch natürliche Zuchtwahl. - Stuttgart, Schweizerbart`sche Verlagshandlg.

Darwin, Ch. (1906): Das Variieren der Tiere und Pflanzen im Zustand der Domestikation. 2 Bände. - Stuttgart, Schweizerbart`sche Verlagshandlg.
Dawkins, R. (1974): Das egoistische Gen. - Heidelberg, Springer.
Dawkins, R. (1996a): Der blinde Uhrmacher. - München, Dtv.
Dawkins, R. (1996b): Und es entsprang ein Fluß in Eden. Das Uhrwerk der Evolution. - München, C. Bertelsmann.
De Pomerai, D. (1993) Molekulare Entsicklungsbiologie der Tiere. - Heidelberg/Berlin/ Oxford, Spektrum Akademischer Verlag.
de Rosa R., J. K. Grenier, T. Andreeva, C. E. Cook, A. Adoutte, M. Akam, S. B. Carroll & G. Balavoine (1999): Hox genes in brachiopods and priapulids and protostome evolution. - Nature 399, 772-776.
De Vries (1901-1903) Die Mutationstheorie. - Leipzig, Viet.
DeDuve, Ch. (1984):A guided tour of the living cell. - New York, Scientific American Library.
DeDuve, Ch. (1991): Blueprint for a cell. The nature and origin of life. - Colchester, Patterson Publ. (Deutsch 1994, Ursprung des Lebens. - Heidelberg/Berlin/Oxford, Spektrum Akadem. Verl.
DeDuve, Ch. (1995): Aus Staub geboren. Leben als kosmische Zwangsläufigkeit. - Heidelberg/Berlin, Spektrum.
Dessauer, F. (1958): Naturwissenschaftliches Erkennen. Ein Beitrag zur Naturphilosophie. - Frankfurt a. M., Verl. J. Knecht - Carolusdruckerei,.
Dewel, R. A (2000): Colonial origin for Eumetazoa, Major morphological transitions and the origin of Bilaterian complexity. - J. of Morphology 243, 35-74.
Dewel, R. A. and W. C. Dewel (1998): The place of tardigrades in arthropod evolution. - In: R.A. Fortey and R.H. Thomas (eds.): Arthropod Relationships. The Systematics Association and Chapman and Hall, 109-123. London.
Diakumaku, E., Gorbushina, A., Krumbein, W.E., Panina, L.& S. Soukharjevski (1995): Black fungi in marble and limestones - an aesthetical, chemical and physical problem for the conseration of monuments. Science of the total Environment, 167, 295-304.
Dingler, H. (1955). Die Ergreifung des Wirklichen. - München, Eidos.
Dingler, H. (1967). Die Geschichte der Naturphilosophie. - Darmstadt Wiss. Buchges.
Dittrich, O. (1989): Kognitive, organische und gesellschaftliche Evolution. Gemeinsamkeiten und Unterschiede. - Hamburg/Berlin, P. Parey.
Dobshansky, Th. (1939): Die genetischen Grundlagen der Artbildung. - Jena, Gustav Fischer.
Dobshansky, Th. (1937): Genetics and the Origin of Species. - New York, Columbia University Press.
Dose, K. & Rauchfuss, H. (1975): Chemische Evolution und der Ursprung lebender Systeme. - Stuttgart, Wiss. Verlagsges.
Dyson, F. (1988): Die zwei Ursprünge des Lebens. - Hamburg, Rasch und Röhrig.
Dyson, R. D. (1978): Cell Biology, A Molecular Approach. - Boston/London, Allyn & Bacon.
Ebeling , W. (1989a): Chaos, Ordnung und Information. - Leipzig/Jena/Berlin, Urania-Verlag.

Ebeling, W & R. Feistel (1985a): Physik zur Selbstorganisation und Evolution. - Berlin, Akademie Verlag.
Ebeling, W. & R Feistel (1982): Physik der Selbstorganisation und Evolution. - Berlin, Akademie-Verlag).
Ebeling, W. (1985b): Physikalische Faktoren der Evolution - Optimierung und Adaptation. - In: Röseberg, U., Wessel, K.-F. & S. Wollgast (Hrsg.): Struktur Bewegung - Entwicklung. 50 - 58. Berlin/DDR, VEB Dtsch. Verlag d. Wiss.
Ebeling, W. (1989b): Chaos - Ordnung - Information - Frankfurt a. M., Harry Deutsch.
Edlinger K., W. F. Gutmann & M. Weingarten (1989): Biologische Aspekte der Evolution des Erkenntnisvermögens - Spontaneität und synthetische Aktion in ihrer organismisch-konstruktiven Grundlage. - Natur und Museum, 119, 113-128. Frankfurt a. M.
Edlinger K., W. Feigl & G. Fleck (Hgb.) (2000): Systemische Perspektiven. - In: Edlinger, K. (Hrgb.) Schriftenreihe des Wiener Arbeitsreises für Systemische Theorie des Organismus 1. Frankfurt a. M., P. Lang - Europ. Verlag der Wissenschaften.
Edlinger K., W. Feigl & G. Fleck (Hgb.) (2001): Reduktion - Spiel - Kreation. Probleme des moleklarbiologischen Reduktionsimus und des Künstlichen Lebens. - In: Edlinger, K. (Hrgb) Schriftenreihe des Wiener Arbeitsreises für Systemische Theorie des Organismus II. Frankfurt a. M., P. Lang - Europ. Verlag der Wissenschaften.
Edlinger, K. & F. Wallner (1999): Der methodische Zugang zum Organismus. Zur Bedeutung wissenschaftlicher Kontexte. - In Janich, P, (Hrgb.): Wechselwirkungen, 207-226. Würzburg, Verl. Königshäuser u. Neumann.
Edlinger, K. (1986): Hat das "Biogenetische Grundgesetz" ausgedient? - Mitt. Inst. f. Wiss. u. Kunst 2/ 1986): 59-63. Wien.
Edlinger, K. (1988a): Beiträge zur Torsion und Frühevolution der Gastropoden. - Z. zool. Syst. Evolut.-forsch 26, 27-50.
Edlinger, K. (1988b): Torsion in Gastropods, A phylogenetical model. - Malacological Rev. Suppl. 4, 239-248.
Edlinger, K. (1989a): Zur Evolution der Schneckenkonstruktion l. - Torsion und Frühevolution der Prosobranchier. - Natur und Museum 119, 272-293, Frankfurt a. M.
Edlinger, K. (1989b): Sekundäre Wurmkonstruktionen bei amphineuren Mollusken. - In: Edlinger, K. (Hgb.): Form und Funktion - Ihre stammesgeschichtlichen Grundlagen. Wien, WUV-Wiener Universitätsverlag.
Edlinger, K. (1991a): The mechanical constraints in mollusc constructions - the function of the shell, the musculature, and the connective tissue. - In: Schmidt-Kittler, N. and K. Vogel (Eds.): Constructional morphology and evolution. Berlin/Heidelberg/New York, Springer . 359-374.
Edlinger, K. (1991b): Zur Evolution der Scaphopoden-Konstruktion. - Natur u. Museum 121, 116-122. Frankfurt a. M.
Edlinger, K. (1992 a): Die "Unsichtbare Morphologie" - Energiefluß und Konstruktion. - Aufs. u. Reden Senckenb. naturf. Ges. 39, 27-49. Fankfurt/M.

Edlinger, K. (1992 b): Nervensysteme als integrale Bestandteile der mechanischen Konstruktion. - Aufs. u. Reden Senckenb. naturf. Ges. 39, 131-155. Frankfurt a. M.
Edlinger, K. (1994a): Das Spiel der Moleküle - Reicht das Organismusverständnis des molekularbiologischen Reduktionismus? - Natur u. Museum 124, 199-206. Frankfurt a. M.
Edlinger, K. (1994b): Morphologische Determinanten bei der Bildung von Nervensystemen. - Biol. Zentralblatt 113, 25-32.
Edlinger, K. (1995): Organismen, Genarrangements oder Konstruktionen? - Eine Replik auf E. Mayr und die Synthetische Theorie. - Biol. Zentralblatt 114, 160-169.
Edlinger, K. (1998): Konstruktionsprobleme der Miniaturisierung im Tierreich Zur Unumkehrbarkeit konstruktiven Wandels. - Natur u. Museum 128, 139-151.
Edlinger, K. (1999b): Theoretische Probleme biologischer Erkenntnistheorien. Zur Relevanz des Organismusbildes von Ernst Cassirer und Jakob v. Uexküll. - In: Löffler, W. und E. Rungaldier, Vielfalt und Konvergenz,, 145-150. Wien, Hölder-Pichler-Tempsky.
Edlinger, K. (2000a): Evolution und Integration lebender Systeme, Aggregation oder Binnendifferenzierung? - In: Edlinger K., W. Feigl & G. Fleck (Hgb.): Systemische Perspektiven. - P. Lang - Europ. Verlag der Wissenschaften., 51-73.
Edlinger, K. (2000b): The Evolution of the mollusc construction, Living organims as energy-transforming systems. - In: D. S. Peters & M. Weingarten (Eds.): Aspects of evolutionary theories. Senckenberg-Publ. Frankfurt a. M., 199-217.
Edlinger, K. (2001a): Künstliches Leben, Reduktionsimus, Physikalismus, Ironische Wissenschaften?
Edlinger, K. (2001b): Die methodischen Defizite des molekularbiologischen Reduktionismus. - In: Edlinger K., W. Feigl & G. Fleck (Hgb.) (2000): Systemische Perspektiven. - P. Lang - Europ. Verlag der Wissenschaften, Frankfurt a. M., 134-153.
Edlinger, K. (Hrsg.) (1989c): Form und Funktion - Ihre stammesgeschichtlichen Grundlagen. Wien, WUV Univ.-Verlag.
Edlinger, K. and Gutmann, W. F. (1997): Molluscs as evolving constructions, necessary aspects for a discussion of their phylogeny. - Iberus 15(2): 51-66.
Edlinger, K., Gutmann, W. F. & M. Weingarten (1991): Evolution ohne Anpassung. - Aufsätze und Reden der Senckenbergischen Naturforschenden Gesellschaft 37. Frankfurt a. M., Kramer.
Edlinger. K. (1994): Ontogenetische Mechanismen in Beziehung zur Evolution. - In: Gutmann, W. F., D. Mollenhauer und D. St. Peters, Morphologie & Evolution. Frankfurt a. M., W. Kramer,., 365-384.
Edlinger. K. (1995b): Die Evolution der Plathelmintenkonstruktion - Zur Stammesgeschichte und Systematik der Plattwürmer. - Natur u. Museum 125, 305-320. Frankfurt a. M., W. Kramer.
Edlinger. K. (1995c): Elemente einer konstruktivistischen Begründung der Organismuslehre. - In: W. F. Gutmann & M. Weingarten (ed.): Die Konstruktion der Organismen ll. Struktur und Funktion. Aufs. u. Reden Senckenb. naturf. Ges. 43, 88-103. Frankfurt a. M., W. Kramer

Edlinger. K. (1995d): Evolutionstheorien auf dem Prüfstand - Verfremdung als heuristisches Verfahren. - In: F. Wallner, Wissenschaft und Alltag, 150-168. Wien, Braumüller.
Edlinger. K. (1999a): The predominance of the mechaical construction over chemical and physiological mechanisms. - Zum Thema. Internetjournal.
Eernisse, D. - J., J. S. Albert, F. E. Anderson (1992): Annelida and Arthropoda are not sister taxa. A phylogenetic analysis of spiralian metazoan morphology. - Systematic Biology 41, 305-330.
Eernisse, D. J (1998): Arthropod and annelid relationships re-examined. - In: R.A. Fortey and R.H. Thomas (eds.): Arthropod Relationships. The Systematics Association London, Chapman and Hall, 43-56.
Eigen M., W. Gardiner, P. Schuster & R. Winkler-Oswatitsch (1983): Ursprung der genetischen Information. - In: Evolution. Die Entwicklung von den ersten Lebensspuren bis zum Menschen/ mit e. Einf. von E. Mayr. 3. Aufl. Heidelberg, Spektrum, 61-81.
Eigen, M. & P. Schuster (1977-78). The hypercycle. - Naturwiss. 64, 541-565. 65, 7-41. 341-369.
Eigen, M. & R. Winkler (1976): Das Spiel. Naturgesetze steuern den Zufall. - München/Zürich, Piper.
Eigen, M. (1971): Selforganization of matter and the evolution of biological macro-molecules. - Naturwiss. 58, 465-522.
Eigen, M. (1987): Stufen zum Leben Die frühe Evolution im Visier der Molekularbiologie. - München/Zürich, Piper.
Eigen, M. u. R. Winkler-Oswatitsch (1973/74): Ludus vitalis. - In H. v. Ditfurth (Hgb.). Manhheimer Forum 1973/74, 53-140 Mannheim, Studienreihe Boehringer.
Eigen, M., Gardiner, W., Schuster, P. & R. Winkler-Oswatitsch (1981): The Origin of Genetic Information. - Sci. Amer. 244 (4): 78-94.
Eldredge, N., (1986): Time Frames. The Rethinking of Darwiunian Evolution and the Theory of Puntuated Wquilibria. - London, Heinemann.
Emerman, J. T. and D. R. Pitelka (1977): Maintenance and induction of morphological differentiation in dissociated mammary epithelium on floating collagen. - In Vitro 13, 316-328.
Emig, C. C (1997): Are the Lophophorata a phylum? - Bull. de la Societé Zool. de France 122, 279-288.
Erwin, D. H (1993): The origin of metazoan development, A palaeobiological perspective. - Biol. J. of the Linnean Society 50, 255-274.
Ewell, G. E. (1950): The role of the coelomic fluid in the movements of earthworms. - J. exp. Biol. 27, 110-121.
Fauchald, K. and G. W. Rouse (1997): Polychaete systematics, Past and present. - Zool. Scr. 26, 71-138.
Feistel, R. & W. Ebeling (1989): Evolution of Complex Systems. - Berlin, VEB Deutscher Verlag der Wissenschaften.

Field, K. G., G. - J. Olsen, D. - J. Lane, S. - J. Giovannoni, M. T. Ghiselin, E. C. Raff, N. R. Pace & R. A. Raff (1988): Molecular phylogeny of the animal kingdom. - Science 239, 748-753.

Fortey, R (1996): The Cambrian evolutionary "explosion", decoupling cladogenesis from morphological disparity. - Biol. J. of the Linnean Society 57, 13-33.

Fox, R. F. (1984): The Uroboros. - In: Matsuno, K., Dose, K., Harada, K., Rohlfing, D. L., Molecular Evolution and Protobiology, 413-420. New York/London, Plenum Press.

Fox, R. F. (1988): Energy and the Evolution of Life. - New York, W. H. Freeman & Comp.

Fox, S. W. & K. Dose (1972): Molecular Evolution and the Origin of Life. - San Francisco, W. H. Freeman & Comp.

Fox, S. W. (1973): Origin of the Cell, Experiments and Premises. - Die Naturwiss. 60 (8): 359-368.

Fox, S. W., K. Harada & J. Kendrick (1959): Production of Spherules from Synthetic Proteinoid and Hot Water. - Science 129, 1221-1222.

Franke, R. P., M. Gräfe, U. Dauer, H. Schittler & C. Mittermayer (1990): Stress fibers (SF) in human and endothelical cells (HEC) under shear stress. - In: Kiesewetter, H. and F. Jung (eds.): Blood fluidity and endothelial influences on microcirculation, 989-992. Berlin/Heidelberg/New York, Springer.

Franzen, J. L. (1973): Versuch einer Rekonstruktion der Evolution des Menschen. - In: W. Schäfer (Hrgb.): Aus. u. Reden Senckenb. Naturf ges. 24, 113-127. Frankfurt a. M., W. Kramer.

Franzen, J. L. (1974): Die Ausbreitung des Menschen über die Erde. - In: Schäfer, W. (Hrsg.). Theoretische Aspekte der Menschwerdung. Aufsätze u. Reden senckenb. naturf. Ges. 26, 41-59. Frankfurt a. M., W. Kramer.

Franzen, J. L. (1975 a): Biogenetisches Grundgesetz, Proterogenese und die Phylogenese des Menschen. - In: Schäfer, W. (Hrsg.): Ontogenetische und konstruktive Gesichtspunkte bei phylogenetischen Rekonstruktionen. Aufsätze u. Reden senckenb. naturf. Ges. 27, 33-39. Frankfurt a. M., W. Kramer.

Franzen, J. L. (1975 b): Menschenaffen und der aufrechte Gang (Hypothesen zur Phylogenese des Menschen und „neue Phylogenetik"). - In: Schäfer, W. (Hrsg.): Ontogenetische und konstruktive Gesichtspunkte bei phylogenetischen Rekonstruktionen. Aufsätze u. Reden senckenb. naturf. Ges. 27, 85-96. Frankfurt a. M., W. Kramer.

Franzen, J. L. (1975 c): Konstruktion statt Funktion - Menschenaffen - statt Brachiatoren- oder Knuckle-Walker-Hypothese. - In: Schäfer, W. (Hrsg.): Ontogenetische und konstruktive Gesichtspunkte bei phylogenetischen Rekonstruktionen. Aufsätze u. Reden senckenb. naturf. Ges. 27, 105-106. Frankfurt a. M., W. Kramer.

Franzen, J. L. (1976): Überaugenwülste und Rekonstruktion der Stammesgeschichte des Menschen. - Natur u. Museum 106, 317-322. Frankfurt a. M., W. Kramer.

Franzen, J. L. (1982b): Fossilfunde am Wege zum Menschen. - In Wendt, H. (Herausg.): Kindlers Enzyklopädie Der Mensch, 1 ("Im Vorfeld des Menschen"): 683-712. Stuttgart, Kindler-Verlag.

Franzen, J. L. (1984): Die Stammesgeschichte der Pferde in ihrer wissenschaftshistorischen Entwicklung. - Natur u. Museum 114, 149-162. Frankfurt a. M., W. Kramer.
Franzen, J. L. (1986): Die Entstehung des Menschen. I. Die ersten Menschen. - Natur u. Museum, 116, 197-214. Frankfurt a. M., W. Kramer.
Franzen, J. L. (1997): Eine begründete Rekonstruktion der Evolution des Menschen. - Natur u. Museum, 127, 245-263, 19 Abb. Frankfurt a. M., W. Kramer.
Franzen, J. L., K. Bonik, W. F. Gutmann, M. Grasshoff, D. Mollenhauer & D. S. Peters (1981): Muss DARWINs Theorie erweitert werden? - Kosmos 1981 (4): 75-85.
Franzen, J. L., W. F. Gutmann, M. Grasshoff, D. Mollenhauer & D. S. Peters (1973): Was ist Phylogenetik? - Natur u. Museum 103, 238-242. Frankfurt a. M., W. Kramer.
Franzen, J. L., W. F. Gutmann, M. Grasshoff, D. Mollenhauer & D. S. Peters (1976): Evoluierende Systeme. - In: Schäfer, W. (Hrsg.): Evoluierende Systeme 1 und 11. - Aufsätze u. Reden senckenb. naturf. Ges. 28, 7-16. Frankfurt a. M., W. Kramer.
Franzen, J.L. (1972a): Der aufrechte Gang. Mit ihm begann die Evolution des Menschen. - Kosmos, 1/72, 1-9.
Franzen, J.L. (1972b): Wie kam es zum aufrechten Gang des Menschen? - Natur u. Museum, 102, 161-172. Frankfurt a. M., W. Kramer.
Franzen, J.L. (1982a): Die Primaten als stammesgeschichtliche Basis des Menschen. - In Wendt, H. (Herausg.): Kindlers Enzyklopädie Der Mensch, **1** ("Im Vorfeld des Menschen"): 557-597. Stuttgart, Kindler-Verlag.
Franzen, J.L. (1988): "Lucy" im Senckenbergmuseum. - Natur u. Museum, **118** (12): 373-381.
Frey, R.W. & A. Seilacher (1980): A uniformity in marine invertebrate ichnology. - Lethaia 13, 183-208.
Funch, P. & R. M. Kristensen (1995): Cycliophora is a new phylum with affinities to Entoprocta and Ectoprocta. - Nature 378, 711-714.
Futuyama,, D. J. (1998): Evolutionary Biology. - Sunderland(Mass.), Sinauer Ass.
Garey, J. R. & A. Schmidt-Rhaesa (1998): The essential role of "minor" phyla in molecular studies of animal evolution. - American Zoologist 38, 907-917.
Garey, J. R., A. Schmidt-Rhaesa, T. - J. Near & S. A. Nadler (1998): The evolutionary relationships of rotifers and acanthocephalans. - Hydrobiologia 387, 83-91.
Garey, J. R., M. Krotec, D. R. Nelson & J. Brooks (1996): Molecular analysis supports a tardigrade-arthropod association. - Invertebrate Biology 115, 79-88.
Garey, J. R., T. - J. Near, M. R. Nonnemacher & S. A. Nadler (1996): Molecular evidence for Acanthocephala as a subtaxon of Rotifera. - J. Mol. Evol. 43, 287-292.
Giribet, G. & C. Ribera (1998): The position of arthropods in the animal kingdom, A search for a reliable outgroup for internal arthropod phylogeny. - Molecular Phylogenetics and Evolution 9, 481-488.
Giribet, G., D. L. Distel, M. Polz & W. Sterrer (2000): Triploblastic relationships with emphasis on the acoelomates and the position of Gnathostomulida, Cycliophora, Plathelminthes & Chaetognatha, a combined approach of 18S rDNA sequences and morphology. - Systematic Biology 49, 539-562.

Giribet, G., S. Carranza, J. Baguna, M. Riutort & C. Ribera (1996): First molecular evidence for the existence of a Tardigrada plus arthropoda clade. - Molecular Biology and Evolution 13, 76-84.
Glansdorff, P. (1982): Thermodynamik und Evolutionstheorie. - Dialektik 5, 58-67.
Gould, S. J (1989): Wonderful Life, The Burgess Shale and the Nature of History. - Norton, New York.
Gould, S. J. (1977): Ontogeny and Phylogeny. - Cambridge(Mass.), Harvard Univ. Press.
Gould, S. J. (1980): Is a new and general evolution theory emerging? - Palaeobiology 6, 119-130.
Gould, S. J. (1989): Wonderful Life. The Burgess Shale and the Nature of History. - London, Hutchinson Radius.
Grasshoff, M. (1976): Das „Konstruktionsniveau" in der Phylogenetik. - In. - Schäfer, W. (Hrsg.): Evoluierende Systeme I und Ü. - Aufsätze u. Reden senckenb. naturf. Ges. 28, 124-140. Frankfurt a. M., W. Kramer.
Grasshoff, M. (1978): A Model of the Evolution of the Main Chelicerate Groups. - Symp. Zool. Soc. London 42, 273-284.
Grasshoff, M. (1981a): Arthropodisierung als biomechanischer Prozess und die Entstehung der Trilobiten-Konstruktion. - Paläont. Z. 55 (3/4): 219-235.
Grasshoff, M. (1981b): Polypen und Kolonien der Blumentiere (Anthozoa). III, Die Hexaeorallia. - Natur u. Museum 111, 134-150. Frankfurt a. M., W. Kramer.
Grasshoff, M. (1984): Cnidarian phylogeny - a biomechanical approach. - Palaeontographica Amer. 54, 127-135.
Grasshoff, M. (1987): Sessile Tiere des Meeres, Evolutionswege Konstruktionen - Lebensräume. - Natur u. Museum, 117, 369 385. Frankfurt a. M., W. Kramer.
Grasshoff, M. (1991 a): Die Evolution der Cnidaria. I. Die Entwicklung zur Anthozoen-Konstruktion. - Natur u. Museum 121 (8): 225-236. Frankfurt a. M., W. Kramer.
Grasshoff, M. (1991 b): Die Evolution der Cnidaria. II. Solitäre und koloniale Anthozoen. - Natur u. Museum 121, 269-282. Frankfurt a. M., W. Kramer.
Grasshoff, M. (1992): Die Evolution der Schwämme. - Natur und Museum. 122, 201-210. 237-247. Frankfurt a. M., W. Kramer.
Grasshoff, M. (1997) Outlines of Coelenterate Evolution based on prineiples of constructional morphology. - Proc. 6th int. Conf. Coelenterate Biol 1995, 195-208.
Grasshoff, M. & M. Gudo (1997): Wie zweischichtig sind die Coelenteraten? - Natur u. Museum 127, 264-274. - Natur u. Museum 127, 329-341. Frankfurt a. M., W. Kramer.
Grasshoff, M. & M. Gudo (1998): Die Evolution der Coelenteraten I. Gallertoid-Korallen und Oktokorallen. - Natur u. Museum 128, 129-138. Frankfurt a. M., W. Kramer.
Grasshoff, M. & M. Gudo (1998): Die Evolution der Coelenteraten - Teil 1, Gallertoid-Korallen und Oktokorallen - Natur und Museum, 128, 129-138. Frankfurt a. M., W. Kramer.

Grillner, S. (1976): Some aspects on the descending control of thc spinal circuits generating locomotor movements. - In: Herman, R. M., Grillner, S., Stein, P. S. G. & Stuart, D. G. (Hrsg.): Neural control of locomotion. 351-375. New York/London, Plenum Press.

Grillner, S. & S. Kashin (1976): On the Generation and Performance of Swimming in Fish. - In: Herman, R. M., S. Grillner, P.S. Stein, G. & D. G. Stuart (Hrsg.): Neural Control ot Locomotion. - 181-201. New York/London, Plenum Press.

Gudo, M. & M. Ammar (2001): Embryologie des Menschen - hydraulische Mechanismen der Entwicklung. - Natur u. Museum 131, 33-45. Frankfurt a. M., W. Kramer.

Gudo, M. (1997): Ist die Konstruktionsmorphologie eine aktualistisches Prinzip der Paläontologie'? -In, Hüssner, H. & Betzler, C. (Hrsg): Vogel-Festschrift. Cour. Forsch.-lnst. Senckenherg, 201, 145 160.

Gudo, M. (1997): Konstruktionsmorphologische Rekonstruktion rugoser Korallen. - Profil. 11, 325 341, Stuttgart.

Gudo, M. (1997): Reconstruction of rugose corals a constructional approach. Newsl. Fossil Cnid. Porifl, 26/1. Graz.

Gudo, M. (1998): Evolutionsgeschwindigkeit in der Paläontologie und die Evolution organismischer Konstruktion. - In: Bucher, A. J. & Peters, D. S., Evolution im Diskurs - Grenzgespräche zwischen Naturwissenschaft, Philosophie und Theologie. Eichstätter Studien, NF XXXIX, 29-46. Regensburg (Pustet).

Gudo, M. (1999): Konstruktion und Evolution der paläozoischen Deckelkorallen, Geol. Paläont. Mitt. Innsbruck., 24, 23-43. Innsbruck.

Gurdon, J. (1974): The control of gene expression in animal development. - Oxford, Clarendon Press.

Gutmann, M. (1996): Die Evolutionstheorie und ihr Gegenstand. Beitrag der Methodischen Philosophie zu einer konstruktiven Theorie der Evolution. VWB - Berlin, Verl. f. Wissenschaft u. Bildung.

Gutmann, W. F. (1960): Funktionelle Morphologie von *Balanus balanoides*. - Abh. senckenb. naturf. Ges. 500, 1-43. Frankfurt a. M., W. Kramer.

Gutmann, W. F. (1968): Die Evolution der Leibeshöhle im Wirbeltier-Stamm. - Aufsätze u. Reden senckenb. naturf. Ges. 16, 1-50, Hamburg, Meiner.

Gutmann, W. F. (1969 a): Acranier und Hemichordaten, ein Seitenast der Chordaten. - Zool. Anz. 182 (1/2): 1-26.

Gutmann, W. F. (1969 b): Die Entstehung des Vertebraten-Kopfes, ein phylogenetisches Modell. - Senckenbergiana biol. 50 (5/6), 433-471.

Gutmann, W. F. (1972 a): Konvergenz - Begriff und Erklärung. - Natur u. Museum l02 , 469-476. Frankfurt a. M., W. Kramer.

Gutmann, W. F. (1972b): Die Hydroskelett-Theorie. Aufsätze u. Reden senckenb. naturforsch. Ges. 21. Frankfurt a. M., W. Kramer.

Gutmann, W. F. (1973 a): Modellvorstellungen als Hauptelement phylogenetischer Methodik. - In: Schäfer, W. (Hrsg.): Phylogenetische Rekonstruktionen - Theorie und Praxis. - Aufsätze u. Reden senckenb. naturf. Ges. 24, 26-38. Frankfurt a. M., W. Kramer.

Gutmann, W. F. (1973 b): Phylogenetik ist Rekonstruktion und nichts als dies. - In: Schäfer, W. (Hrsg.): Phylogenetische Rekonstruktionen Theorie und Praxis. - Aufsätze u. Reden senckenb. naturf. Ges. 24, 170-172. Frankfurt a. M., W. Kramer.
Gutmann, W. F. (1974 b): Die Evolution der Mollusken-Konstruktion, ein phylogenetisches Modell. - Aufsätze u. Reden senckenb. naturf. Ges. 25, 1-84, Frankfurt a. M., W. Kramer.
Gutmann, W. F. (1975 a). - Das Schuppenhemd der niederen Wirbeltiere und seine mechanische Bedeutung. - Natur u. Museum 105, 169-185. Frankfurt a. M., W. Kramer.
Gutmann, W. F. (1975 b): Das Tunicaten-Modell. - Zool. Beitr. N. F. 21 (2): 279-303.
Gutmann, W. F. (1975 c): Konstruktive Vorbedingung und Konsequenz in der phylogenetischen Entwicklung des Körperstammes der Cranioten. - In: Schäfer, W. (Hrsg.): Ontogenetische und konstruktive Gesichtspunkte bei phylogenetischen Rekonstruktionen. - Aufsätze u. Reden senckenb. naturf. Ges. 27, 40-60. Frankfurt a. M., W. Kramer.
Gutmann, W. F. (1976 a): Historische Vorbedingtheit, intraorganismische Selektion und andere methodische Konzepte einer strikten Phylogenetik am Beispiel des Chiasma opticum erörtert. - In. - Schäfer, W. (Hrsg.)-. Evoluierende Systeme 1 und Il. - Aufsätze u. Reden senckenb. naturf. Ges. 28, 79-97. Frankfurt a. M., W. Kramer.
Gutmann, W. F. (1976 b): Aspekte einer konstruktivistischen Phylogenetik, Postulate und ein Exempel. - In: Schäfer, W. (Hrsg.): Evoluierende Systeme I und Il. - Aufsätze u. Reden senckenb. naturf. Ges. 28, 165-183. Frankfurt a. M., W. Kramer.
Gutmann, W. F. (1977 a): Die Entstehung des Konstruktionsplans der Wirbeltiere. - Mathemat.-naturwiss. Unterricht, 30. Jg., (4): 207-215.
Gutmann, W. F. (1977 b): Biotechnische Analyse niederer Vielzeller. - In: Inst. F. leichte Flächentragwerke (IL) (Hrsg.): Pneus in Natur und Technik, 164-181. (Univ. Stuttgart) Stuttgart.
Gutmann, W. F. (1977 c): Phylogenetic Reconstruction, Theory, Methodology, and Application to Chordate Evolution. - In: Hecht, M. K., Goody, P. C. & Hecht, B. M. (eds.): Major Pattems in Vertebrate Evolution. - Nato Advance Study Inst. Series, Series A, Life Sciences 14, 645-669. New York/London, Plenum.
Gutmann, W. F. (1978 a): Veränderungen im Evolutionsverständnis - Zum Stand der Evolutionsforschung. - Universitas 33, 1297-1304.
Gutmann, W. F. (1978 b): Wie werden Muskeln beim Wachstum verlängert? - Natur u. Museum 108, 249-258. Gutmann, W. F. (1983): Hydraulik - der formbestimmende Faktor tierischer Organisation. - Universitas 38, 991-1002.
Gutmann, W. F. (1979 b): Entwickelt sich ein neues Evolutionsverständnis? Das Analogie-Denken Darwins und die physikalistische Evolutionstheorie. - Biol. Rdsch. 17, 84-99.
Gutmann, W. F. (1980a): Changes in our Understanding of Evolution - New Developments in Research. - Universitas 22 (2): 89-97.
Gutmann, W. F. (1980b): Die stammesgeschichtliche Vorbedingtheit der Wirbeltierkonstruktion, Die Grundlage einer evolutionär begründeten Anatomie. - Medizin in unserer Zeit, 4. Jg., 4 (3): 66-76.

Gutmann, W. F. (1981): Relationships between invertebrate phyla based on functional-mechanical analysis of the hydrostatic skeleton. - Amer. Zool. 21, 63-81.
Gutmann, W. F. (1984 a): Warum musste die Chorda in der Körpermitte entstehen? Eine Antwort an R. B. Clark. - Zool. Jb. Anat. 111, 485-500.
Gutmann, W. F. (1984 b): Modellrekonstraktionen von tierischen Bauplänen. - Biologica didactica 6 (3): 15-30.
Gutmann, W. F. (1985a): Das neue Evolutionskonzept, Erweiterung oder Neubegründung? - Biol. Rdsch. 23, 225-239.
Gutmann, W. F. (1985b): The hydraulic principles of the chordate and vertebrate „bauplan". - Fortschr. Zool. 30, 23-26.
Gutmann, W. F. (1986 a): Morphologie als Grundlage biologischer Organisation. - Natur u. Museum 116, 236-245. Frankfurt a. M., W. Kramer.
Gutmann, W. F. (1986 a): Von der Präzelle zur voll entwickelten zellulären Maschinerie. - Konzepte SFB 230 (26): 63-94. (Univ. Stuttgart u. Tübingen) Stuttgart, Tübingen.
Gutmann, W. F. (1986 b): Die quasiexperimentelle Absicherung von Entwicklungswegen hydraulischer Konstruktionen. - Konzepte SFB 230 (26): 117-150. (Univ. Stuttgart u. Tübingen) Stuttgart, Tübingen.
Gutmann, W. F. (1987 a): Organismus und Konstruktion. 1. Das energetisch getriebene System und die Evolution. - Natur u. Museum 117, 165-172. Frankfurt a. M., W. Kramer.
Gutmann, W. F. (1987 b): Organismus und Konstruktion. 11. Wie die Eigenheiten der Lebewesen von Philosophie, Biophysik und Morphologie verpaßt werden. - Natur u. Museum 117, 288 -298. Frankfurt a. M., W. Kramer.
Gutmann, W. F. (1988 b): Die Evolution hydraulischer Konstruktionen. Organismische Wandlung statt altdarwinistischer Anpassung. - Senckenberg-Buch 65. Frankfurt a. M., W. Kramer.
Gutmann, W. F. (1988a): Die Selbstbewegerfähigkeit der Organismen als neues Naturprinzip? - In: Natürliche Konstruktionen. - Mitteilungen des SFB 230 (2): 141-148. Stuttgart/ Tübingen, Univ. Stuttgart u. Tübingen.
Gutmann, W. F. (1989a): Die Evolution hydraulischer Konstruktionen. Organismische Wandlung statt altdarwinistischer Anpassung. - Senckenberg-Buch 65, Frankfurt a. M., W. Kramer.
Gutmann, W. F. (1989b): Organismus und Prozeß, Die Entstehung eines dynamischen Naturverständnisses. - In: Fuchs, G. (Hrsg.): Mensch und Natur - Auf der Suche nach der verlorenen Einheit, 141-168. Frankfurt a. M., Knecht.
Gutmann, W. F. (1991 a): Organismus und Energie - Ist die Morphologie noch zu retten?. - Natwiss. Rdsch. 44. Jg., (7): 253-260.
Gutmann, W. F. (1991 b): Constructional principles and the quasi-experimental approach to organisms. - In: Schmidt-Kittler, N. & Vogel, K. (eds.): Constructional morphology and evolution. - , 91-112. Berlin/Heidelberg, Springer.
Gutmann, W. F. (1994): Evolution von Konstruktionen, Die Frankfurter Theorie. - In: Morphologie & Evolution. Senckenberg-Buch 70. Frankfurt a. M., W. Kramer.

Gutmann, W. F. & K. Bonik (1979 a): Detaillierung des Acranier- und Enteropneusten-Modells. - Senckenbergiana biol. 59 (5/6): 325-363.

Gutmann, W. F. & K. Bonik (1979 b): Biomechanik in der Embryonalentwicklung. - Inst. F. leichte Flächentragwerke (IL) 19, 98-113. Stuttgart., Univ. Stuttgart.

Gutmann, W. F. & K. Bonik (1980 a): Die Dynamik von Selbstorganisation und Destruktion im heutigen Evolutionsverständnis. - Eichstätter Hochschulreden 20, 1-39.

Gutmann, W. F. & K. Bonik (1980 b): Der embryonale Anpassungswert der Deuterostomie. - Natur u. Museum 110, 116-120. Frankfurt a. M., W. Kramer.

Gutmann, W. F. & K. Bonik (1980 c): BORELLI und die Folgen - kann man Mechanik in Lebewesen sehen? - Natur u. Museum 110, 263-274. Frankfurt a. M., W. Kramer.

Gutmann, W. F. & K. Bonik (1980 d): Die Grundkonstruktion der Manteltiere. - Natur u. Museum 110, 368-380. Frankfurt a. M., W. Kramer.

Gutmann, W. F. & K. Bonik (1980a): Der embryonale Anpassungswert der Deuterostomie. - Natur u. Museum 110, 116-120. Frankfurt a. M., W. Kramer.

Gutmann, W. F. & K. Bonik (1981 a): Kritische Evolutionstheorie - Ein Beitrag zur Überwindung altdarwinistischer Dogmen. - Hildesheim, Gerstenberg.

Gutmann, W. F. & K. Bonik (1981 b): HENNIGs Theorem und die Strategie des stammesgeschichtlichen Rekonstruierens. Die Agnathen-Gnathostomen-Beziehung als Beispiel. - Paläont. Z. 55, (1): 51-70.

Gutmann, W. F. & K. Bonik (1981 c): Die Biomechanik beherrscht die Strukturierung des Zentralnervensystems. Argumente für eine Selbstbetrachtung in Morphologie und Physiologie. - Zool. Anz. Jena 207 (5/6): 238-359.

Gutmann, W. F. & K. Bonik (1983): Die Entstehung des Dermalskelettes, Biomechanische Grundbedingungen des fossilen Schuppenpanzers. - Senckenbergiana leth. 64 (2/4): 179-197.

Gutmann, W. F., K. Bonik & M. Grasshoff (1982a): Teil I, Die Entwicklung der Organisation vielzelliger Tiere. - In: Wendt, H. (Hrsg.): Der Mensch, Kindlers Enzyklopädie, 386-428. 434-435. München, Kindler.

Gutmann, W. F., K. Bonik, M. Grasshoff & D. S. Peters, (1982b): Die Anwendung der Evolutionstheorie auf die Entwicklung der vielzelligen Tiere. - In: Wendt, H. (Hrsg.): Der Mensch. - Kindlers Enzyklopädie, 386-435. München, Kindler.

Gutmann, W. F. & K. Edlinger (1991a): Die Biosphäre als Megamaschine. Ökologische und paläo-ökologische Perspektiven des Konstruktionsverständ-nisses der Organismen. - Natur u. Museum 121, 302-311. Frankfurt a. M., W. Kramer.

Gutmann, W. F. & K. Edlinger, (1991b): Die Biosphäre als Megamaschine. Ökologische und paläo-ökologische Perspektiven des Konstruktionsverständnisses der Organismen II. - Natur u. Museum 121, 401-410. Frankfurt a. M., W. Kramer.

Gutmann, W. F. und K. Edlinger (1994a): Molekulare Mechanismen in kohärenten Konstruktionen. - In: W. Maier u. Th. Zoglauer (Hrsg.):Technomorphe Organismuskonzepte - Modellübertragungen zwischen Biologie und Technik, 174-198. - Problemata 128. Stuttgart, Frommann-holzboog.

Gutmann, W. F. und K. Edlinger (1994b): Organismus und Evolution Naturphilosophische Grundlagen des Prozeßverständnisses. - In: Bien, G. u. J. Wilke (Hrsg.): Natur im Umbruch - Zur Diskussion des Naturbegriffs in Philosophie, Naturwissenschaft und Kunsttheorie. - Problemata 127, 109-140. Stuttgart, Frommann-holzboog.

Gutmann, W. F. und K. Edlinger (1994c): Morphodynamik und Maschinentheorie, Die Grundlage einer kausalen Morphologie. - In: Gutmann, W. F., D. Mollenhauer und D. St. Peters, Morphologie & Evolution. W. Kramer, Frankfurt a. M., 177-199.

Gutmann, W. F. und K. Edlinger (1994d): Neues Evolutionsdenken, Die Abkoppelung der Lebensentwicklung von der Erdgeschichte. - Archaeoteryx 12, 1-24.

Gutmann, W. F. & D. S. Peters (1973a): Das Grundprinzip des wissenschaftlichen Procedere und die Wiederlegung der phylogenetisch verbrämten Morphologie. - n, Schäfer, W. (Hrsg.): Phylogenetische Rekonstruktionen - Theorie & Praxis. Aufsätze und Reden der Senckenbergischen Naturforschenden Gesellschaft 24. Frankfurt a. M., W. Kramer.

Gutmann, W. F. & D. S. Peters (1973b): Konstruktion und Selektion, Argumente gegen einen morphologisch verkürzten Selektionismus. - Acta biotheoretica 22 (4): 151-180.

Gutmann, W. F. & D. S. Peters (1979): Forschungen zur Geschichte der Evolutionstheorie. - Natur u. Museum 109, 26-30. Frankfurt a. M., W. Kramer.

Gutmann, W. F. & D. S. Peters (1982): Stammesgeschichtliche Vorbedingtheit der Embryonalentwicklung. - In: Wendt, H. (Hrsg.): Der Mensch. - Kindlers Enzyklopädie, 428-435. München, Kindler.

Gutmann, W. F. & D. S. Peters (1985): Evolutionary economization of organismic constructions. - Konzepte SFB 230 (4): 15 27.

Gutmann, W. F. & M.Weingarten (1988a): Organismen als Konstruktionen, Theoreme, die eine Eigenständigkeit der Biologie gegenüber der Physik sichern. - Biol. Rdsch. 26, 331 345.

Gutmann, W. F. & K.-H. Scharf (1993): Evolution von Organismen. - Praxis der Naturwissenschaften, Heft 8/42. Köln, Aulis Verlag Deubner & Co KG.

Gutmann, W. F. & Weingarten, M. (1988b): Organismus und Konstruktion. Ü I. Mechanische Arbeit von lebenden Konstruktionen sichert das thermodynamische Nichtgleichgewicht. - Natur u. Museum 118, 83-92. Frankfurt a. M., W. Kramer.

Gutmann, W. F. & M. Weingarten(1988c): Organismus und Konstruktion. 111. Mechanische Arbeit von lebenden Konstruktionen sichert das thermodynamische Nichtgleichgewicht. - Natur u. Museum 118, 83-92. Frankfurt a. M., W. Kramer.

Gutmann, W. F. & M. Weingarten(1989): Studien zur Theoriengeschichte der Evolution. - Natur u. Museum 119, 55-62. Frankfurt a. M., W. Kramer.

Gutmann, W. F., H. Zorn,. & K. Vogel, (1978): Brachiopods, Biomechanical Interdependences Governing Their Origin and Phylogeny. - Science 199, 890-893.

Gutmann, W. F., Vogel, K. & Zorn, H. (1976): Die Evolution der Tentakulaten. - Natur u. Museum 106 (10): 316-317. Frankfurt a. M., W. Kramer.

Haeckel, E. (1906). Lebenwunder. Gemeinverständliche Studien über Biologische Philosophie. - Stuttgart, Kröner.

Haken, H. (1981): Erfolgsgeheimnisse der Natur. - Stuttgart, Dtsch. Verlagsanstalt.
Halanych, K. M (1996): Testing hypotheses of Chaetognath origins, long branches revealed by 18S ribosomal DNA. - Systematic Biology 45, 223-246.
Halanych, K. M., J. D. Bacheller, A. M. A. Aguinaldo, S. M. Liva, D. M. Hillis & J. A. Lake (1995): Evidence from 18S ribosomal DNA that the lophophorates are protostome animals. - Science 267, 1641-1643.
Halanych, K. M., R. A. Lutz & R. C. Vrijenhoek (1998): Evolutionary origins and age of vestimentiferan tube worms. - Cahiers de Biologie Marine 39, 355-358.
Hanelt, B., D. VanSchyndel, C. M. Adema, L. A. Lewis & E. S. Loker (1996): The phylogenetic position of Rhopalura ophiocomae (Orthonectida) based on 18S ribosomal DNA sequence analysis. - Molecular Biology and Evolution 13, 1187-1191.
Hanlon, R. T. & J. B. Messenger (191998): Cephalopod Behaviour. - Cambridge(Uk), University press,.
Harold, F.M. (1986): The Vital Force. - New York, W. H. Freemann and Comp.
Harold. F. M. (1990): To Shape a Cell, an Inquiry into the Causes of Morphogenesis of Microorganisms. - Microbiol. Rev. 54 (4): 381-431.
Harris, J. E. & H. D. Crofton (1957): Structure and function in the nematodes, internal pressure and cuticular structure in Ascaris. - J. exp. Biol. 34, 116-130.
Hazen, R. M. (2001): Der steinige Weg zum Leben. - Spektrum d. Wiss. 6, 34-41.
Heisenberg, W. (1989): Ordnung der Wirklichkeit. - München/Zürich, Piper.
Heitler, W. (1 96 1): Der Mensch und die naturwissenschaftliche Erkenntnis. - Braunschweig, Vieweg & Sohn.
Hejl, P. M. (2001): Konstruktivismus und Universalien. - In: Hejl, P. M. (Hrgb.): Universalien und Konstruktivismus. - Frankfurt a. M., Suhrkamp, 7-67.
Herkner, B. (1989): Die Entwicklung der saltatorischen Bipedie bei Säugetieren innerhalb der Tetrapodenevolution. - Cour. Forsch.-Inst. Senckenberg, 111, 1-102. Frankfurt a. M. Senckenberg.
Herkner, B. (1991): Neue Betrachtungen zur Chordatenevolution. - Natur u. Museum 121, 193-203. Frankfurt a. M., W. Kramer.
Ho, M.-W. & Saunders, (1984): Pluralism and Convergence in Evolutionary Theory. - In: Ho, M.-W. & P. T. Saunders (eds.): Beyond Neo-Darwinism, 3-11. London, New York, Sydney, Tokyo, Acad. Press.
Holst, E. v. (1974): Zentralnervensystem. - München, Dtv-Wissenschaftliche Reihe.
Homberger, D. (1988): Models and Tests in Functional Morphology, The Significance of Description and Interaction. - Amer. Zool. 28, 217-229.
Ingber, D. E. (1993a): Cellular tensegrity,defining new rules of biological design that govern the cytoskeleton. - J. Cell. Sc.104, 613-627.
Ingber, D. E. (1993b): The Riddle of Morphogenesis, A question of Solution hemistry or Molecular Cell Engineering?. - Cell 75, 1249-1252.

Ingber, D. E. and J. Folkman (1987): Regulation of endothelial growth factor action, solid state control byeytracellular matrix. - In: Ingber, D. E. (ed.): Mechanism of signal transduction by hormones and growth factor, 273-282. New York, Alan. R. Liss.
Ingber, D. E., L. Dike, L. Hansen, S. Karp, H. Liley, A. Maniotis, H. McEe, Mooney, Plopper, Sims & N. Wang (1994): Cellular Tensegrity, Exploring How Mechanical Changes in the Cytoskeleton Regulate Growth, Migration, and Tissue Pattern during Morphogenesis. - Int. rec. Cytol. 150, 173-224.
Jacob, F. & J. Monod (1961): Genetic regulatory mechanisms in the synthesis of proteins. - Mol. Biol. 3, 318-356.
Jacob, F. (1972): Die Logik des Lebendigen. Von der Urzeugung zum genetischen Code. - Frankfurt, S. Fischer.
Jahn, I. (2000): Geschichte der Biologie. - Heidelberg/Berlin, Spektrum- Akadem. Verl.
Janich, P. & M. Weingarten (1999): Wissenschaftstheorie der Biologie. - München, UTB W. Fink Verl.
Janich, P. (1992). Grenzen der Naturwissenschaften. - München, C. H. Beck.
Janich, P. (1993). Biologischer versus physikalischer Naturbrgriff. - In: Bien, G., Th. Gil & J. Wilke (Hrgb.). "Natur" im Umbruch Zur Diskussion des Naturbegriffs in Philosophie, Naturwissenschaft und Kunsttheorie. Problemata 127, 165-175. Stuttgart, Frommann-holzboog.
Janich, P. (1996). Konstruktivismus und Naturerkenntnis - Auf dem Weg zum Kulturalismus. - Frankfurt a. M., Suhrkamp.
Janich, P. (1997): Kleine Philosophie der Naturwissenschaften. - München, C. H. Beck.
Janich, P., (1980): Die Protophysik der Zeit. Konstruktive Begründung und Geschichte der Zeitmessung. - Frankfurt a. M., Suhrkamp.
Jantsch, E. (1982): Die Selbstorganisation des Universums. - München, Dtv.
Jenner, R. A. & F. R. Schram (1999): The grand game of metazoan phylogeny, rules and strategies. - Biological Reviews 74, 121-142.
Jonas, H. (1973): Organismus und Freiheit. Ansätze zu einer philosophischen Biologie. - Göttingen, Sammlg. Vandenhoeck, Vandenhoeck und Ruprecht.
Juliano, R. L. & P. Haskill (1993): Signal Transduction from the Extracellular Matrix. - Cell. Biol. 120/3, 577-585.
Kant (1983): Metaphysische Anfangsgründe der Naturwissenschaft. - Darmstadt., Wiss. Buchges.
Katayama, T., H. Wada, H. Furuya, N. Satoh & M. Yamamoto (1995): Phylogenetic position of the dycyemid Mesozoa inferred from 18S rDNA sequences. - Biol. Bull. 189, 81-90.
Kim, J., W. Kim & C. W. Cunningham (1999): A new perspective on lower metazoan relationships from 18S rDNA sequences. - Mol. Biol. Evol. 16, 423-427.
Knoll, A. H. & S. B. Carroll (1999): Early animal evolution, emerging views from comparative biology and geology. - Science 284, 2129-2137.
Kobayashi, M., H. Furuya & P. W. H. Holland (1999): Dicyemids are higher animals. - Nature 401, 762.

Koch, A. L. (1982): The Shape of the Hyphal Tips of Fungi. - J. General Microbiol. 128, 947-951.
Koch, A. L. (1988): Biophysics of Bacterial Walls Viewed as Stress-Bearing Fabric. - Microbiol. Rev. 52 (3): 337 353.
Koch, A. L., M. L. Higgins & R. J. Doyle (1982): The Role of Surface Stress in the Morphology of Microbes. - J. General Microbiol. 128, 927 945.
Kojima, S., T. Hashimoto, M. Hasegawa, S. Murata, S. Ohta, H. Seki & N. Okada (1993): Close phylogenetic relationship between Vestimentifera tube worms and Annelida revealed by the amino acid sequence of elongation factor-1-alpha. - J. of Molecular Evolution 37, 66-70.
Koutroufinis, A. A. (1996): Selbstorganisation ohne Selbst. Irrtümer gegenwärtiger Systemtheorien. - Berlin, Pharus Verl.
Kremer, B. P. (1989): Chloroplasten-Odyssee, höhere Herkunft eines Zellorganells. - Spektrum d. Wiss. (2): 14-15.
Krumbein, W. E. & A. V. Lapo (in press): The biosphere concept of V. I. Vernadsky as a basis of geophysiology. - GAIA-Symp. Ill.
Krumbein, W. E. & Schnellhuber, H.-J. (1990): Geophysiology of carbonates as a function of bioplanets,. - In: Ittekkot, V., S., Kempe, W. Michaelis & Y, A. Spitz (eds.): Facets of modern biogeochemistry. Festschrift, E. T. Degens, 5-22. Berlin/Heidelberg/New York/London/Paris/Tokyo/Hong Kong, Springer.
Krumbein, W. E. (1984): Auf den Schultern des Riesen - Vom Zeitgeist in der Erforschung geomikrobiologischer Zusammenhänge. - Mitt. Geol.-Paläont. Inst. Univ. Hamburg, Festband, Georg Knetsch, (56): 435-460.
Krumbein, W. E. (1995a): Gone with the wind - a second blow against spontaneous generation. In memoriam Christian Gottfried Ehrenberg (1795-1876). Aerobiologia 11, 205-211.
Krumbein, W.E. (1995b): Biofilm-Mikrobenmatte-Stromatolith, Zur Geomikrobiologie mariner Sedimente. DGM Mitteilungen Jahrgang 1995, pp- 27-30.
Krumbein, W.E., Lapo, A. V. (1996): Vernadsky's Biosphere as a Basis of Geophysiology, - In: Bunyard, P. (Ed.): Gaia in Action, Science of the living earth. - E dinburgh: Floris Books, 115-134
Kuhn, H. (1976): Model consideration for the origin of life. - Naturwiss. 63, 68-80.
Lamarck, J.(1991): Zoologische Philosophie 1. Leipzig, Akad. Verl. Ges. Geest und Portig K.-G. (3. Bde).
Lansman, J. B., T. J. Hallam & T. J. Rink (1987): Singlestretch activated ion channels in vascular endothelial cells and mechano-transducers? - Nature (London) 325, 811-813.
Lapo, A. V. (1987): Traces of bygone Biospheres. -Moskau, Mir Publishers.
Levy-Strauss, C. (1980): Mythos und Bedeutung. - Frankfurt a. M., Suhrkamp.
Lewontin, R. C. (1974): The genetic basis of evolutionary change. - New York, Columbia Univ. Press.

Littlewood, D. T. - J., M. - J. Telford, K. A. Clough & K. Rohde (1998): Gnathostomulida - an enigmatic metazoan phylum from both morphological and molecular perspectives. - Molecular Phylogenetics and Evolution 9, 72-79.
Lotka, A. J. (1956): Elements of Mathematical Biology. - New York, Dover Publ. Inc.
Lovejoy, A. O. (1993): Die große Kette der Wesen. Geschichte eines Gedankens. - Frankfurt a. M., Suhrkamp.
Lovelock, J. E. (1979): Gaia, a new look at life on earth. - (Univ. Press) Oxford.
Lovelock, J. E. (1988): The Ages of GAIA. - New York/London, Norton & Comp.
Lovelock, J. E. (1990): Das Gaia-Prinzip. - Zürich, München, Arternis.
Löw, R. (1983): Evolution und Erkenntnis - Tragweite und Grenzen der evolutionären Erkenntnistheorie in philosophischer Absicht. - In: K. Lorenz und F. Wuketits (Hrgb.): Die Evolution des Denkens., 331-360. München, Piper.
Luter, C. (1997): The phylogenetic position of Brachiopoda - a comparison of morphological and molecular data. - Zoologica Scripta 26, 245-253.
Mackey, L. Y., B. Winnepenninckx, R. DeWachter, T. Backeljau, P. Emschermann & J. R. Garey (1996): 18S rRNA suggests that Entoprocta are protostomes, unrelated to Ectoprocta. - J. of Molecular Evolution 42, 552-559.
Malsburg, Ch. V. d. (1987): Ist die Evolution blind? - In: Küppers, B. O. (Hrgb): Ordnung aus dem Chaos, 269-289. München/Zürich, Piper.
Margulis, L. (1970): Origin of Eukaryotic Cells. - New Haven/London: Yale Univ. Press.
Margulis, L. (1984): Early Life. -Boston/Portola Valley, Jones & Bartlett Publ.
Margulis, L. (1996): Gaia ist ein zähes Weibsstück. - In: Brockman, J. (Hrgb.): Die dritte Kultur. - München, Wilhelm Goldmann Verlag. 177-202.
Margulis, L. (1999): Die andere Evolution. -Heidelberg, Spektrum.
Margulis, Lynn & D. Sagan (1991). Mystery Dance. On the Evolution of Human Sexuality, - New York, Summit Books.
Margulis, Lynn & R. Fester, (eds.) (1991): Symbiosis as a Source of Evolutionary Innovation. Speciation and Morphogenesis. -Cambridge (Mass.)/London, MIT Press.
Margulis, Lynn (1981). Symbiosis in Cell Evolution, Life and Its Environment on Earth. - San Fransisco, Freeman.
Matsuno, K. (1984a): Determinism and freedom in early evolution. - In: Fox, S. W. (ed.): Individuality and determinism. New York/London, Plenum Press, 203-215.
Matsuno, K. (1984b): Open Systems and the Origin of Protoreproductive Units. - In: Ho, M. - W. & Saunders, P. T. (eds.): Beyond Neo-Darwinism., 61-88. London/New York/Sydney/Tokyo, Acad. Press.
Matsuno, K. (1984c): Protobiology, A Theoretical Synthesis. - In: Matsuno, K., Dose, K., Harada, K. & Rohlfing, D. L., Molecular Evolution and Protobiology. - , 433-464. New York/London, Plenum Press.
Matsuno, K., Dose, K., Harada, K. & Rohlfing, D. L. (1984): Molecular Evolution and Protobiology. - New York/London, Plenum Press.
Maturana, H. & F. Varela (1987). Der Baum der Erkenntnis. -Bern/München/Wien, Scherz.

Mayr, E. (1967). Artbegriff und Evolution. - Hamburg, Parey.
Mayr, E. (1984): Die Entwicklung der biologischen Gedankenwelt. - Berlin/Heidelberg/New York/Tokyo, Springer.
Mayr, E. (1991): Eine neue Philosophie der Biologie, - München, Piper.
Mayr, E.(1979): Evolution und die Vielfalt des Lebens. -Berlin/New York/Heidelberg, Springer.
McClay, D. R. and C. A. Ettensohn (1987): Cell adhesion in morphogenesis. - Annu. Rev. Cell. Biol. 3, 319-345.
McHugh, D (1997): Molecular evidence that echiurans and pogonophorans are derived annelids. - Proc. Natl. Acad. Sci. USA 94, 8006-8009.
McHugh, D. and G. W. Rouse (1998): Life history evolution of marine invertebrates, new views from phylogenetic systematics. - Trends in Ecology and Evolution 13, 182-186.
Medina, D., M. L. LI, C. J. Obornn & M. J. Bissell (1987): Casein gene expression in mouse mammary epithel cell lines, dependence upon extracellular matrix. - Exp. Cell Res. 172, 192-203.
Mereschkowsky, C. (1905): Über Natur und Ursprung der Chromatophoren im Pflanzenreiche. - Biol. Zbl. 25, 593-604.
Monod, J. (1971): Zufall und Notwendigkeit. Zur Genealogie der Moral. - München, Piper.
Müller-Herold, U. (1988): Szenarien für die späte präbiotische Evolution. - Natur u. Museum 118, 74-83. Frankfurt a. M., W. Kramer.
Nichols, D. (1960): The histology and activities of the tube-feet of *Antedon bifida*. - Quart. J. micr. Sci. 101- 105-117.
Nichols, D. (1961): A comparative histological study of the tube-feet of two regular echinoids. - Quart. J. micr. Sci. 102, 157-180.
Nicolis, G. & I. Prigogine,. (1987). Die Erforschung des Komplexen. - München, Piper.
Nielsen, C (1995): Animal Evolution, Interrelationships of the living phyla. - Oxford University Press.
Nielsen, C (1997): The phylogenetic position of the Arthropoda. - In: R. A. Fortey and R. H. Thomas (eds.): Arthropod Relationships. - Systematics Association Special Volume Series 55, 11-22. London, Chapman & Hall.
Nielsen, C., N. Scharff & D. Eibye-Jacobsen (1996): Cladistic analyses of the animal kingdom. Biol. - J. Linn. Soc. 57, 385-410.
Nüßlein-Vollhardt, C. & E. Wieschaus (1980): Mutants affecting segment number and polarity in *Drosophila*. - Nature, 287, 795-801.
Nüßlein-Vollhardt, C. (1990): Determination der einbryonalen Achse bei Drosophila. - Verh. Dtsch. Zool. Ges., 83, 179-195.
Nüßlein-Vollhardt, C., Frohnhöfer, H. G. & R. Lehmann, (1987): Determination of anteroposterior polarity in *Drosophila*. - Science, 238, 1675-1681.
Oparin, A. I. (1924): Der Ursprung des Lebens, 1. Ausgabe (russ. „Proiskhozdenic Zhizny"). - Moskau, Moskowskiy Rabochy.

Oparin, A. I. (1957): The Origin of Life on Earth. - 3. Ausgabe. - New York/London, Acad. Press.

Oparin, A. I. (1968): Genesis and evolutionary development of life. - New York/London, Acad. Press.

Opas, M. (1987): The transmission of forces between cells and their environment. - In: Bereiter-Hahn, J., O. R. Anderson & W.-R. Reif (eds.): Cytomechanics, 273-285. Berlin/Heidelberg/New York, Springer.

Opas, M. (1989): Expression of the differentiated phenotype by epithelial cells in vitro regulated by both biochemistry and mechanics of the substratum. - Dev. Biol. 131, 281-293.

Orgel, L. E. (1973): The Origins of Life, - New York, J. Wiley,.

Orgel, L. E. (1976): Selection in vitro. - roc. Roy. Soc. London. Ser. B 205, 435-442.

Otto, F. (1977): Das Konstruktionssystem Pneu. - In: Institut f. leichte Flächentragwerke (IL) (Hrsg.): Pneus in Natur und Technik. - IL 9, 23 47. Stuttgart, Univ. Stuttgart.

Otto, F. (1978): Der Pneu - Bauprinzip des Lebens. - Bild der Wissenschaft, Jg. 15, (10): 124-135.

Otto, F. (1979): Wachsende und sich teilende Pneus. - In: Institut f. leichte Flächentragwerke (IL) (Hrsg.): Wachsende und sich teilende Pneus. - IL 19, 22-97. Stuttgart, Univ. Stuttgart.

Paecht-Horowitz, M. (1984): The Influence of some Physico-Chemical Factors on Self-Organization in Prebiotic Systems. - In: Matsuno, K., Dose, K., Harada, K. & Rohlfing, D. L., Molecular Evolution and Protobiology, 188-206. New York/London, Plenum Press.

Pawlowski, J., J. I. MontoyaBurgos, J. F. Fahrni, J. Wuest & L. Zaninetti (1996): Origin of the Mesozoa inferred from 18S rRNA gene sequences. - Molecular Biology and Evolution 13, 1128-1132.

Perutz, M. (1986): Aktiv geprägte Evolution. - In: Die Zeit 46 (Hamburg) (11.7. 1986), 49-51.

Peters, D. S. (1986): Evolutionary theory and ist consequences for the concept of adaptation. - In: M. Grene /Ed.): Dimensions of darwinism. Themes and counterthemes in twenthieth-century evolutionary theory. - Cambridge, University Press.

Peters, D. S., , J. L. Franzen, W. F. Gutmann, & D. Mollenhauer (1974): Evolutionstheorie und Rekonstruktion des stammesgeschichtlichen Ablaufs. - Umschau 74 (16): 501-506.

Peters, D. S. - & W. F. Gutmann (1976): Die Stellung des „Urvogels" Archaeopteryx im Ableitungsmodell der Vögel. - Natur u. Museum 106, 265-275. Frankfurt a. M., W. Kramer.

Peters, D. S. & W. F. Gutmann (1971): Über die Lesrichtung von Merkmals- und Konstruktions-Reihen. - Z. zool. Syst. Evolut. forsch. 9(4):237-263.

Peters, D. S. & W. F. Gutmann (1973): Die Stichhaltigkeit des Homologiebegriffs. - Math.-naturwiss. - Unterricht (MNU) 26. Jg., (5): 274-279.

Peters, D. S. & W. F. Gutmann (1978): Ausgangsform und Entwicklungszwänge der Gliedmaßen landlebender Wirbeltiere. - Natur u. Museum 108, 16-21. Frankfurt a. M., W. Kramer.

Peters, D. S. & W. F. Gutmann (1982): Organismus und Evolution. - In: Wendt, H. (Hrsg.): Der Mensch. - Kindlers Enzyklopädie, 492-538. München, Kindler.
Peters, D. S. & W. F. Gutmann (1985): Constructional and Functional Preconditions for the Transiton to Powered Flight in Vertebrates. - In: Hecht, M. K., Ostrom, J. H., Viohl, G. & Wellnhofer, P. (eds.): The beginnings of birds, 233 242. Eichstätt, Jura-Museum. Plessner, H. (1975): Die Stufen des Organischen und der Mensch. - Berlin, Sammlung Göschen de Gruyter & Co.
Popper, K.(1994): Alles Leben ist Problemlösen. - Darmstadt, Wissenschaftliche Buchgesellschaft.
Portmann, A. (1956): Zoologie und das neue Bild des Menschen. - Reinbek b. Hamburg, Rowohlt.
Prigogine, I. (1979): Vom Sein zum Werden. - München, Piper.
Prigogine, I. (1986): Natur, Wissenschaft und neue Rationalität. - Dialektik 12, 15-37. Köln, Pahl-Rugenstein.
Prigogine, I. & G. Nicolis (1971) , Biological Order, Structure and Instabilities. - Quart. Rev. Biophys. 4, 107-148.
Prigogine, I. & I. Stengers (1981): Dialog mit der Natur. - München/Zürich, Piper.
Ramsköld, J. & J.-Y. Chen (1998): Cambrian lobopodians, morphology and phylogeny. - In, G. D. Edgecombe (ed.): Arthropod Fossils and Phylogeny, 107-150. New York, Columbia University Press.
Rechenberg, I. (1973): Evolutionsstrategie, Optimierung technischer Systeme und Prinzipien der biologischen Evolution ,. -Stuttgart, Frommann-Holzboog.
Rechenberg, I. (1994): Evolutionsstrategie '94. - Stuttgart , Frommann-Holzboog .
Reichholf, J. (1993): Der schöpferische Impuls - Eine neue Sicht der Evolution. Stuttgart, DVA.
Reif, W.-E. (1975): Lenkende und limitierende Faktoren in der Evolution. - Acta biotheor. 24 (3/4)136-162.
Reisinger, E. (1970): Zur Problematik der Evolution der Coelomaten. - Z. zool. Syst. u. Evolutionsforsch. 8 (2): 81-109.
Reisinger, E. (1972): Die Evolution des Orthogons der Spiralier und das Archicoelomatenproblem. - Z. zool. Syst. u. Evolutionsforsch. 10:1-43.
Reisinger, E. (1973): Schlußwort. - In: Schäfer, W. (Hrsg.): Das Archicoelomaten -Problem. - Aufsätze u. Red. senckenberg. naturf. Ges. 22:109-111. Fankfurt am Main, Kramer.
Remane, A. (1956): Die Grundlagen des natürlichen Systems, der vergleichenden Anatomie und der Phylogenetik. 2. Aufl. - Leipzig: Akad. Verl. Ges.
Remane, A. (1973): Stellungnahme. - In: Schäfer, W (Hrsg.): Das Archicoelomaten-Problem. - Aufsätze u. Red. senckenberg. naturf. Ges. 22: 105-108. Frankfurt am Main, W Kramer.
Remane, A., V Storch & U. Welsch (1976): Systematische Zoologie, Stamme des Tierreiches. - Stuttgart, G. Fischer.
Remane, A., V Storch & U. Welsch (1976): Systematische Zoologie, Stämme de5 Tierreiches - Stuttgart, G. Fischer.

Remane, J. (1983): The concept ofhomology in phylogenetic research - its meanin~ and possible applications. - Paläont. Z. .57 (3/4): 267-269.
Resnick, N., T. Collins, W. Atkinson, T. Bonthron, C. F. Dewey jr., & M. A. Gimbrone (1993) Platelet-dreived grwoth factor B chain promotor contains a cis-acting fluid shear-stress-responsive element. - Proc. Natl. cad. Sci. USA. 90, 4591-4595.
Riedl, R. (1975): Die Ordnung des Lebendigen - Systembedingungen der Evolution. – Hamburg/Berlin, Parey.
Riedl, R. (1986): The role of morphology in the theory of evolution. - In M. Grene (ed.): Dimensions of Darwinism, 205-238. - Cambridge, Univ. Press.
Rieger, R. M. (1986): Über den Ursprung der Bilateria: die Bedeutung der Ultrastrukturforschung für ein neues Verstehen der Metazoenevolution. -Verh. Dtsch. Ges. 79: 31-50.
Rohr, K. B., D. Tautz & K. Sander (1999). Segmentation gene expression in the mothmidge *Clogmia albipunctata* (Diptera, psychodidae) and other primitive dipterans. - Dev. Genes Evol. 209(3): 145-54.
Rorn, G. (1982): Conditions of Evolution and Adaptation in Organisms as Autopoietic Systems. - In: Mossakowski, D. & Roth, G. (Eds.): Environmental Adaptation and Evolution. - : 37-48. Stuttgart/New York,G. Fischer.
Rose, St. (2000): Darwins gefährliche Erben. Biologie jenseits der egoistischen Gene. - München, Ch. Beck.
Rosenbauer, K. A. (Hrsg.) (1969): Entwicklung, Wachstum, Missbildungen und Altern bei Mensch und Tien - Stuttgart, Wiss. Verlagsges. MbH.
Roth, (1986a): Selbstorganisation - Selbsterhaltung - Selbstreferentialität, Prinzipien der Organisation der Lebewesen und ihre Folgen für die Beziehung zwischen Organismus und Umwelt. - Tn,A. Dress, H. Hendrichs und G.Küppers (Hrgb.) , Selbstorganisation - Die Entstehung von Ordnung in Natur und Gesellschaft, 49-80. München/Zürich, Piper.
Roth, G. & H.Schwegler (eds.) (1981): Self-organizing systems. - Frankfurt a. M./New York, Campus.
Roth, G. (1982): Conditions of Evolution and Adaptation in Organisms as Autopoietic Systems. - In: Mossakowski, D. & Roth, G. (eds.): Environmental Adaptation and Evolution, 37-48. Stuttgart/New York, Fischer.
Roth, G. (1986): Selbstorganisation und Selbstreferentialität als Prinzipien der Organisation von Lebewesen. - Dialektik 12:194-213. Köln, Pahl-Rugenstein.
Roth, G. (1987): Was bedeuten die Theorien der Selbstorganisation und der Autopoiese für das Verständnis der Lebewesen? - Dialektik 13: 235-239.
Roth, G. (1987a): Was bedeuten die Theorien der Selbstorganisation und der Autopoiese für das Verständnis der Lebewesen? - Dialektik 13, 235- 239.
Rothschuh, K. E. (1957) Die Theorie des Organismus. Bios, Psyche, Pathos. – München/Berlin., Urban u. Schwarzenberg,
Rouse, G. W. & K. Fauchald (1998): Recent views on the status, delineation and classification of the Annelida. – Amer. Zool. 38, 953-964.

Ruiz-Trillo, I., M. Riutort, D. T. - J. Littlewood, E. A. Herniou, & J. Baguña (1999): Acoel flatworms, earliest extant bilaterian metzoans, not members of platyhelminthes. - Science 283, 1919-1923.
Rusch, D. B. & Kaufman, T. C. (2000). Regulation of proboscipedia in *Drosophila* by homeotic selector genes. - Genetics 156, 183-194.
Sachsse, H. (1968): Die Erkenntnis des Lebendigen. - Braunschweig, Vieweg.
Sarvaas, A. E. du Marchie (1933): La théorie du coelome. - Utrecht. , Thesis, Univ. Utrecht.
Schäfer, W. (1976): Fossilien. Objekte der Erkenntnis, der Praxis und der Bildung [Fossils, Objects of perception, study and education. - Senckenberg Bücher 56 Stuttgart, E. Schweizerbart'sche Verlagsbuchhandlung,
Schäfer, W. (1980): Fossilien. Bilder und Gedanken zur paläontologischen Wissenschaft [Fossils, Images and thoughts on the science of paleontology]. - Senckenberg Bücher 58. Stuttgart, E. Schweizerbart'sche Verlagsbuchhandlung,
Schäfer, W. (Hrsg.) (1973): Phylogenetische Rekonstruktionen - Theorie und Praxis. - Aufsätze u. Reden senckenb. naturf. Ges. 24. Frankfurt a. M., W. Kramer.
Schäfer, W. (Hrsg.) (1975): Ontogenetische und konstruktive Gesichtspunkte bei phylogenetischen Rekonstruktionen. - Aufsätze u. Reden senckenb. naturf. Ges. 27, Frankfurt a. M., W. Kramer.
Schäfer, W. (Hrsg.) (1976): Evoluierende Systeme 1 und 11. - Aufsätze u. Reden senckenb. naturf. Ges. 28, Frankfurt a. M., W. Kramer.
Schäfer, W. (Hrsg.) (1978). Evoluierende Systeme 111. - Aufsätze u. Reden senckenb. naturf. Ges. 29. Frankfurt a. M., W. Kramer.
Schlegel, M., J. Lom, A. Stechmann, D. Bernhard, D. Leipe, I. Dykova & M. L. Sogin (1996): Phylogenetic analysis of complete small subunit ribosomal RNA coding region of Myxidium lieberkuehni, Evidence that Myxozoa are Metazoa and related to the Bilateria. - Archiv für Protistenkunde 147, 1-9.
Schmidt-Kittler, N. (1991): An Outline of Morpho-Constructional Analysis. - In: Schmidt-Kittler, N. & Vogel, K. (eds.): Constructional Morphology and Evolution, 41-53. Berlin/Heidelberg, New York/London/Paris/Tokyo/Hong Kong/Barcelona/Budapest, Springer.
Schmidt-Kittler, N. & K. Vogel (Eds.) (1991): Constructional Morphology and Evolution. - Berlin/Heidelberg, New York/London/Paris/Tokyo/Hong Kong/Barcelona/Budapest, Springer.
Schmidt-Rhaesa, A. (1998): Phylogenetic relationships of the nematomorpha - a discussion of current hypotheses. – Zool. Anz. 236, 203-216.
Schmidt-Rhaesa, A., T. Bartolomaeus, C. Lemburg, U. Ehlers & J. R. Garey (1998): The position of the Arthropoda in the phylogenetic system. - J. of Morphology 238, 263-285.
Schneider, N. (1998) Erkenntnistheorie im 20. Jahrhundert. - Stuttgart, Ph. Reclam.
Schnepf, E. & G. Deichgräber (1983): „Myzocytosis", a kind of endocytosis with implications to compartmentation in endosymbiosis. - Naturwiss. 71, 218-219.

Schnepf, E. & M. Elbrächter (1988): Cryptophycean-like double membrane-bound chloroplast in the dinoflagellate, Dinophysis EHRENB., evolutionary, phylogenetic and toxicological implications. - Botanica Acta 101 196-203.
Scholes, J. (1979): Nerve fibre topography in the retinal projection to the tectum. - Nature 278, 620-625.
Schrödinger, E. (1946): Was ist Leben? - München, Lehnen.
Schulz, C. & D. Tautz(1994). Autonomous concentration-dependent activation and repression of Krüppel by hunchback in the Drosophila embryo. - Development 120, 3043-3049.
Schulz, C. & D. Tautz (1995). Zygotic caudal regulation by hunchback and its role in abdominal segment formation of the Drosophila embryo. - Development 121, 1023-1028.
Schuster, P. (1987). Molekulare Evolution und Ursprung des Lebens. - In: B. O. Küppers (Hrgb.). Ordnung aus dem Chaos Prinzipien der Selbstorganisation und Evolution des Lebens. München/Zürich, Piper, 49-84.
Schwemmler, W. (1979): Mechanismen der Zellevolution. - Berlin, New York, de Gruyter,
Schwemmler, W. (1991): Symbiogenese als Motor der Evolution. – Berlin/Hamburg, Paul Parey,.
Siddall, M. E., D. S. Martin, D. Bridge, S. S. Desser & D. K. Cone (1995): The demise of a phylum of protists, Phylogeny of myxozoa and other parasitic cnidaria. - J. of Parasitology 81, 961-967.
Siewing, R. (1972): Zur Deszendenz der Chordaten. - Erwiderung und Versuch einer Geschichte der Archicoelomaten. - Z. zool. Syst. u. Evolutionsforsch. 10, 267-291.
Siewing, R. (1973): Morphologische Untersuchungen zum Archicoelomaten-Problem. - Z. Morph. Tiere 74, 17-36.
Siewing, R. (1978): Bewegungsmechanismen bei niederen Wirbellosen. - Zool. Jb. Anat. 99, 40-53.
Smith, J. E. (1946): The mechanics and innervation of the starfish tube foot-ampulla system. - Philos. Trans. B, 232, 279-310.
Smith, J. E. (1947): The activities of the tube feet of Asterias rubens L. 1. The mechanics of movement and of posture. - Quart. J. micr. Sci. 88, 1-14.
Smith, J. M. (1993): The Theory of Evolution. - Cambridge, Univ. Press.
Smothers, J. F., C. D. von Dohlen, L. H. Smith, Jr. & R. D. Spall (1994): Molecular evidence that the myxozoan protists are metazoans. - Science 265, 1719-1721.
Spaemann, R., P. Koslowski & R Löw (Hrsg.) (1984): Evolutionstheorie und menschliches Selbstverständnis. - Civitas Resultate 6, Weinheim, Acta humaniora d. Verlag Chemie GmbH.
Stechmann, A. & M. Schlegel (1999): Analysis of the complete mitochondrial DNA sequence of the brachiopod Terebratulina retusa places Brachiopoda within the protostomes. - Proc. R. Soc. Lond. Ser. B 266, 2043-2052.
Sterflinger, K. & W .E Krumbein (1995, Precision replicas of microbially contaminates surfaces for optical and SEM-analyses. Journal Microbio. Methods, 23, 301- 308.

Storch, V., U. Welsch & M. Wink (2001): Evolutionsbiologie. - Berlin/Heidlberg/New York/Barcelona/Hongkong/London/Mailand/Paris/Tokyo, Springer.

Tautz, D. (1988). Regulation of the Drosophila segmentation gene hunch back by two maternal morphogenetic centers. - Nature 332, 281-284

Tautz, D., et al. (1987). Finger protein of novel structure encoded by hunchback, a second member of the gap class of Drosophila segmentation genes. - Nature 327, 383-389

Telford, M. - J. & P. W. H. Holland (1993): The phylogenetic affinities of the chaetognaths, A molecular analysis. - Molecular Biology and Evolution 10, 660-676.

Trueman, E. R. (1975): The Locomotion of Soft-Bodied Animals. - London, Edward Arnold.

Turbeville, J. M., D. M. Pfeifer, K. G. Field & R. A. Raff (1991): The phylogenetic status of arthropods as inferred from 18s ribosomal RNA sequences. - Molecular Biology and Evolution 8, 669-686.

Turbeville, J. M., K. G. Field & R. A. Raff (1992): Phylogenetic position of phylum Nemertini, inferred from 18s rRNA sequences, Molecular data as a test of morphological character homology. - Molecular Biology and Evolution 9, 235-249.

Valentine, J. W (1989): Bilaterians of the Precambrian-Cambrian transition and the Annelid-Arthropod relationship. - Proceedings of the National Academy of Sciences (U.S.A.) 86, 2272-2275.

Valentine, J. W (1994): Late Precambrian bilaterians, grades and clades. - Proceedings of the National Academy of Sciences (U.S.A.) 91, 6751-6757.

Valentine, J. W (1997): Cleavage patterns and the topology of the metazoan tree of life. - Proceedings of the National Academy of Sciences (U.S.A.) 94, 8001-8005.

Valentine, J. W., D. Jablonski, D. H. Erwin (1999): Fossils, molecules and embryos, new perspectives on the Cambrian explosion. - Development 126, 851-859.

Vanderburgh, H. (1988): A computerized mechanical cell stimulator for tissue culture, effects on skeletal muscle organogenesis.I - n Vitro Cell Dev.24, 609-619.

Vernadsky V. (1986): The Biosphere. – Oracle (Arizona USA), Synerobic Press,

Vogel, K. & W. F. Gutmann (1980): The derivation of Pelecypods, role of biomechanics, physiology and environment. - Lethaia 13, 269-275.

Vogel, K. & Gutmann W. F. (1981): Zur Entstehung von Metazoen-Skeletten an der Wende von Präkambrium zum Kambrium. - Festschr. wiss. Ges. J. W. Goethe-Universität Frankfurt a. M.,, 517-537. Wiesbaden, Steiner.

Vogel, K. & Gutmann W. F. (1988): Protist-skeletons, Biomechanical proconditions and constructional utilization. - Senckenbergiana leth. (C. Teichert-Festschr.) 69, 171 188.

Vogel, K. & Gutmann W. F. (1989): Organismic Autonomy in Biomineralization Processes. - In: Crick, R. E. (ed.): Origin, Evolution, and Modern Aspects of Biornineralization in Plants and Animals. 45-56. New York, Plenum.

Vogel, K. (1975): Funktionsmorphologie als Hilfsmittel paläontologischer Evolutionsforschung. - Sitzber. Wiss. Ges. J.W. Goethe-Univ. 13 (1): 5-19. Wiesbaden, Steiner.

Vogel, K. (1979): Efficiency of biological constructions and ist relation to selection and rate of evolution (general remarks). - Palaeogeogr., Palaeoclimatol., Palaeoecol. 28, 315-319.

Vogel, K. (1983): Zur gegenwärtigen Diskussion um die Makroevolution (punctuated equilibria). - Paläont. Z. 57 (3/4): 199 203.
Vogel, K. (1984): Lebensweise und Umwelt fossiler Tiere. - Biol. Arbeitsbücher 39. Heidelberg, Quelle & Meyer.
Vogel, K. (1989): Constructional morphology and the reconstruction of phylogeny. - Abh. naturwiss. Ver. Hamburg NF 28, 255-264.
Vogel, K. (1991): Concepts of Constructional Morphology. - In: Schmidt-Kittler, N. & Vogel, K. (Hrsg.): Constructional Morphology and Evolution. , 55-68. Berlin/Heidelberg, New York/London/Paris/Tokyo/Hong Kong/Barcelona/Budapest, Springer.
Wächtershäuser, G. (1994): Life in a ligand sphere. - PNAS 91.
Wächtershäuser, G. (1997): The Origin of Life and its Methodological Challenge. - J. theor. Biol) 187.
Wada, H. & N. Satoh (1994): Details of the evolutionary history from invertebrates to vertebrates, as deduced from the sequences of 18S rDNA. - Proceedings of the National Academy of Sciences (U.S.A.) 91, 1801-1804.
Waggoner, B. M (1998): Interpreting the earliest metazoan fossils, What can we learn? –Amer. Zool. 38, 975-982.
Wahlert, G. v. & H. v. (1981): Was Darwin noch nicht wissen konnte. Die Naturgeschichte der Biosphäre. - München, Dtv.
Wallace, A. R. (1870): Beiträger zur natürlichen Zuchtwahl. - Erlangen, Ed. Besold.
Wang, D. Y.-C., S. Kumar & S. B. Hedges (1999): Divergence time estimates for the early history of animal phyla and the origin of plants, animals, and fungi. - Proceedings of the Royal Society London Series B 266, 163-171.
Wang, N., J. P. Butler & D. E. Ingber (1993): Mechanotransduction Across the Cell Surface and Through the Cytoskeleton. - Science 260, 1124-1127.
Weingarten, M. (1988): Organismuslehre und Evolutionstheorie. - Diss. Univ. Marburg.
Weingarten, M. (1991): Darwin, der frühe Darwinismus und das Problem des Fortschritts in der Evlution. - Natur u. Museum 121, 129-136. Frankfurt a. M., W. Kramer.
Weingarten, M. (1993): Organismen - Objekte oder Subjekte der Evolution? Philosophische Studien zum Paradigmenwechsel in der Evolutionsbiologie. - Darmstadt, Wissensch. Buchges.
Weismann, A. (1875/76): Studien zur Deszendenztheorie, 2 Bde. - Leipzig, W. Engelmann.
Weismann, A. (1876): Ueber die mechanische Auffassung der Natur. - In: Weismann, A., Studien zur Deszendenztheorie, Bd. 2, 275-330 Leipzig, W. Engelmann.
Weismann, A. (1896): Über Germinalselektion, eine Quelle bestimmt gerichteter Variation, Jena. (1909): Die Selektionstheorie. - Jena, G. Fischer.
Weismann, A. (1913): Vorträge über Deszendenztheorie - Jena, G. Fischer.
Westheide, W., D. McHugh, G. Purschke & G. Rouse (1999): Systematization of the Annelida, different approaches. - Hydrobiologia 402, 291-307.
Whitehead, A. N. (1929): The Function of Reason. - Princton, Princeton Univ. Press.
Whitehead, A. N. (1966): Adventures of Ideas. - 7. Aufl. - New York, Macmillan.

Whitehead, A. N., (1984): Prozeß und Realität. - Frankfurt a. M., Suhrkamp.
Whitehead, A. N., (1988): Wissenschaft und moderne Welt. - Frankfurt a. M., Suhrkamp.
Whyte, L. L. (1967): Directive agencies in organic evolution. - J. Theoret. Biol. 17, 312-314.
Whyte, L. L. (1965): Internal factors in evolution. - New York, G. Braziller.
Wickler, W. (1970): Stammesgeschichte und Ritualisierung. Zur Entstehung tierischer und menschlicher Verhaltensmuster. - München, Piper.
Winnepenninckx, B., T. Backeljau & R. de Wachter (1995): Phylogeny of protostome worms derived from 18S rRNA sequences. - Molecular Biology and Evolution 12, 641-649.
Winnepenninckx, B., T. Backeljau & R. M. Kristensen (1998): Relations of the new phylum Cycliophora. - Nature 393, 636-638.
Winnepenninckx, B., T. Backeljau, L. Y. Mackey, J. M. Brooks, R. de Wachter, S. Kumar & J. R. Garey (1995): 18S rRNA data indicate that aschelminthes are polyphyletic in origin and consist of at least three distinct clades. - Molecular Biology and Evolution 12, 1132-1137.
Winnepenninckx, B., Y. van de Peer & T. Backeljau (1998): Metazoan relationships on the basis of 18S rRNA sequences, a few years later... – Amer. Zool. 38, 888-906.
Wollenzien, U., de Hoog, G. S., Krumbein, W.E., & C Urzì (1995): On the isolation of microcolonial fungi occurring on and in marble and other calcareous rocks, Science of the total Environment, 167, 287-294.
Wolpert, L. (1993): Regisseure des Lebens. – Heidelberg/Berlin/Oxford, Spektrum Akademischer Verlag.
Ziegler, W. (Hrsg.) (1982 b): Organismus und Anpassung. - Aufsätze u. Reden senckenb. naturf. Ges. 33. Frankfurt a. M., W. Kramer.
Zrzavy, J., S. Mihulka, P. Kepka, A. Bezdek & D. Tietz (1998): Phylogeny of the Metazoa based on morphological and 18S ribosomal DNA evidence. - Cladistics 14, 249-285.

Danksagung

Das vorliegende Buch stellt vor allem das Resultat langer und intensiver Diskussionen mit Kollegen sowie Doktoranden, Diplomanden und Studenten dar. Nach wie vor besteht in vielen Grundpositionen Übereinstimmung mit den Konzeptionen von Prof. Dr. W. Bock (Columbia University, New York, Dr. M. Grasshoff, Frau Prof. Dr. D. Homberger (Baton Rouge/Louisiana), Prof. Dr. D. St. Peters und Prof. Dr. K. Vogel.

Die Anwendbarkeit der organismisch-konstruktiven, Evolution begründenden Theoreme ergab sich, besonders im Hinblick auf Fossilstrukturen, aus Diskussionen und Modellrekonstruktionen für Skelettbildungen mit Prof. Dr. K. Vogel. Wichtige Hilfen bei der Absicherung der Aspekte der Zellorganisation leistete in Gesprächen und bei der kritischen Lektüre von Manuskriptteilen. Prof. Dr. J. Bereiter-Hahn.

Wichtige Anstöße im Hinblick auf die Artproblematik als einer Sichtweise, die mit konstruktiv-evolutionärem Denken nicht vereinbar ist und diesem nachgeordnet sein muss, hat Dr. M. Grasshoff bereitgestellt. Dr. M. Gutmann hat wesentlichen Anteil an der zunehmenden Prägnanz der methodischen und theoretischen Positionen im Sinne eines konstruktivistischen Verständnisses.

Methodisch-theoretische Ansätze einer konstruktivistischen Begründungsstrategie lieferten Dr. M. Weingarten und Prof. Dr. P. Janich. Sie eröffneten von den protophysikalischen Bestrebungen her den Zugang zu einer wissenschaftstheoretisch untermauerten Methodologie, die wesentliche Orientierungspunkte und Basistheoreme einer Protobiologie bereitstellt.

Die Objektivierbarkeit der konstruktionsmorphologischen Methoden und der Verfahrensweisen des phylogenetischen Rekonstruierens haben Dr. M. Grasshoff und Dr. M. Gudo durch ihre prägnanten Modelle für die Cnidarier- und Poriferen-Evolution bewiesen, ebenso Dipl.-Biol. B. Herkner. Eine grundlegende Absicherung der Hydraulik-Prinzipien für die Abläufe der Ontogenese entwickelte sich in der Dissertation von Tobias Voss. Sie haben zum Teil Eingang in die vorliegende Darstellung gefunden.

Für die Bereitstellung der Abbildungen sowie für die Erlaubnis zur uneingeschränkten Verwendung sei ganz besonders Herr Univ. Prof. Dr. Fritz Steininger sowie Herrn Dr. Manfred Grasshoff und Dr. Michael Gudo gedankt.

Organismus und System
Schriftenreihe des Wiener Arbeitskreises für Systemische Theorie des Organismus

Herausgegeben von Karl Edlinger

Band 1 Karl Edlinger / Walter Feigl / Günther Fleck: Systemtheoretische Perspektiven. Der Organismus als Ganzheit in der Sicht von Biologie, Medizin und Psychologie. 2000.

Band 2 Karl Edlinger / Walter Feigl / Günther Fleck: Reduktion – Spiel – Kreation. Probleme des molekularbiologischen Reduktionsmus und des Künstlichen Lebens. 2001.

Band 3 Alexander Riegler / Markus F. Peschl / Karl Edlinger / Günther Fleck / Walter Feigl (eds.): Virtual Reality. Cognitive Foundations, Technological Issues & Philosophical Implications. 2001.

Band 4 Karl Edlinger / Wolfgang Friedrich Gutmann: Organismus, Evolution, Erkenntnis. Grundzüge und Konsequenzen der Kritischen Evolutionstheorie und der Organismischen Konstruktionslehre. 2002.

Band 5 Karl Edlinger / Günther Fleck / Walter Feigl (Hrsg.): Organismus – Bewusstsein – Symbol. Perspektiven mentaler Gestaltungsprozesse. 2002.

Band 6 Wolfgang Friedrich Gutmann / Karl Edlinger: Organismus und Umwelt. Entstehung des Lebens, Evolution und Erschließung der Lebensräume. 2002.

FSC
www.fsc.org
MIX
Papier | Fördert
gute Waldnutzung
FSC® C083411

Kolibri 360 GmbH
Ferdinand-Jühlke-Straße 7
99095 Erfurt, Deutschland
produktsicherheit@kolibri360.de

Druck:
CPI Druckdienstleistungen GmbH
im Auftrag der
Kolibri 360 GmbH
Ferdinand-Jühlke-Str. 7
99095 Erfurt